普通高等教育"十四五"大数据系列教材

U0184057

大数据技术基础

罗金炎　董正山　雷进宇 ◎主　编

林　耿　林述清　周　杰 ◎副主编

中国铁道出版社有限公司

CHINA RAILWAY PUBLISHING HOUSE CO., LTD.

内 容 简 介

本书是普通高等教育"十四五"大数据系列教材之一,以大数据技术为中心,系统论述了大数据处理生态系统的核心开发技术。全书共11章,主要内容包括大数据处理框架Hadoop、分布式文件系统HDFS、分布式计算框架MapReduce、Hadoop 的发展与优化、分布式数据库HBase、数据仓库Hive、基于内存的分布式计算框架Spark、Spark核心编程、Spark 生态系统、流式数据处理引擎Flink。本书结合内容融入思政元素,强调目标性,强化实践性。

本书适合作为普通高等院校大数据技术与应用、数据科学与大数据技术、计算机、软件工程、电子信息等专业大数据技术课程教材,也可作为相关专业领域技术人员的参考书。

图书在版编目(CIP)数据

大数据技术基础/罗金炎,董正山,雷进宇主编.—北京:中国铁道出版社有限公司,2023.9
普通高等教育"十四五"大数据系列教材
ISBN 978-7-113-30460-7

Ⅰ.①大…　Ⅱ.①罗…②董…③雷…　Ⅲ.①数据处理–高等学校–教材　Ⅳ.①TP274

中国国家版本馆CIP数据核字(2023)第150880号

书　　名:**大数据技术基础**
作　　者:罗金炎　董正山　雷进宇

策划编辑:潘星泉　　　　　　　　　　编辑部电话:(010)51873371
责任编辑:潘星泉　李学敏
封面设计:刘　颖
责任校对:苗　丹
责任印制:樊启鹏

出版发行:中国铁道出版社有限公司(100054,北京市西城区右安门西街8号)
网　　址:http://www.tdpress.com/51eds/
印　　刷:天津嘉恒印务有限公司
版　　次:2023年9月第1版　2023年9月第1次印刷
开　　本:787 mm×1 092 mm　1/16　印张:20.25　字数:427千
书　　号:ISBN 978-7-113-30460-7
定　　价:59.80元

前　言

随着计算机及互联网的飞速发展，当今社会已进入大数据时代，大数据带来了信息技术的巨大变革，并深刻影响着人类社会生产和生活的方方面面。2020 年，国家推出了"新基建"战略，将 5G、大数据中心、人工智能和工业互联网等列为新型基础设施建设的重点。在国家政策的引领下，各行各业都将大数据产业列为优先发展目标，而任何行业的兴起最需要的就是相关人才，特别是会分析数据、懂领域业务的复合型人才，目前大数据相关人才供不应求。在新的需求背景下，我国有关大数据和人工智能方向的高等教育也进入一个新的发展时期。

本书以大数据技术为中心，系统论述了大数据处理生态系统的核心开发技术。本书共分 11 章。第 1 章绪论，介绍了大数据的发展背景、大数据处理的关键技术和系统框架以及大数据的应用。第 2 章大数据处理框架 Hadoop，论述了 Hadoop 的发展历程、生态系统、特点和应用场景，并论述了 Hadoop 集群搭建和安装配置。第 3 章分布式文件系统 HDFS，论述了 HDFS 的体系结构、工作机制和访问方式，并用 Java 复制文件到 HDFS。第 4 章分布式计算框架 MapReduce，论述了 MapReduce 的设计构思、运行理论、编程模型和机制，并开发词频统计 MapReduce 程序。第 5 章 Hadoop 的发展与优化，论述了 HDFS 的高可用和联邦、资源管理调度框架 YARN 和分布式协调服务组件 Zookeeper，并开发一个 YARN 客户端应用。第 6 章分布式数据库 HBase，论述了 HBase 的使用场景、架构和存储原理以及安装，并实践 HBase Shell 操作。第 7 章数据仓库 Hive，论述了 Hive 的运行原理、数据类型与 HiveQL 语句使用、分区和分桶使用、自定义函数开发等，并使用 HiveQL 语句导入数据到 HDFS。第 8 章基于内存的分布式计算框架 Spark，论述了 Spark 的相关背景知识、生态系统、架构及运行原理和应用场景，以及 Spark 的安装启动和 Spark shell 的基本操作。第 9 章 Spark 核心编程，对 RDD 各种操作进行了较为全面的解释，还对 Spark DAG 机制和 Spark Stage 进行了详细的论述，可以让读者更好地理解 RDD 的执行过程。第 10 章 Spark 生态系统，论述了 Spark SQL、Spark Streaming 及 Structured Streaming、Spark MLlib、Spark GraphX 及其应用场景等。第 11 章流式数据处理引擎 Flink，论述了 Flink 的基本组件和架构、Flink 编程模型、Flink 的部署及应用等。

本书具有以下特点：

1. 强调目标性，融入思政元素。每章设置学习目标，引导学生学习，启发学生思考。本书结合课程教学内容融入思政元素，在章末尾设置思政小讲堂，以学生为中心，将课程思政真正融入课堂教学中。

2. 强化实践性。本书基于新工科课程体系建设过程中大数据运维、大数据分析处理等技术基础的理论与实践，在介绍实用知识体系的同时注重对相关基础理论的讲解，以便学生融会贯通，达到理论与实践的有机结合，并强调实践性，在每章都提供了比较充足的实践内容。

感谢合作企业的工程师和课程教学团队的每位成员，是他们的帮助，使本书得以顺利完成编写并不断完善。书中的实战内容由编者联合江苏知途教育科技有限公司的工程师共同完成。

在本书的编写过程中，编者参考了国内外出版的一些教材、报刊、文献和网络资源，吸收了学者们最新的研究成果，在此谨对所参考的资料的版权所有者表示衷心感谢！在编写过程中，得到了江苏知途教育科技有限公司李瑞芝经理的帮助，他为完善本书付出了很多努力，同时还得到了华纳信息科技有限公司的大力支持，在此一并表示感谢！

由于时间仓促、编者水平有限，书中的不足之处在所难免，尚望同行专家及读者不吝赐教，以便今后进一步完善修改。

编者

2023 年 5 月

目 录

第 1 章

绪 论

学习目标

- 了解大数据发展的背景。
- 了解并掌握大数据的基本定义和特征。
- 了解并掌握大数据处理的关键技术。
- 了解并掌握大数据处理的系统框架。
- 了解大数据的应用。

1.1 大数据发展背景

大数据是一个令人关注的新技术，不光在 IT 领域，在各行各业几乎都在谈论大数据。那什么是大数据呢？从字面意思理解，就是数据体量很大，当然这是大数据最基础也是最显著的一个特征，下面介绍大数据的发展历程。

大数据的发展与信息技术的发展息息相关，近年来信息技术发生了翻天覆地的变化，无论是在软件还是在硬件方面都取得了巨大的进步。1998 年被称为中国互联网元年，因为中国很多优秀的互联网公司就是在这个时候诞生的，比如阿里、腾讯、百度和新浪。

在 2000 年之前，信息技术还不是很发达，那个时候硬件设备价格昂贵，移动设备还只能用来打电话，能够使用计算机的用户还不是很多，因此，数据的体量很小，几乎没有人提到大数据。但是随着信息技术的发展，硬件的价格逐渐降低，性能提高，能够使用计算机的人越来越多，在互联网上积累产生的数据也越来越多，这个时候，一些大的公司就遇到了海量

数据处理的问题。2008 年，美国《自然》杂志推出了名为 BIG DATA 的封面专栏，专门讨论
大数据处理的技术和挑战，"大数据"这个词才正式进入人们的视野，当然，大数据这个概念
并不是美国《自然》杂志第一个提出来的。早在 1980 年，美国著名的未来学家托夫勒就在其
所著的《第三次浪潮》中提出了大数据的概念，并称其为第三次浪潮的华彩乐章。2009 年，
大数据的概念开始在互联网行业流行，我国一些 IT 公司，也是在这个时候开始研究大数据
的。2011 年，美国麦肯锡公司首先开始挖掘大数据的商用价值，他们发布的报告得到了金融
界的高度重视，在这之后，各行各业也都开始关注大数据。

2011 年以来，大数据技术发展得非常迅速，各大公司都致力于发展自己的大数据平台，
投资或者是收购了不少公司。他们投资或者收购这些公司，一方面是为了完善生态布局，其
实更重要的是获取用户数据。2015 年，国家"十三五"规划首次提出推行国家大数据战略；
2020 年，国家提出了"新基建"战略，将 5G、大数据中心、人工智能和工业互联网列为新
型基础建设的重点。

从 2015 年到现在，大数据在各行各业都得到了广泛的应用，大家最常用的购物网站通常
都会向我们推荐商品，这些个性化的推荐就是基于大数据技术。大数据技术在证券、银行、
社交等领域也得到了广泛的运用，如在证券领域可以根据大数据来判断哪些账号有异常，有
操纵股价的嫌疑，银行也可以根据大数据来监控洗钱等一些违法行为。大数据在各行各业已
经得到了非常广泛的应用。

1.2 大数据基本概念与特点

1.2.1 大数据基本概念

1. 大数据的定义

麦肯锡在 2011 年发布的报告《大数据：下一个创新、竞争和生产力的前沿》中对大数
据进行解释：大数据是指其大小超出了典型数据库软件的采集、存储、管理和分析能力的数
据集。

大数据也可称为巨量资料，指的是所涉及的资料量规模巨大到无法通过目前主流软件工
具在合理时间内达到截取管理、处理并整理成为帮助企业经营决策的资讯。大数据对象既可
能是实际的、有限的数据集合，如某个政府部门或企业掌握的数据库，也可能是虚拟的无限
的数据集合，如微博、微信、社交网络上的全部信息。对于大数据，研究机构 Gartner 给出了
这样的定义：大数据是需要新处理模式才能具有更强的决策力、洞察发现力和流程优化能力

的海量高增长率和多样化的信息资产。

美国国家标准与技术研究院认为，大数据是指其数据量采集速度或数据表示限制了使用传统关系型方法进行有效分析的能力，或需要使用重要的水平缩放技术来实现高效处理的数据。

Apache 软件基金会组织将大数据定义为普通的计算机软件无法在可接受的时间范围内捕捉、管理和处理的规模庞大的数据。国际数据公司 IDC 也给出了定义：大数据技术描述了新一代的技术和架构体系，通过高速采集发现和分析，提取各种各样的大量数据的经济价值。

2. 大数据的来源

虽然大数据的定义有很多，但可以发现一个共同点是数据量庞大或称为海量数据。而海量数据是如何产生的呢？海量数据是物联网和云计算发展到一定阶段的必然产物，海量数据的来源主要有两个部分：一部分是传统信息系统（ERP 等）；另一部分是物联网系统，物联网系统采集的数据构成了海量数据中数据的主要来源。例如，全球每秒发送两百九十万封电子邮件，就是一分钟读一篇的话也足够一个人昼夜不停地读五年半了。如果仅仅依靠人工来分析处理如此庞大的数据，几乎是不可能完成的。因此，必须借助计算机的数据处理能力。随着网络的普及，大数据来源与涉及的领域也正逐步多样化。有来自互联网的数据，如智能终端拍照、拍视频所产生的照片和视频，以及聊天工具微信、微博发出的信息，又如用户在电子商务网站上购物所产生的浏览信息、交易记录、订单信息等；还有来自工程领域大量传感器的机器数据，如公共设备的监控数据、物联网数据等；还有来自科学研究其行业的多结构专业数据，如人的面部照片、CT 图像等。随着人类活动的进一步扩展，数据规模会急剧膨胀，包括金融、汽车、零售、餐饮、电信、能源、政务、医疗、体育、娱乐等在内的各行业累积的数据量越来越大，数据类型越来越多，越来越复杂，已经超越了传统数据管理系统处理模式的能力范围，于是大数据这样一个概念才会应运而生。

3. 大数据的类型

从大数据的产生和大数据的定义可以发现大数据所涉及的数据类型也更加多样化。一般情况下，我们将大数据按照其结构的不同分成三类，即结构化数据、非结构化数据和半结构化数据。结构化数据是一类能够用数据或统一的结构加以表示的数据，如数字符号结构化数据经过分析后，可分解成多个互相关联的组成部分，各组成部分间有明确的层次结构，其使用和维护通过数据库进行管理，并有一定的操作规范。我们通常接触的包括生产业务、交易、客户信息等方面的记录，都属于结构化信息。结构化数据简单来说就是存储在结构化数据库里的数据，可以用二维表结构来表达实现的数据。结合到典型场景中更容易理解，比如企业 ERP、财务系统、医疗数据库、教育一卡通、其他核心数据库等。

非结构化数据是一类无法用数字或统一的结构表示的数据，不方便用数据库二维逻辑表来表现，包括所有格式的办公文档、文本图片、标准、通用标记语言下的子集、各类报表图像和音频视频信息等。所谓非结构化数据库，是指数据库的记录由若干不可重复和可重复的字段组成，而每个字段又可由若干不可重复和可重复的子字段组成。用它不仅可以处理结构化数据，而且更适合处理非结构化数据。

半结构化数据是介于完全结构化数据和完全无结构数据之间的数据。HTML 文档就属于半结构化数据，它一般是自描述的数据的结构和内容混在一起，没有明显的区分。而结构化数据属于非结构化数据的一部分，是非结构化数据的特例。

这三种类型中，结构化数据目前只占总数的 15%，半结构化和非结构化数据占到了 85%。传统的数据库系统都用来存储结构化数据，包括预定义的数据类型格式和结构的数据。但随着技术的发展，自描述的 xml 数据文件和不规则格式的文本数据大量产生，文本文档、PDF 文档、图像和视频也爆发式增长，可以看出数据的增长日益趋向非结构化。

1.2.2　大数据的特点

相比于传统处理的小数据，大数据具有以下 5V 的特点：

（1）数据规模大（volume），也就是体量大，至于多少才是体量大并没有一个具体的数字，一般认为数据量达到了拍字节（PB）就是大数据了，但是对于有些程序员来说，可能数据量超过太字节（TB）就不是很好处理了，他们会把 TB 级别的数据也叫作大数据，因此并没有一个具体的数字来规定这个概念。

（2）数据的多样性（variety），大数据包含了各种各样的数据，它的数据来源可能不是一个系统而是多个系统，也有可能不仅仅只是包含了结构化数据，还可能包含了文字、图片、视频等一些非结构化数据，或者是半结构化数据。

（3）数据处理的时效性（velocity），也就是处理大数据的速度要快，人们在网上购物时，当搜索某个物品时，推荐系统会立刻给推荐一些商品，这个处理就是实时的。大数据处理对时效性是有一定要求的。

（4）准确性（veracity），即处理的结果要保证一定的准确性，不能因为大规模数据处理的时效性而牺牲处理结果的准确性。

（5）深度价值（value），就是指数据量很大，但是其中能够挖掘到的信息量非常少，但是这个很少的信息往往却具有很高的价值，这个价值也是研究大数据的目的，研究大数据的目的就是提取数据的深度价值，为行业提供高附加值的应用和服务。

由于大数据的上述特点使得传统的数据处理技术不能很好适应海量数据的处理，因此工业界和学术界产生了一系列针对大数据处理的计算模型及其支撑系统。

1.3 大数据处理的关键技术

研究大数据的目的是提取数据的深度价值，为行业提供高附加值的应用和服务。那么处理大数据需要使用哪些技术呢？

大数据的第一个特征是体量大，对于大体量的数据，首先面对的是存储问题。在传统业务场景下数据量较小时，通常是把数据存储到数据库或者是磁盘。当数据体量太大时，一台服务器无法承担起存储所有数据的能力。这个时候就需要考虑其他方式来存储数据。因此在大数据处理中，第一个需要考虑的是存储问题。大数据还有一个特征是多样性，数据来源于多个系统，数据的形式也多种多样，有结构化数据，有非结构化数据，还有半结构化数据。人们做数据分析时，往往需要把这些数据聚合在一起，这就需要使用数据采集相关的技术。数据都有了，接下来就是分析、建模以及将分析的结果展示出来，或者是使用模型对新的数据进行预测。数据分析是大数据的核心，前面的数据采集和存储都是为分析服务的。做大数据处理时会涉及四个方面，即数据采集、数据存储、分析建模、结果展示或模型预测，每一方面都有相应的技术来处理。

1.3.1 数据采集

数据采集是将分布的异构数据源中的数据抽取（extract）到临时的中间层后进行清洗、转换（transform），最后加载（load）到数据仓库或者数据集市中。这里提到的三个词：抽取、转换、加载，是人们常说的数据的"ETL"。把这三个步骤放在数据采集里，说明数据采集不仅仅只是收集数据，还有数据的清洗。每个系统数据并不是没有瑕疵的。因为数据是由程序产生的，而程序是由程序员开发的，程序员开发的程序基本上都是有瑕疵的。因此，在将数据导入到数据仓库之前，需要将有问题的数据剔除。

在企业里，信息系统基本上都不会仅仅只有一个系统，而是由多个系统组成，如图1-1所示。系统的数据也不一定是在一起的，它们可能分布在不同的区域。在做数据分析时通常是要结合多个系统的数据，就需要将这些系统的数据收集到一起，收集到数据仓库中。互联网平台更是由多个系统组成的，比如人们经常使用的淘宝或者是支付宝，其实它里面包含了很多个系统。数据的质量决定了挖掘分析任务的成败，也决定了数据对业务的内在价值，这就涉及数据采集需要注意的问题了。

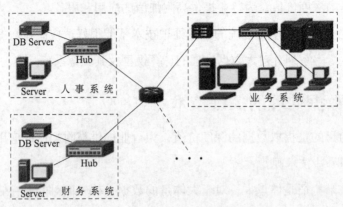

图 1-1　企业信息系统

数据采集需要注意的问题如下。首先就是正确性。大数据的一个特征是真实性，数据一定是来自真实的业务系统，它的值和描述一定和真实的业务系统保持一致，这是数据分析的前提。从数据源采集过来的数据可能有些值有问题，比如交易金额小于零或者是电话号码位数不正常。这些违反常识的数据，有必要验证数据的正确性。对不正确的数据采取相应的处理措施，比如删除或者是使用默认值进行填充，还是直接使用空值，需要根据实际情况进行判断。第二是完整性，完整性指两个方面：一方面是指每一条数据的完整性，比如一条交易记录，它应该是有买方，也有卖方，这类似于数据库里面使用外界关系来保证数据的完整性；另一方面指的是整个数据的完整性，数据采集的过程中不能有任何的信息损失，比如要查看一个学校的成绩情况，如果只是统计部分班级的成绩，毫无疑问这并不能够反映出整个学校的情况，因为有可能只是取了部分成绩好的班级，而有一些成绩较差的班级的数据被遗漏了，这样统计出来的结果肯定是有失偏颇的。第三是一致性，一致性指的是数据的值和描述在整个数据仓库中应该是保持一致的，比如有个系统，它数据集里有个性别字段，用 0 表示女性，1 表示男性，而在另外一个系统里，用 1 表示女性，用 0 表示男性。这时候就需要将数据的表示意义进行统一。数据的不一致性，往往是因为不同系统之间的数据模型不一致造成的。因为不一样的系统往往是由不一样的人进行设计的，他们对数据模型的定义可能会不一样。这是数据采集中需要注意的问题，它的目的就是为了保证数据的质量。

1.3.2　数据存储

一般的数据存储介质有关系型数据库和磁盘，这也是传统业务系统中最常用的存储介质。大数据场景下，数据达到或超过了 PB 级数据。那该如何存储呢？首先看看海量数据存储需要考虑哪些因素。第一个是容量，关系数据库也是使用磁盘作为底层的存储介质。一块磁盘的大小是有限的，通常都是几个太字节。对于 PB 级的数据，一块磁盘肯定是存储不了的。可以采用将数据分块来存储，也就是分布式存储的思想。第二个是成本。服务器存储数据的磁盘往往比个人计算机（PC）使用的磁盘要贵两到三倍，当数据量很大的时候，成本势必成为一个考虑的因素。如果可以把数据存储在廉价的机器上，就可以降低成本了。第三个是扩容。大数据的数据量一般是增长很快的，所以扩容问题也是要考虑的。存储大数据时，要考虑如何能方便扩容。第四个是性能，传统的关系型数据库就是为了实现快速的增、删、查、改而生的。它能实现毫秒级的响应，满足业务系统的需求。大数据场景下也对性能是有要求的。但是大数据中几乎不会对数据进行修改，因此大数据存储设备考虑的更多的是如何快速的读 / 写。最后是安全性，数据对于企业来说是非常重要的，数据安全的重要性也是不言而喻的。基本上，海量数据存储需要考虑的这五个因素，除了容量，其他的四个在传统的数据存储中也是必须要考虑的问题。

　　海量数据的数据量是非常大的，一块磁盘容量不够，需要使用多块磁盘将数据进行分块，然后将这些分块数据分别存储在磁盘上，这就是一种分布式存储思想。分布式存储是将数据分散存储在网络中的多台独立的设备上，这样的存储方式有利于扩展。当存储不够时，只要在网络中增加设备就可以了。分布式存储系统一般需要具备自动容错、自动负载均衡的特性，这些特性使得将分布式存储系统搭建在廉价的 PC 上成为可能。廉价 PC 上使用的存储磁盘的价格比使用专门的服务器磁盘要便宜得多，这就使得分布式存储具有低成本的优点。分布式系统中，文件被分为很多块进行存储。每个分块在整个集群中又会存储多个副本，这些副本可以存储在不同区域的网络中，这就使得分布式存储系统具有容灾的特性。Hadoop 系统的 HDFS 就是一个典型的分布式存储系统。

　　另外一种海量数据的存储是存储虚拟化，存储虚拟化是指在物理存储系统和服务器操作系统之间增加一个虚拟层，使服务器的存储空间可以跨越多个异构的磁盘阵列，实现从物理存储到逻辑存储的转变。从这里可以看出，存储虚拟化跟分布式存储不一样，存储虚拟化在物理存储系统和服务器操作系统之间增加了一个虚拟层，要对存储硬件资源进行抽象。广义上来说就是通过映射或抽象的方式屏蔽物理设备的复杂性，增加了一个访问控制层，让用户可以更加方便地控制访问资源。如阿里云的对象存储服务（object storage service），也就是对象存储，它就是一个虚拟化存储系统。Apache 基金会组织的 Hadoop 系统项目中新增了一个子项目 Ozone，这个项目也提供了 Hadoop 系统对对象存储的支持。

1.3.3　分析、建模、计算

　　研究大数据的目的是为了提取数据的深度价值，为行业提供高附加值的应用和服务。毫无疑问，数据分析是大数据的核心内容。在传统的业务场景下，数据都是存储在数据库服务器上的，如图 1-2 所示。业务系统通过与数据库之间建立 JDBC 或者 ODBC 连接来访问数据。如果是简单的增、删、查、改操作，就会直接在数据库服务器上执行。如果是一些分析、统计的任务，比如一些企业资源规划（ERP）系统，它需要生成报表，就会写一些比较复杂的 SQL 语句来生成报表。假如这个计算过程很复杂，SQL 语句就很难实现，我们也会把数据读取到业务系统，然后再进行分析计算，这是在传统的业务场景下处理数据的过程，这种方式在数据量较小的时候是可行的，当数据量很大的时候，这种方式就行不通了。这是因为：

第一，数据量很大，不可能在数据库中完全执行 SQL 语句，最后占用大量的系统资源，导致系统不能对外提供服务，甚至整个数据库服务器挂掉。

第二，数据量太大，也不适合读取数据到业务系统中来处理。

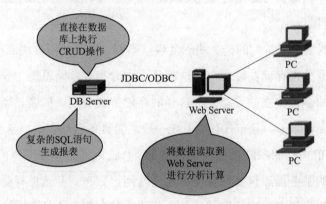

图 1-2　传统业务场景下的数据处理

那么在大数据场景下，该怎么样来进行分析、建模、计算呢？前面提到，海量数据是存储在分布式文件系统中的，那可不可以将一个大的分析任务拆分成很多个小的任务来执行呢？答案是肯定的，这种思想在我国很早就有人使用过了，著名的曹冲称象就是如此。在那个时代无法使用工具直接称一头大象的重量，曹冲就转变思想，先找到与大象相等重量的多个石头，然后分别称出这些石头重量，最后将它们累加得到最终结果。在大数据场景下，就是采用这种思想来进行计算的，将任务拆分为多个小的任务，将这些小的任务同时进行，最后将结果汇总。这里给大家介绍两个概念，即并行计算和分布式计算，都可以实现大数据场景下的数据分析。

并行计算（parallel computing）是指同时使用多种计算资源解决计算问题的过程，它是相对于串行计算来说的。串行计算是每个任务分时处理，任务以队列的形式依次被处理器处理。操作系统中的多任务如果是单核 CPU，实际上也是一种串行处理，多个任务被轮流调度或者 CPU 资源处理，因为这种调度处理速度非常快，使我们感觉好像是多个任务同时执行一样。

实际上这是串行处理。并行计算是可以同时处理多个任务或指令的，多核 CPU 是可以并行处理任务的。串行计算与并行计算如图 1-3 所示。并行计算又可以划分成时间并行和空间并行，空间并行是使用多个处理器执行并发计算；时间并行是流水线技术。

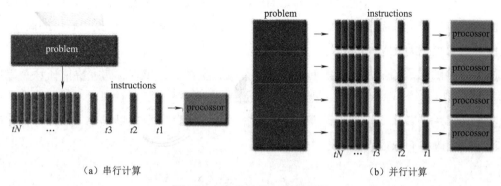

（a）串行计算   （b）并行计算

图 1-3　串行计算与并行计算

那什么是分布式计算呢？分布式计算是一门计算机科学，它研究如何把一个需要非常巨大的计算能力才能解决的问题，分成许多小的部分，然后把这些部分分配给许多计算机进行处理，最后把这些计算结果综合起来，得到最终的结果。从这个概念中，我们发现分布式计算跟并行计算其实是类似的，都是将大的任务分解成小的任务，最后把这些结果综合起来得到最终的结果。

并行计算与分布式计算之间有什么区别呢？其实我们经常将并行计算和分布式计算混为一谈，没有严格地去区分它们。并行计算所有的处理器共享内存，可以在内存中直接交换数据，而分布式计算的每个处理器都有自己独立的内存，数据的交换需要通过处理器之间来实现，也就是说它们在任务之间的数据共享上是有区别的。分布式计算的优点如下：

第一，分布式计算是建立在集群环境下的，可以充分利用集群中的资源。

第二，建立在集群环境下的分布式计算也能够平衡这些资源的负载。

第三，数据也是存储在集群中的，这样我们可以把程序发送到数据所在的地方进行计算，这样可以节省大量的网络资源，缩短程序运行的时间。

分布式计算通常和分布式存储是一起的，Hadoop 系统里面的 MapReduce 就是一个分布式计算框架，它简化了开发分布式计算程序的难度。

1.3.4　结果展示

数据分析的目的一般有两种：一种是预测，一种是得出结论。如果是预测的话，直接用模型对新的数据进行预测即可，如果是结论性质的，就需要通过一种手段将结果简单、清晰、有效地展示出来。在大数据里面，有一门专门研究如何将分析结果展示出来的学科，叫作数据可视化。

数据可视化主要是借助图形手段，清晰、有效地传达与沟通信息。数据可视化需要达到以下目的：简单、高效、准确地表述结论，如果能够兼具美感，那就是最好的。有的人往往会走两个极端，一个是为了美感而忽略了真正要表达的意思，另一个是为了完整地表达结论而制作出一些很枯燥、乏味的图片。因此如何能够平衡设计与功能，将不可见的数据转化为可见的图形符号，将看起来无法解释和关联的数据建立起关联，从中挖掘出有用的商业价值，这是做数据可视化需要考虑的。

图 1-4 中的词云图，图中的单词字体有大有小，单词字体越大说明该单词在样本里面出现的次数越多，这个样本可能是一篇论文或者是一本书。从中可以看到，人工智能这个词是出现次数最多的，其次有培训、计算机、大数据等词，这就是数据可视化。数据可视化的目的是简单、清晰、有效地表达结论。

图 1-4　词云图

1.3.5　数据安全与隐私保护

大数据在世界范围内的应用已经十分广泛，而大数据成为竞争新焦点的同时也带来了更多的安全风险，表现在下面几个方面：

• 业务数据：大数据本身成为网络攻击的显著目标。

• 隐私泄露：大数据加大隐私泄露风险。

• 存储风险：大数据对现有的存储和安防措施提出新挑战。

• APT（advanced persistent threat）攻击：大数据成为高级可持续攻击的载体。

大数据不仅意味着海量的数据，也意味着更复杂、更敏感的数据，数据会吸引更多的潜在攻击者，成为更具吸引力的目标。而数据的大量聚集，也使得黑客一次成功的攻击能够获得更多的数据，无形中降低了黑客的进攻成本，增加了"收益率"。

大数据带来的安全挑战主要分为三类：

（1）用户隐私保护：不仅限于个人隐私泄露，还在于基于大数据对人们状态和行为的预测，目前用户数据的收集、管理和使用缺乏监督，主要依靠企业自律。

（2）大数据的可信性：威胁之一是伪造或刻意制造数据，而错误的数据往往会导致错误的结论；威胁之二是数据在传播中的逐步失真。

（3）如何实现大数据访问控制：访问控制的第一个问题是难以预设角色，实现角色划分；第二个问题是难以预知每个角色的实际权限。

大数据对现有的存储和安防措施提出了更大的挑战。攻击者利用大数据将攻击很好地隐藏起来，使得传统的防护策略难以检测出来。而大数据价值的低密度性也让安全分析工具很难聚焦在价值点上。随着数据的增长，安全防护更新升级速度无法跟上数据量非线性增长的步伐。

大数据可能成为高级可持续攻击的载体。数据的大集中导致复杂多样的数据存储，如可能出现数据违规存储，而常规的安全扫描手段需要耗费过多的时间，已影响到安全控制措施能否正确运行，攻击者可设置陷阱误导安全厂商提取目标信息，导致安全监测偏离应有的方向。

大数据成为竞争新焦点的同时，带来了更多安全风险，表现在如下几个方面：

（1）信息过滤：如何从海量数据中过滤敏感信息内容。

（2）舆情分析：如何实时将最重要的舆情信息优先放到用户面前。

（3）社会网络分析：大数据对现有的存储和安防措施提出挑战。

（4）开源情报分析：大数据成为高级可持续攻击的载体。

1.4 大数据处理框架

随着互联网信息技术、传感器技术的迅猛发展和普及，移动智能终端（如智能手机、移动 PC 终端）、无线传感器已经逐步应用到人们生产和生活的方方面面，我们已经生活在一个"物联网"和"互联网＋"的时代。这些移动或非移动终端产生了大量的数据信息，并且以几何倍级的态势增长，给移动和处理设备带来巨大的挑战。由于晶体管电路已经逐渐接近其物理上的性能极限，摩尔定律在 2005 年左右开始失效，人类再也不能期待单个 CPU 的速度每隔 18 个月就翻一倍。多核时代以及互联网时代的到来，迫使软件编程方式不得不考虑并行问题，因为基于多核的多线程并发编程以及基于大规模计算机集群的分布式并行编程已成为提升计算性能的主要途径。

1.4.1 并行计算面临的挑战

传统高性能计算中的并行编程模型抽象度不高，开发人员需要了解底层的配置和并行实现细节，并行计算面临如下挑战：

1. 编程困难

并行计算编程，首先要把问题中的并行性识别出来，也就是需要识别哪些部分是可以并行的，然后用编程语言把它表达出来，所以这部分是很困难的。其次，并行计算的程序是很难写正确的，要在中间加上很多同步语句或者使用锁等各种机制来保证并行计算的各个部分能够有效协调。再次，写出来一个正确的并行程序，实际上也不能说就已经成功了，因为并行计算的目标是提高性能。但是如果写出来的并行程序，它的性能比串行程序还要差，那么这时候不能说我们的并行计算是成功的，这又涉及下一个挑战，就是性能调优难。

2. 性能调优难

并行计算编程不仅要写出正确的并行程序，还要能够进一步地去调整它的性能，去做很多细致的分析和调优，使得它的性能能够达到预期的要求。在性能调优里面有两个非常基本的因素：

其一是负载平衡，也就是说多个并行的任务，如果其中某一个任务执行的时间很长，而其他任务执行的时间很短，这个时候它的加速比一定不会很理想，也就是达不到我们对性能的要求。如果能够做到负载平衡，大部分的并行任务的执行时间是很接近的，这种情况下才有可能达到所期望的性能。

其二是局部性，局部性是计算中一个非常基本的原理，指的是如果访问已经访问过的数据、相邻的数据，再次访问这些数据时可以通过硬件的高速缓存来提高访问这些数据的效率。在当前，一次缓存命中这个访问的时间大概是一个时钟周期到二十个时钟周期。而如果所有的缓存都失效，要访问一次内存，大概需要两百个时钟周期，这之间有将近十倍的差别。所以，局部性是一个非常重要的问题。

3. 容错难

当我们不是使用单台机器来做计算，而是使用很多台机器组成的集群来做计算时，这么多台机器同时运行，它们出故障的可能性就会比单台机器出故障的可能性要大得多。如果有一千台机器在运行，其中有一台机器坏掉了，这个时候如果整个计算框架或者计算程序不能够有效容错的话，这单台机器的错误就可能使得整个集群的并行程序执行失效。所以，容错难也是并行程序所面临的一个非常重要的挑战。

1.4.2 大数据并行处理系统

由于并行计算所面临的几个挑战性的问题，所以一个优良的大数据并行处理系统需要在以下三个主要方面进行权衡：

（1）编程模型。问题中并行性的识别和描述这个挑战，是用编程模型来解决的。

（2）性能和成本优化。这里就涉及并行计算的局部性、负载均衡等性能问题的解决，以确保并行计算程序不仅写得对，而且要写得快。

（3）容错能力。大数据处理系统中的程序不仅能够运行正确、速度快，还需要应付系统中非常有可能出现的系统故障，也就是需要具有较好的容错能力。

总之，大数据处理并行系统多是采用基于集群的分布式并行编程，能够让软件与数据同时运行在连成一个网络的许多台计算机上，由此获得海量计算能力。

1.4.3　大数据并行处理框架的发展历程

大数据并行处理框架主要经历了如下几种：

1.MPI 并行计算编程框架

在新型大数据处理技术与平台出现之前，人们处理大规模数据或计算密集型科学计算任务的方式通常是借助于 MPI（message passing interface）编程模型和方法。MPI 在处理器之间以消息传递的方式进行数据通信和同步，以库函数形式为程序员提供一组显式调用的编程接口。MPI 原本是一种基于消息传递的高性能并行计算编程接口，在大数据处理技术与平台出现之前，业界也使用 MPI 进行大数据的并行化编程与计算。

MPI 起源于 1993 年，由来自大学、美国国家实验室、高性能计算厂商共同组织与研发。1994 年公布了最早的版本的 MPI1.0，此后一直在发展。它能够采用常规语言编程接口，以提供程序库的方式，编写并行化计算程序。

MPI 的主要技术特点包括：提供可靠的、面向消息的通信，灵活性好，适合处理计算密集型的并行计算任务。它定义了一套独立于语言的编程规范，可移植性好，有很多开放机构或厂商实现并支持。MPI 由于能够充分利用并行计算系统的硬件资源，发挥其计算性能，从而被广泛应用于高性能科学计算的多个领域，例如物理、气象等典型科学计算。

然而，MPI 由于缺少统一的计算框架支持，在处理大数据时还存在很多不足，包括：缺少分布式数据存储管理能力、无法有效应对大规模数据的处理；没有良好的数据和任务划分支持；数据通信模型过于基础，实现稍复杂的通信模式时，需要大量的编程工作；数据通信开销大，当计算问题复杂、节点数量大时，容易导致性能大幅下降；没有计算节点失效容错机制，一旦有节点失效，可能会导致整个计算过程无效。

总之，因为 MPI 缺少良好的架构支撑，程序员需要考虑包括数据存储、划分、分发、结果收集、容错处理等诸多细节，这使得并行化编程计算的自动化程度较低、程序设计较为复杂、程序员负担较重。

2.MapReduce 批处理框架

针对 MPI 在自动化编程计算时的上述缺陷，人们开始研究更为有效的大数据并行编程和计算方法。

Google 在 2004 年的 OSDI 会议上发表了题为 *MapReduce: Simplified Data Processing on Large Clusters* 的论文，提出了一种新型的面向大规模数据处理的并行计算模型和技术 MapReduce。

Google 公司设计 MapReduce 的一个重要动机是为了解决当时其搜索引擎中大规模网页数据的索引和网页排名并行化处理问题。在设计实现了 MapReduce 并行计算框架与系统之后，Google 根据 MapReduce 重写了搜索引擎中更高效、更稳定、更易于维护的 Web 文档索引处理系统。事实上，MapReduce 编程模型的设计具有很好的通用性，因此，MapReduce 也在 Google 公司内部被广泛应用于很多大规模数据处理问题。

搜索索引程序库 Apache Lucene 和网络爬虫 Apache Nutch 的创始人道·卡廷带领技术团队基于 Java 语言开发了开源的 MapReduce 并行计算框架系统 Apache Hadoop，并于 2007 年发布了第一个开源版本。Hadoop MapReduce 的编程模型简单易用，用户可采用 Hadoop MapReduce 方便地编写出分布式和并行化大数据处理应用程序。随着众多行业对大规模数据处理的热切需求，Hadoop 在推出之后很快得到了全球学术界和工业界的普遍关注和使用。

MapReduce 提供给程序员一个抽象的高层编程接口，通过抽象模型和计算框架把需要"做什么"和具体"怎么做"分开了，使得程序员只需要关心其具体的应用计算问题；而完成计算任务涉及的诸多系统层细节，都被隐藏起来交给计算框架和系统底层自动处理。MapReduce 有力地推动了大数据技术的发展，它也是一种目前业界主流大数据计算模式与系统平台。

由于 MapReduce 设计之初主要是为了完成大数据的线下批处理，在处理要求低延迟或数据和计算关系复杂的大数据问题时，MapReduce 的执行效率不够高。因此，学术界和业界又在不断地研究中推出了多种大数据计算模式。

3. 流处理框架

流处理系统会对随时进入系统的数据进行计算。流处理方式无须针对整个数据集执行操作，而是对通过系统传输的每个数据项执行操作。流处理中的数据集是"无边界"的，这就产生了几个重要的影响：

（1）完整数据集只能代表截至目前已经进入到系统中的数据总量。

（2）工作数据集也许更相关，在特定时间只能代表某个单一数据项。

处理工作是基于事件的，除非明确停止否则没有"尽头"。处理结果立即可用，并会随着新数据的抵达继续更新。流处理系统可以处理几乎无限量的数据，但同一时间只能处理一条（真正的流处理）或很少量（micro-batch processing，微批处理）数据，不同记录间只维持最少量的状态。虽然大部分系统提供了用于维持某些状态的方法，但流处理主要针对副作用更少、更加功能性的处理（functional processing）进行优化。

Apache Storm 是一种侧重于极低延迟的流处理框架，也许是要求近实时处理的工作负载的最佳选择。Storm 的流处理可对框架中名为 Topology（拓扑）的 DAG（directed acyclic graph，有向无环图）进行编排。这些拓扑描述了当数据片段进入系统后，需要对每个传入的片段执行的不同转换或步骤。Storm 可与 Hadoop 的 YARN 资源管理器进行集成，因此可以很方便地融入现有 Hadoop 部署。除了支持大部分处理框架，Storm 还可支持多种语言，为用户的拓扑定义提供了更多选择。

Apache Samza 是一种与 Apache Kafka 消息系统紧密绑定的流处理框架。虽然 Kafka 可用于很多流处理系统，但按照设计，Samza 可以更好地发挥 Kafka 独特的架构优势和保障。该技术可通过 Kafka 提供容错、缓冲及状态存储。Samza 可使用 YARN 作为资源管理器。这意味着默认情况下需要具备 Hadoop 集群（至少具备 HDFS 和 YARN），但同时也意味着 Samza 可以直接使用 YARN 丰富的内建功能。

4. 混合处理框架

混合处理框架可同时处理批处理和流处理工作负载。这些框架可以用相同或相关的组件和 API 处理两种类型的数据，让不同的处理需求得以简化。混合框架意在提供一种数据处理的通用解决方案。这种框架不仅可以提供处理数据所需的方法，而且提供了自己的集成项、库、工具，可胜任图形分析、机器学习、交互式查询等多种任务。

最早由 UC Berkeley 的 AMP 实验室研发的 Spark 是支撑常见的大数据处理计算模式的集大成者，2013 年成为 Apache 顶级项目。Spark 在全面兼容 Hadoop HDFS 分布式存储访问接口的基础上，通过更多地利用内存处理大幅提高了并行化计算系统的性能。当然，Spark 等新的大数据计算系统的出现，并没有完全取代 Hadoop，而是与 Hadoop 系统共存与融合，扩大了大数据技术的生态系统，使得大数据技术生态环境更趋完整和多样化。Spark 在保持了 Hadoop 分布式计算框架优良容错性的基础上，进一步提升了 MapReduce 两阶段编程模型的表达和处理能力。

虽然 Spark 具有高效的计算性能并支持多种常见的计算模式，但是 Spark 从诞生之初就存在着一些缺陷，例如，函数式编程语言 Scala 作为应用开发语言对广大的行业数据分析师有一定的门槛，采用 JVM 内存管理大规模数据时会性能不稳定等。

为此，Apache Spark 社区一直投入很多精力来解决这些问题。在 2016 年 7 月 26 日发布的 Apache Spark 2.0 版本中，Spark 进一步完善了多种常用语言（如 Python 和 R）的支持，并且统一提出了 Dataset 数据结构，从概念上也更易于数据分析师对大规模数据集的编程处理。内存管理方面，也进一步完善了对 Spark 数据集进行堆外（off-heap）管理的"钨丝计划"（project tungsten）。

在一套完整的大数据处理流程中，用户往往需要综合多种计算模式。在支持多计算模式的大数据处理系统中，除了 Apache Spark，还出现了起源于欧洲的大数据内存计算框架 Apache Flink。Apache Flink，原名 Stratosphere，最初是由 TU Berlin、Humboldt 和 Hasso Plattner Institute 开发的大数据处理平台，如今已经升级为 Apache 的顶级项目。Flink 的核心是一个流式数据流引擎（streaming dataflow engine），它为数据的分布式计算提供了数据分布、通信、容错等功能。Flink 的核心同时支持流式计算和批处理计算（批处理计算当作流式计算的一种特殊情况），并为这两种类型的计算提供了相应的分布式数据计算模型 DataStream 和 DataSet 以及丰富的数据转换接口。

与早期的 Spark 借助于 JVM 管理内存不同的是，Flink 有着自己的存储管理机制，这使得应用的数据规模可以超出内存的限制，并且能有效减少 JVM 垃圾回收所带来的影响。对于批处理应用，Flink 会自动对程序的执行进行优化，例如，避免一些不必要的 Shuffle 和排序、缓存一些计算的中间结果等。在用户层面上，Flink 十分友好且功能丰富。Flink 为用户隐藏了分布式计算的一些实现细节，提供了一个高效的大数据计算框架。

Flink 有着良好的生态系统，它可以与其他一些著名的大数据处理系统集成使用，如 HDFS、YARN、HBase 等。用户可以根据自己实际的生产需求与相应的系统进行对接，使得基于 Flink 的大数据处理更加灵活、便捷。

1.5 大数据应用

随着移动互联网、云计算、物联网等信息技术产业的快速发展，信息传输、存储和处理能力迅速提升，数据量呈指数级增长。传统的简单抽样调查和分析已经不能满足当前对数据时效性、质量和准确性的要求。大数据的出现改变了传统的数据采集、存储、处理和挖掘的方式方法。数据收集方法更加多样化，数据来源更加广泛和多样，数据处理方法也从简单的因果关系转变为发现丰富关联的相关性。同时，大数据还可以在历史数据分析的基础上提供市场预测，便于决策。

目前，大数据已从概念落到实地，在工商业、医疗、娱乐、金融、教育、体育、安防等领域得到了广泛应用。随着云计算、物联网、移动互联网等配套产业的快速发展，大数据在未来将拥有更广阔的应用空间。

大数据的应用主要从以下几个方面进行论述。

1.5.1 大数据产业构建

大数据产业是以数据采集、交易、存储、加工、分析、服务为主的各类经济活动，包括数据资源建设、大数据软硬件产品的开发、销售和租赁活动，以及相关信息技术服务。整体看，数据资源、基础设施、数据服务、融合应用、安全保障是大数据产业的五大组成部分，形成了完整的大数据产业生态。

数据资源层是大数据产业发展的核心要素，包括数据价值评估、数据确权、数据定价和数据交易等一系列活动，实现数据交易流通以及数据要素价值释放。

基础设施层是大数据产业的基础和底座，它涵盖了网络、存储和计算等硬件基础设施，资源管理平台以及与数据采集、预处理、分析等相关的底层方法和工具。

数据服务层是大数据市场的未来增长点之一，立足海量数据资源，围绕各类应用和市场需求，提供辅助性服务，包括数据采集和处理服务、数据分析服务、数据治理和可视化服务等。

融合应用层是大数据产业的发展重点，主要包含了与政务、工业、健康医疗、交通、互联网、公安和空间地理等行业应用紧密相关的整体解决方案。融合应用最能体现大数据的价值和内涵，是大数据技术与实体经济深入结合的体现，能够助力实体经济企业提升业务效率、降低成本，也能够帮助政府提升社会治理能力和民生服务水平。

安全保障是大数据产业持续健康发展的关键，涉及数据全生命周期的安全保障，主要包括数据安全管理、安全服务、安全边界、安全计算等。

大数据产业构建一般可分为六个层次，分别为：硬件设施、基础服务、数据来源、技术开发、融合应用及产业支撑，具体如表 1-1 所示。

表 1-1　大数据产业构建项目列表

产业结构		具体项目
硬件设施	采集设备	传感器、采集器、读写器、交互设备等
	传输设备	广电传输设备、微波通信设备等
	计算存储	芯片、服务器、路由器、交换机、防火墙、入侵检测防护设备、一体机等
	设计集成	硬件设备及附带软件的设计、安装、调试等
基础服务	网络服务	电信运营、商业 Wi-Fi、网络运维等
	云平台服务	数据中心；基础设施即服务 IaaS 托管、租用等；云服务；平台即服务 PaaS、软件即服务 SaaS 等
	系统开发	架构设计、系统集成、软件定制等
数据来源	/	政府数据、行业数据、企业数据、物联网数据、通信数据、互联网数据、第三方数据
技术开发	数据管理	数据集成：中间件、数据库等； 数据清洗：数据填充、光滑噪声等； 数据归约：维度归约、数值归约等
	技术研究	基础研究：高性能计算、数据可视化、物联网、5G、人工智能、机器学习、深度学习等； 应用研究：图像、文本、视频、语音、空间地理、社交等
	信息安全	数据监管、数据加密、脱敏脱密、数据认证等
融合应用	/	工业、农业、政府、医疗、金融、电信、电商等行业需求相关的整体解决方案
产业支撑	/	数据评估中心、数据交易中心、科研机构、行业联盟、咨询机构、论坛会展、融资平台、孵化机构等

1.5.2 大数据应用场景

大数据已经在社会生产和日常生活中得到了广泛的应用，对人类社会的发展进步起着巨大的推动作用。本节介绍大数据在工业、商业营销、医疗及公共安全等领域的经典应用，从中我们可以深刻体会到大数据对社会的影响及其重要价值。

1. 工业大数据

工业大数据的产生贯穿于整个生产制造过程，包括了设计、研发、订单、采购、制造、供应、库存、发货、交付、售后、运维、报废回收等整个产品生命周期所产生的各类数据及相关技术和应用。

如图 1-5 所示，工业大数据主要分为三类：第一类为生产经营相关数据，包括企业资源管理、产品生命周期管理（PLM）、供应链管理（SCM）、客户关系管理等；第二类为设备物联数据，主要包括工业生产设备的操作和运行情况、工况状况、环境参数等，狭义的工业大数据主要指该类数据；第三类为外部跨界数据，是指与工业企业生产活动和产品相关的企业外部互联网来源数据。

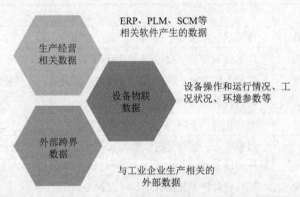

图 1-5　工业大数据种类（来源于前瞻产业研究院）

工业大数据是实现制造业数字化、网络化、智能化发展的战略基础资源，正在对制造业生产方式、运行模式、生态体系产生重大而深远的影响。工业大数据在制造业的作用主要体现在智能化设计、智能化生产、网络化协同制造、智能化服务、个性化定制等方面。

2. 营销大数据

随着互联网技术的不断发展，大数据已经成为商业领域中不可或缺的一部分。大数据的出现，为商业领域带来了巨大的变革，让企业能够更加精准地了解消费者需求，提高产品质量和服务水平，从而实现更高的商业价值。大数据服务商主要为企业提供大数据技术工具、技术开发服务以及大数据应用服务。

技术开发服务主要针对企业客户的个性化需求，为其定制开发大数据应用系统及其他相关技术产品服务，主要包括数据采集工具、数据分析系统、运营平台、会员管理系统等。

大数据应用服务主要为客户提供大数据在各个商业应用场景的解决方案，主要包括大数据营销和运营、数字媒体投放、电商运营等种类。其中，大数据营销主要为客户提供数据采集、数据分析、潜在市场挖掘、会员管理、资产构建等服务；数字媒体投放服务，利用大数据算法和技术实现精准投放，同时实现投放前中后数量及效果监测，优化投放方案。

营销大数据的另一个典型应用是程序化广告。程序化广告是指通过改造广告主、代理公司、媒体平台，将其与程序化对接，从而实现目标人群匹配、竞价购买，广告投放，投放监测反馈等一系列自动化过程的广告投放技术。程序化广告主要基于大数据的用户画像来定位目标客户群体，从而实现广告的精准投放，同时，广告位的选择、竞价投放全部依赖机器完成。相对于传统广告，程序化广告投放更加准确高效，同时节约资源成本。

3. 医疗大数据

随着云计算、大数据、物联网、移动互联网、人工智能等新兴技术的不断发展和成熟，加速了传统医疗行业与这些新兴技术的融合，其中以健康医疗大数据为代表的医疗新业态，不断激发医疗行业的发展。

医疗数据是指所有与医疗卫生和生命健康活动相关的数据集合，既包括个人从出生到死亡的全生命周期过程中，因饮食、运动、免疫、体检、治疗等健康相关活动所产生的大数据，又涉及食品安全、健康保障、医疗服务、疾病防控和养生保健等多方面数据的聚合。随着医疗信息化的普及与快速发展，当前的医疗数据已经具备了大数据的基本特征。

目前，大数据医疗的应用场景主要包括临床决策支持、健康及慢病管理、支付和定价、医药研发、医疗管理，服务对象涵盖居民、医疗服务机构、科研机构、医疗保险机构、公共健康管理部门等，其应用有助于提高医疗服务质量、减少资源浪费、优化资源配置、控制骗保行为、改善自我健康管理，具有巨大潜在价值。

近年来，健康医疗大数据应用市场规模快速增长，大数据医疗行业市场规模年复合增长率达到 70% 以上，国家卫健委分别确定了两批健康医疗大数据中心试点省份及城市，中国的五大健康医疗大数据区域中心已基本确定。当前，虽然各地医疗大数据中心建设侧重点有所不同，但大体上形成了"一个中心多个产业园区或基地"的建设共识，医联体、基层医疗卫生服务体系等新模式建设也成为建设重点。

4. 公共安全大数据

在公共安全领域，大数据带来了数据处理方式变革。基于大数据的挖掘分析，将有助于公共安全治理机制由"事后处理"转变为"事前预测"。传统公共安全治理方式为应对式决策，体现为"事件突发—逻辑分析—寻找因果关系—进行突发事件应急决策"的流程；而预测式决策则是一种"正向"思维，体现为"挖掘数据—量化分析—寻找相互关系—进行突发事件预测决策"的流程。

大数据技术支撑下，由"（客观）事实驱动"的决策取代"（主观）经验驱动"的决策，将成为大数据时代智慧治理过程的关键特征。

在传统的公共安全应对中，政府部分几乎是唯一的治理主体，而在大数据时代，企业成为公共安全治理的重要参与主体。特别是一些互联网、信息技术行业领先企业，可以凭借其所拥有的大数据处理技术，协助政府管理者从海量数据中挖掘有益信息。

大数据应用远不止上述介绍的几个方面，大数据应用涉及各行各业，影响着我们生产生活的方方面面。

1.5.3　大数据行业发展趋势

近几年，大数据发展持续演进和迭代，发展的重点也发生了一些转变。

在技术发展方面，以往侧重以应用为导向对存储、计算系统与分析、编程框架等关键技术的研发，转变为提升数据治理能力、发展开源技术、培育开源生态等。

在数据安全方面，从关注保障信息系统的安全和侧重产品在信息基础设施安全防护中的应用，转变为强调数据安全的顶层设计，推进数据分级分类管理，做大做强数据安全产业。

在产业发展方面，从培育龙头企业和创新型中小企业，形成科学有序的产业分工和区域布局，转变为加快培育数据要素市场，推动建设多种形式的数据交易平台。

在融合应用方面，从推动工业大数据基础设施建设、重点推动制造业大数据平台建设，转变为强调对大数据价值的挖掘，着力构建多层次工业互联网平台。

随着越来越多的企业走向在线平台，企业的生产运营转向数字化管理，极大地刺激了全球大数据市场需求。同时在云计算、人工智能、物联网、信息通信等技术交织应用驱动经济和生活数字化发展趋势下，大数据市场仍将保持较快增长。今后，大数据行业发展趋势应该体现在以下四个方面：

1. 数据安全与隐私保护需求日渐高涨

安全与隐私保护意识日益增强，敏感信息约束和数据安全检查成为互联网、移动端的用户数据管控的难点。

2. 单一大数据平台向大数据、人工智能、云计算融合的一体化平台发展

传统的单一大数据平台已经无法满足用户的应用需求，而将大数据、人工智能、云计算融于一体的大数据分析平台，将成为一个联系 IT 系统与从员工、客户、合作伙伴、社会，到设备的一个全生态的核心系统。

3. 发挥数据价值，企业逐步推进数字化转型

越来越多的企业将"数字"视为核心资源、资产和财富，纷纷制定数字化转型战略，以抢占数字经济的新的制高点。大部分企业将制定数字化战略，积极推进数字化转型，达到敏捷业务创新和业务智能的发展目标。

4. 中小大数据企业聚焦细分市场领域

随着大数据产业链逐渐完善，在大数据各个细分市场，包括硬件支持、数据源、交易层、技术层、应用层以及衍生层等，都出现了大量不同类型的中小独立公司，带动各自领域的技术与应用创新。随大数据应用层次深入，产业分工将更加明确，中小企业需聚焦于细分领域，推出针对性产品，寻找自己的定位与价值。

小 结

本章介绍了大数据的发展背景、大数据基本概念与特点，并指出信息科技的不断进步为大数据时代提供了技术支撑，数据产生方式的变革促成了大数据时代的来临。

大数据并非单一的数据或技术，而是数据和大数据技术的综合体。大数据的关键技术主要包括数据采集、数据存储与管理、分析和计算、结果展示及数据安全和隐私保护等几个层面的内容。

大数据处理框架负责对大数据系统中的数据进行计算。大数据处理框架通常包括批处理框架、流处理框架及混合框架等。本章系统介绍了各个大数据处理框架的发展历程。

大数据产业包括基础设施层、数据源层、数据管理层、数据分析层、数据平台层和数据应用层，在不同层面都已经形成了一批引领市场的技术和企业。本章最后介绍了大数据产业构建、大数据典型应用场景及大数据行业发展趋势。

习 题

1. 传统业务场景下处理数据的方式不适合处理海量数据的原因有哪些？
2. 海量数据存储需要考虑哪些因素？
3. 并行计算与分布式计算有什么区别？分布式计算有哪些优点？
4. 传统高性能计算中，并行计算面临的挑战有哪些？
5. 一个优良的大数据处理并行系统，需要权衡的方面有哪些？
6. 请简要叙述大数据并行处理框架的发展历程。
7. 大数据产业构建一般可分为哪些层次？
8. 请论述工业大数据与商务大数据的区别。
9. 推动大数据行业市场需求增长的主要因素有哪些？
10. 叙述大数据行业发展所具有的趋势。

🗄 思政小讲堂

陈亚敏：增强国家安全意识，将"种子"播进校园

思政元素：提高学生的国家安全认识，增强学生的安全保密意识，树立总体国家安全观和保密观，积极引导学生筑牢国家安全理念。

"周老师，为什么航天员要穿航天服呢？""请问载人航天飞船在太空安全吗？""如果去太空转一圈真会长高吗？"……2021年3月1日，武汉市青山区红钢城小学举行新学期开学典礼，党支部书记、校长陈亚敏邀请西昌卫星发射中心高级工程师周袁来到现场，开展以"爱党爱国、传承红色基因"为主题的国家安全思政课。

课堂上，周袁讲述了他与同事一同九天揽月、创造航天奇迹的故事，带领红钢城小学的师生们学习航天精神，走进中国航天的世界。一场精彩有趣又干货满满的"航天科普"课程，勾起了学生们对宇宙的无限向往。课后，学生们满心欢喜和崇拜，围着周袁问个不停。

"'航天科普'课程弥补了学生在航天领域的知识空缺，激发了学生的民族精神。毫无疑问，青少年是祖国的希望、民族的未来，只有加强青少年的国家安全教育，才能筑牢国家安全的堤坝。"陈亚敏介绍，除了"航天科普"思政课，学校还会定期开启"小手拉大手"亲子共学、"云端"国家安全思政课。

为将国家安全教育延伸到校园的每一个角落，培育维护国家安全的强大后备力量，陈亚敏通过校园广播、黑板报、手抄报宣传国家安全法律法规；利用国旗下的演讲，进行国家安全知识宣传教育；开启云端"红色研学"，学生手绘研学笔记；走进研学教育基地，激发学生爱国情怀；结合建党百年主题，新疆、武汉两地云携手，开展青少年税法知识竞赛等活动，将国家安全教育融入校园生活的方方面面，让学生在潜移默化中厚植国家安全意识。

"维护国家安全，没有旁观者，没有局外人。国家安全教育归根结底是对学生世界观、人生观和价值观的教育。如何将国家安全教育融入课堂教学，是一个值得教师思考和探索的命题。"陈亚敏说道。

第 2 章

大数据处理框架Hadoop

学习目标

- 了解 Hadoop 发展历程。
- 了解 Hadoop 生态系统。
- 熟悉 Hadoop 优势和应用场景。
- 熟悉 Hadoop 与其他技术的区别与联系。
- 掌握 Hadoop 集群环境的搭建方法。
- 熟悉 Hadoop 集群启停操作。

Hadoop 是 Apache 软件基金会下的一个开源分布式计算平台，可以在大规模集群上运行。它实现了分布式文件系统 HDFS 和分布式计算框架 MapReduce 等功能，在业内得到了广泛的应用。Hadoop 为用户提供了一个分布式基本框架，其在系统底部的细节是封装好的。程序员可以轻松地编写分布式并行程序，将其运行于计算机集群上，完成海量数据的存储与处理分析。

本章介绍了 Hadoop 的发展历史、重要特性和应用现状，并详细介绍了 Hadoop 生态系统及其各个组件，最后，演示了如何在 Linux 操作系统下安装和配置 Hadoop。本章主要从大体上介绍了 Hadoop 的概念、特点、生态系统、优势、应用场景。

2.1 Hadoop 概述

2.1.1 Hadoop 的概念

Hadoop 是一个由 Apache 基金会开发的分布式系统基础架构。在此系统架构下，用户能够在不了解分布式底层细节的情况下开发分布式程序，充分利用集群的威力进行大规模数据的存储和处理。简单地说，Hadoop 是一个可以更容易开发和运行处理大规模数据的软件平台。

Hadoop 实质上起源于 Google 公司一款名为 MapReduce 的编程模型包。Google 公司数据中心使用廉价的 Linux PC 组成集群，运行各种应用。其极具易用性，即使是分布式开发新手也可以迅速使用 Google 的集群系统。MapReduce 框架可以将应用程序分解为许多并行计算指令，在大量的计算节点上运行非常大的数据集。Google 集群系统的核心组件有两个：一个是 GFS（google file system），这是一个分布式文件系统，隐藏下层负载均衡、冗余复制等细节，对上层程序提供一个统一的文件系统 API 接口；另一个是 MapReduce 计算编程模型，Google 发现大多数分布式运算可以抽象为 MapReduce 操作。

Hadoop 实现了一个分布式文件系统（hadoop distributed file system，HDFS）。HDFS 具有很好的容错性和可伸缩性的特点，可以部署在低廉的硬件上，形成分布式集群系统；而且它通过提供高吞吐量来访问应用程序的数据，适合那些有着超大规模数据集的应用程序。HDFS 放宽了可移植操作系统接口（portable operating system interface，POSIX）的要求，可以以流的形式访问（streaming access）文件系统中的数据。

Hadoop 还实现了一个分布式计算框架 MapReduce，允许用户在不了解分布式系统底层细节的情况下，只需要参照 MapReduce 编程模型就可以快速开发出分布式计算程序，充分利用大规模计算资源实现对海量数据的分布式计算，解决传统高性能单机无法解决的大数据处理问题。

总之，Hadoop 是 Google 公司云计算基础架构的开源实现。该框架最核心的设计就是 HDFS 和 MapReduce。HDFS 为海量数据提供存储，MapReduce 为海量数据的处理提供计算。一般地，狭义的 Hadoop 就是只包含 Hadoop 核心组件（HDFS 和 MapReduce）的大数据处理框架，而广义的 Hadoop 其实是泛指在这些核心组件上衍生出来的一个庞大的 Hadoop 生态系统。

2.1.2 Hadoop 发展史

2003 年道·卡廷遇到了海量数据检索的问题。恰巧在这个时候，谷歌分别于 2003 年、2004 年发表了谷歌文件系统（NFS）和 MapReduce 的论文。道·卡廷受这两篇论文的影响，开发出了 NDFS 和 Java 版本的 MapReduce，并把它们作为 Nutch 项目的补充。2006 年，NDFS 和 MapReduce 从 Nutch 项目中独立出来，成立 Hadoop 项目。

2008 年，Hadoop 成为 Apache 软件基金会最大的开源项目，在以前 Hadoop 包含了很多子项目，像 HBase、Hive、Pig 这些都是 Hadoop 的子项目，后来才被独立出来。

Hadoop 的发展历程如图 2-1 所示。2007 年 9 月，Hadoop 发布了第一个测试版本，直到 2011 年 5 月才发布第一个稳定版本，这个版本是经过四千五百台服务器产品级测试的。从第一个测试版本到第一个稳定版本经过了近四年的时间。2011 年 11 月发布了 0.23.0 预览版本，该版本包含了 YARN 框架，也是在这个版本的基础上演化出了 Hadoop 2.0 版本。Hadoop 2.0 解决了 Hadoop 1.0 中资源调度的一些问题，比如在 Hadoop 1.0 中使用了 JobTracker 完成太多的任务,造成消耗资源过大,成为整个集群的性能瓶颈,以及将 Map 和 Reduce 使用的资源分开,造成资源使用不充分的问题。YARN 框架的出现是 Hadoop 的一个巨大进步。

图 2-1　Hadoop 版本演变

2013 年 8 月发布了 2.1.0 公测版,这个版本也是有重大改进的,一是支持 Windows,以前 Hadoop 只能运营在 Linux 平台上面,从这个版本开始 Hadoop 支持 Windows 以及支持 HDFS 快照功能。快照功能几乎是每一个存储系统必备的功能,它在数据备份和数据保护方面有着非常重要的作用。2013 年 10 月发布了 2.2.0 正式版,这个是 Hadoop 2.0 的第一个稳定版本。Hadoop 2.0 版本从诞生到发布第一个稳定版本经历了一年多的时间,随后几年,Hadoop 陆续发布了很多版本。在 2017 年 3 月发布了 3.0.0 正式版本。2020 年 7 月,发布了 Hadoop 3.3.0 版,该版本支持云对象存储 COS。

Hadoop 每发布一个大的版本都是有重大改变的,比如 Hadoop 2.0 与 Hadoop 1.0 相比,Hadoop 2.0 增加了 YARN 框架,并且它支持 NameNode 主备结构,解决了 Hadoop 1.0 中的 NameNode 的单点故障问题。

Hadoop 3.0 支持多个 NameNode,在 Hadoop 2.0 中只能支持两个 NameNode,但是在 Hadoop 3.0 中可以支持多个 NameNode,并且 Hadoop 3.0 不再支持 JDK 1.7,至少需要 JDK 1.8。Hadoop 3.0 中还增加了纠删码技术,这可以节省很多存储空间。

2.1.3　Hadoop 版本

Hadoop 的版本是可以按发行机构的不同来区分的。Apache Hadoop 是 Apache 软件基金会发布的,以 Apache 2.0 许可协议开源的软件框架,也是通常所说的社区版本,一般说的 Hadoop 指的就是这个版本。Hadoop 还有一些其他的第三方发行的版本,比较有名的有 CDH 版本、HDP 版本和 MapR 版本。

CDH 版本是由 Cloudera 公司基于 Apache Hadoop 开发的,HDP 版本是由 Hortonworks 公司基于 Apache Hadoop 开发的。这两个公司都是在 Apache Hadoop 基础上开发的,都是对 Hadoop 的加强,包括扩展性、兼容性、安全性和稳定性上的增强。这两家公司基本是伴随着 Apache Hadoop 发展的,也是 Apache Hadoop 项目源码最大的贡献者。Cloudera 公司开发的

CDH 版本的 Hadoop 是最成型的发行版本，拥有众多的成功部署案例。经过了大量生产环境的考验，CDH 版本有商业版和免费版两个版本。

HDP 是百分之百开源，完全免费的，它是最接近于 Apache Hadoop 版本的。

另外一家公司是 MapR，它走出了完全不一样的道路，基本是将 Apache Hadoop 进行颠覆性的修改。2011 年 MapR 第一次发布的时候，就吸引了全世界的目光。MapR 用自己的文件系统 MapR FS 取代了 HDFS，MapR FS 支持更新操作，HDFS 到现在都还不支持更新操作，并且 MapR FS 兼容 HDFS 的 API。MapR FS 在 2011 年的时候就已经支持快照镜像的功能，而 Apache Hadoop 直到 2013 年才支持快照功能。MapR 还有其他的一些优势，比如 MapR 不存在 Hadoop 中那么多的单点故障的问题。MapR 的运行速度也比 Apache Hadoop 要快两到三倍，被称为是运行最快的 Hadoop 版本。MapR 把自己定位成企业数据平台提供商，他们官网上的标题就是"下一代数据分析和人工智能的数据平台"。MapR 紧盯市场需求，能够更快地反映市场需要，产品也更具有竞争性。在最新的 MapR 版本中，还支持了容器技术。

当前，Apache 开源社区提供对象存储的组件 Ozone 还处于测试阶段，还没有稳定版本发布出来，MapR 已经有成型的产品了，MapR-XD 文件系统可以支持对象存储。MapR 也有商业版和社区版，商业版是收费的，试用期三十天，社区版是免费的，功能上不如商业版。

第三方发行版的 Hadoop 不只这三家，还有英特尔、华为等，英特尔在 2014 年就停止发行商业版本。他们转投 Cloudera，也是 Cloudera 公司的战略投资伙伴。

面对这么多版本的 Hadoop，我们该如何选择呢？根据自己的实际需求以及各版本的特征进行选择。CDH 版本是 Apache Hadoop 的加强版，有大量的实际使用案例。HDP 版是最接近 Apache Hadoop 的，并且完全免费。MapR 为 Cloudera 和 Hortonworks 用户提供清晰的路径。选择一个产品，除了产品的特性，还要考虑自己的实际需求。如果预算足够，可以选择 MapR；如果预算有限，可以选择 HDP 或者 CDH 的免费版本，这两个版本完全开源，用户有很大的定制化空间；如果预算介于两者之间，可以选择 CDH 商业版。从当前市场上来看，大部分公司都选择 CDH 免费版，因为它的版本划分比较清晰，管理也相对简单。

2.2 Hadoop 的体系结构和生态系统

2.2.1 Hadoop 的体系结构

如图 2-2 所示，Hadoop 平台基本包括以下四个部分：Common、HDFS、YARN 和 MapReduce。YARN 是在 Hadoop 2.0 中才有的，Hadoop 1.0 中没有 YARN。

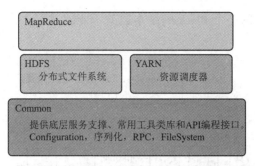

图 2-2 Hadoop 平台的基本组成

Hadoop 平台最下面的 Common 是公共部分，最开始叫作 Core，后来改名为 Common。这部分提供底层服务支撑、常用的工具类库和 API 编程接口，包括读取、配置文件、序列化、远程过程调用、文件的读写。在 Hadoop 里面有许多参数都是通过配置文件来指定的，Hadoop 通过 Configuration 这个类来加载、读取这一配置文件。Hadoop 是一个集群，它有很多节点，节点之间需要通信数据，数据有时候还需要写入到磁盘，这就涉及远程过程调用和序列化。Hadoop 定义了一套自己的远程过程调用和序列化系统。对于 Hadoop 来说，在网络中传输数据是很大的一部分资源开销，因此定义自己的序列化系统是有助于减少这部分开销。FileSystem 类提供读写文件的接口，我们读写文件都可以通过 FileSystem 类来实现。

HDFS 是 Hadoop 分布式文件系统，它被设计为适合存储大数据级、高度容错、可以运行在廉价机器上的分布式文件系统。它支持数据的流式读取，可以提供对应用程序高吞吐量的访问。

YARN 是一个资源调度的框架，在 Hadoop 0.23 版本的时候诞生，它解决了 Hadoop 1.0 的一些局限性。首先是 Hadoop 1.0 中的 JobTracker 同时具备了资源管理和任务控制的功能，成为整个集群的性能瓶颈。其次是 Hadoop 1.0 中使用了 Map Slot 和 Reduce Slot 来区分资源，使得 Map 和 Reduce 的资源不能共享，这样就造成资源利用率较低。Hadoop 1.0 中也无法支持其他的计算框架，比如 Spark。YARN 的引入解决了 Hadoop 1.0 中存在的这些问题，同时 YARN 是 Hadoop 中的一个可插拔的组件。这样我们也可以使用其他的调度资源框架，比如 Mesos。

MapReduce 是分布式计算框架，它简化了开发分布式程序的难度，它运行在 YARN 之上。图 2-3 是 HDFS 的体系结构，Hadoop 集群中的主节点叫作 NameNode，从节点叫作 DataNode。NameNode 用来保存元数据以及对外提供服务。元数据是 HDFS 目录结构以及文件存储的分块位置，在 HDFS 中一个大的文件被分割成很多小的块，这些小块叫作 Block，每个 Block 的大小是可以配置的，在 Hadoop 1.0 中默认的一个 Block 的大小是 64 MB，在 Hadoop 2.0 中默认是 128 MB，当然也可以自己定义这个块的大小。每个 Block 都会有多个副本，它们存储在不同的 DataNode 中，副本的个数也可以在配置文件中配置，默认是三个副本，这就使得 HDFS 具有容错的特性。Block 的副本数不能超过集群中 DataNode 的个数，假如集群中只有五个

DataNode，那么这集群中每一个 Block 的副本数就不能超过五个，即使设置了六个，它的副本数其实也只有五个。

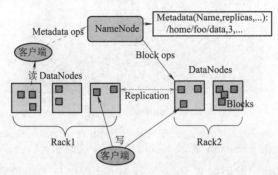

图 2-3　HDFS 的体系结构

客户端（client）向 HDFS 中写入数据时，会向 NameNode 请求，NameNode 根据资源的情况判断这个文件需要分成多少个 Block，每个 Block 要写到哪些 DataNode，将这些信息返回给客户端，客户端获取这些信息之后，会直接将数据写入 DataNode 中。客户端读取 HDFS 中的数据时也是请求 NameNode，从 NameNode 中获取数据的存储位置，然后客户端会直接去这些 DataNode 中读取数据，这是 HDFS 的一个基本的架构，在第 3 章中会详细介绍这其中的细节。

图 2-4 是 YARN 的基本架构。YARN 涉及一些组件和服务，首先是 ResourceManager，是用来做资源管理的。ResourceManager 一般运行在 NameNode 节点上，负责集群中所有 NodeManager 上的资源管理和调度。

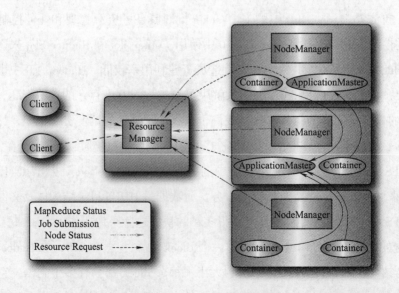

图 2-4　YARN 的架构

NodeManager 一般运营在从节点上,是此节点上的资源管理器。它负责两件事:一是向 ResourceManager 汇报自己节点的资源使用情况;二是启动来自 ApplicationMaster 的启动任务请求,ApplicationMaster 是负责任务的启动、停止和状态监控的,它向 ResourceManager 申请资源,申请到资源之后,会要求相应的 NodeManager 启动相应的任务。Container 是 YARN 中的基本的资源单位,它封装内存、磁盘、CPU、网络等资源参数,ApplicationMaster 向 ResourceManager 里申请资源时,ResourceManager 就是以 Container 的形式来表示的。在 Hadoop 1.0 中,资源是用槽位(slot)来描述的,它是一个粗粒度的资源划分单位。

YARN 框架运行任务的过程是什么样的呢?客户端向 YARN 提交一个应用程序,这个应用程序包含了 ApplicationMaster 和需要运行的任务。首先 ResourceManager 会给该 ApplicationMaster 分配一个 Container,并要求相应的 NodeManager 来启动这个 ApplicationMaster。ApplicationMaster 启动之后,它会向 ResourceManager 申请资源,来启动我们提交的任务代码。ApplicationMaster 获取到资源之后,会要求相应的 NodeManager 来启动这个任务。NodeManager 启动任务之后,这些任务都会与 ApplicationMaster 进行一个通信,来汇报自己的用户的状态。如果这个任务失败了,那么 ApplicationMaster 会要求这个节点来重新启动这个任务。当这些任务都运行完了之后,ApplicationMaster 会向 ResourceManager 汇报并注销和关闭自己。在这个过程中我们可以看到 ResourceManager 仅负责资源的调度,而任务的调度交给了 ApplicationMaster 来完成,这就大大减小了 ResourceManager 的负担。

2.2.2　Hadoop 生态系统

经过多年的发展,特别是成为 Apache 顶级项目以来,Hadoop 在开源世界强大的开发能力下已经构成了一个生机勃勃的生态圈,围绕 Hadoop 而产生的软件大量出现。Hadoop 2.0 生态系统的组成如图 2-5 所示,主要包含下列组件。

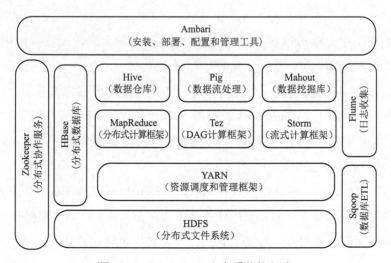

图 2-5　Hadoop 2.0 生态系统的组成

（1）HDFS：HDFS 是 Hadoop 体系中数据存储的基石，是具有高容错性的文件系统，它可以部署在廉价的机器上，同时能提供高吞吐量的数据访问，非常适合大规模数据集的应用。

（2）MapReduce：MapReduce 是一种编程模型，利用函数式编程的思想，将数据集处理的过程分为 Map 和 Reduce 两个阶段，MapReduce 这种编程模型非常适合分布式批处理计算。

（3）YARN：YARN 是 Hadoop 2.0 版本后才有的资源管理系统，它的基本设计思想是将MRv1（Hadoop 1.0 中的 MapReduce）中的 JobTracker 拆分成了两个独立的服务：一个全局的资源管理器 ResourceManager 和每个应用程序特有的 ApplicationMaster。其中 ResourceManager负责整个系统的资源管理和分配，而 ApplicationMaster 负责单个应用程序的管理。

（4）HBase：HBase 源于谷歌的 BigTable 论文，HBase 是一个分布式的、面向列的开源数据库，擅长大规模数据的随机、实时读 / 写访问。

（5）Hive：Hive 由 Facebook 开发，是基于 Hadoop 的一个数据仓库工具，可以将结构化的数据文件映射为一张表，提供简单的 SQL 查询功能，并能够将 SQL 语句转换为 MapReduce作业运行。Hive 学习成本低，大大降低了 Hadoop 的使用门槛，非常适合大规模数据统计分析。

（6）Pig：Pig 和 Hive 类似，也是对大型数据集进行分析和评估的工具，但它提供了一种高层的、面向领域的抽象语言 Pig Latin，Pig 也可以将 Pig Latin 脚本转化为 MapReduce 作业。与 SQL 相比，Pig Latin 更加灵活，但学习成本稍高。

（7）Mahout：Mahout 是一个集群学习和数据挖掘库，它利用 MapReduce 编程模型实现了K-Means、Collaborative Filtering 等经典的机器学习算法，并且具有良好的扩展性。

（8）Flume：Flume 是 Cloudera 提供的一个高可用、高可靠、分布式的海量日志采集、聚合和传输系统，它支持在日志系统中定制各类数据发送方采集数据，同时提供对数据进行简单处理，并写到各种数据接收方（也可定制）的能力。

（9）Sqoop：Sqoop 是连接传统数据库和 Hadoop 的桥梁，可以把关系型数据库中的数据导入到 HDFS、Hive 中，也可以将 HDFS、Hive 中的数据导出到传统数据库中。Sqoop 利用MapReduce 并行化的能力，可以加速数据的导入和导出。

（10）Zookeeper：Zookeeper 是一个针对大型分布式系统的可靠协调系统，它提供的功能包括配置维护、命名服务、分布式同步、组服务等。它的目标就是封装好复杂易出错的关键服务，将简单易用的接口和性能高效、功能稳定的系统提供给用户。Zookeeper 已经成为Hadoop 生态系统中的基础组件。

（11）Tez：Tez 是 Apache 最新的、支持 DAG（directed acyclic graph，有向无环图）作业的开源计算框架，它可以将多个有依赖的作业转换为一个作业，从而大幅提升 DAG 作业的性能。Tez 并不直接面向最终用户，事实上它允许开发者为最终用户构建性能更快、扩展性更好的应用程序。

（12）Storm：Storm 是一个免费开源、分布式、高容错的实时计算系统。Storm 令持续不断的流计算变得容易，弥补了 Hadoop 批处理所不能满足的实时要求。Storm 经常用于实时分析、在线机器学习、持续计算、分布式远程调用和 ETL 等领域。Storm 的部署管理非常简单，而且，在同类的流式计算工具中，Storm 的性能也是非常出众的。

（13）Apache Ambari：Ambari 是一种基于 Web 的工具，支持 Apache Hadoop 集群的供应、管理和监控。Ambari 目前已支持大多数 Hadoop 组件，包括 HDFS、MapReduce、Hive、Pig、HBase、Zookeeper、Sqoop 等。

2.3　Hadoop 的特点、应用与发展趋势

2.3.1　Hadoop 的特点

Hadoop 从诞生开始到现在，之所以迅速地发展壮大，是跟下面这些特点息息相关的。

（1）可靠性。Hadoop 能自动维护数据的多份复制，并且在任务失败后能自动地重新部署计算任务。所以 Hadoop 的按位存储和处理数据的能力值得人们信赖。

（2）高效性。Hadoop 通过并发数据，可以在节点之间动态地移动数据，并保证各个节点的动态平衡，使得速度非常快。

（3）伸缩性。Hadoop 是在可用的计算机集群间分配数据并完成计算任务的，这些集群可以通过增加集群节点，线性地扩展以处理更大的数据集。同时，在集群负载下降时，也可以减少节点以提高资源使用效率。

（4）便捷性。Hadoop 可以运行在一般商业机器构成的大型集群上，也可以运行在云计算服务上。而且 Hadoop 适合运行于 Linux 操作系统上，基于 Java 语言开发，支持多种编程语言。

Hadoop 是一个能够让用户轻松驾驭和使用的分布式计算平台，用户可以轻松地在 Hadoop 上开发和运行处理海量数据的应用程序。

2.3.2　Hadoop 的应用现状和前景

不管是国内还是国外，Hadoop 最受青睐的行业是互联网领域，可以说互联网公司是 Hadoop 的主要使用力量。

1. Hadoop 应用现状

在国外，Yahoo、Facebook、IBM 等公司都大量使用 Hadoop 集群来支撑业务。Hadoop 之父道·卡廷 2006 年加入 Yahoo，Yahoo 成为 Hadoop 最大的支持者。2008 年 Yahoo 运行了号称世界上最大的 Hadoop 应用，运营在一万个 Linux 节点的集群上。2012 年 Yahoo 的 Hadoop 集群总节点数就达到 42 000 台，有超过 10 万的核心 CPU 在运行 Hadoop。单个主节点的最大

节点数有 4 500 台（每个节点双路 4 核心 CPUboxesw，4×1 TB 磁盘，16 GB RAM）。总的集群存储容量超过了 350 PB，每月提交的作业数超过一千万。后来 Yahoo 的 Hadoop 集群肯定是有扩大的。Yahoo 主要应用 Hadoop 来支撑他们的广告系统、用户行为分析、Web 搜索、反垃圾邮件系统、个性化推荐等。

Facebook 使用 Hadoop 存储内部日志与多维数据，并以此作为报告、分析和机器学习的数据源。2012 年 Facebook 的 Hadoop 集群的节点数超过 1 400 台，共计 11 200 个核心 CPU，超过 15 TB 的原始存储容量，每个节点的机器配置了 8 核 CPU、12 TB 的存储数据。Facebook 主要将 Hadoop 平台用于日志处理、推荐系统和数据仓库等方面。Facebook 集群的节点数虽然比较少，但是每个节点的存储量和处理能力都是很强的。Facebook 同时在 Hadoop 基础上建立了一个名为 Hive 的高级数据仓库框架。这个项目后来贡献给了 Apache 基金会，成为基于 Hadoop 的 Apache 一级项目。

在国内 BAT 领头的互联网公司是当仁不让的 Hadoop 使用者、维护者。阿里使用 Hadoop 平台主要作为数据平台系统的支撑、搜索广告的支撑，还有数据魔方、量子统计、淘数据、推荐系统，搜索排行等业务的支撑。在 2008 年阿里内部各个部分都有使用 Hadoop，只是他们都是独立使用，2009 年阿里启动了云梯项目，将集团里面使用 Hadoop 集群的机器集中起来，组成一个集群，统一管理，统一运维。云梯项目运行了约五年的时间，为淘宝、天猫、一淘、聚划算等平台提供服务，但是到 2014 年就下线了。阿里内部的一些大数据应用都转移到 MaxCompute，MaxCompute 是建立在阿里自主研发的飞天操作系统之上的，是一个一站式大数据解决方案，2015 年对外发布第一个版本，用户可以购买服务。MaxCompute 是阿里自主研发的，闭源的。但阿里还是提供 E-mapreduce，完全支持开源的 apache hadoop 生态的产品。

百度早在 2007 年就开始使用 Hadoop，在 2008 年集群规模只有两个，总共 300 台机器。到 2012 年其集群规模已经达到近十万，单集群的节点数有 4 000 台，每天处理的数据量超过 20 PB，提交的作业数超过 12 万。百度的 Hadoop 集群为整个公司的数据团队、搜索团队、社区产品团队、广告团队，还有 LBS 团队提供统一的计算和存储服。在国内，不止这两家公司在使用 Hadoop，几乎所有的互联网公司都在使用 Hadoop，腾讯、美团、京东、滴滴、网易、今日头条等都在使用 Hadoop。

2. Hadoop 的应用前景

展望 Hadoop 的前景之前，先了解大数据的前景。因为 Hadoop 是大数据处理的技术手段，大数据的发展前景与 Hadoop 的前景应该来说是息息相关的。大数据目前在各行各业都得到了广泛的应用，在商业智能领域最常见的是企业或者商家通过对商品的分析优化，增加产品竞争力，对顾客购买行为进行分析，提供差别化的产品和服务。商业智能领域最著名的例子就是啤酒和尿布的例子，通过优化产品布局来提高产品的销量。

在智能交通领域，大数据也得到了很大的应用。2018 年 3 月阿里云与高德地图联合发布"ET 城市大脑智能交通公共服务版"，城市交通部门可以免费使用城市大脑中的人工智能算法，优化信号灯，缓解城市拥堵。这是阿里在智能交通领域的布局。2018 年 11 月，百度和国家发改委联合出品国内首个《AI+ 面向未来的智能交通》报告，聚焦智能交通整体解决方案，在业内首次论证智能出行解决方案的可行性和成效。旨在通过 AI 智能技术提高交通出行的效率，解决拥堵问题，减少交通事故，实现节能减排。

在医疗领域，华人基因推出了自主研究的肿瘤基因检测服务，采用了高通量测序手段，对来自肿瘤病人的癌组织进行相关基因分析，对肺癌、乳腺癌、胃癌等多种常见高发癌症进行早期无创伤检测。这种技术手段就是基于大数据。有些医院还会根据大数据来合理分配床位，让每个科室的床位得到充分的应用。大数据在医疗方面的应用有很多，比如疾病的预防、疾病的检测等。

在工业生产领域，大数据也发挥着重要的作用，智能制造、工业 4.0 概念相继提出。信息技术已经渗透到工业生产的各个环节，帮助企业提高产品质量、优化生产流程、依用户需求定制化产品等。在金融财经领域，征信、贷款额度的确定等都是基于大数据分析。大数据技术在教育、能源等领域也有应用。总之，大数据已经在我们生活中无处不在。

Hadoop 是大数据处理使用最广泛的技术，发展经历了十多年，依然在市场上占据着不可动摇的主导地位。2008 年到 2015 年是 Hadoop 技术的发展完善时期，在此之后的几年，Hadoop 在各行各业都得到了应用。目前，Hadoop 技术虽然已经被广泛应用，但是该技术无论在功能还是稳定性等方面都有待进一步完善，所以还在不断开发和不断升级维护的过程中，新的功能也在不断地被添加和引入。

那么，Hadoop 技术的发展趋势是怎样的呢？

早在 2012 年在硅谷举办的 Hadoop 大会上，当时 Hadoop 之父道·卡廷已经提出一个概念："Apache Hadoop 构成了大数据操作系统的内核。所以，狭义地说，Hadoop 就是一个操作系统。"

另一面，至于 Hadoop 技术发展的方向，需要从以下三个方面来看。

第一方面，存储。目前 HDFS 更多的适合存储结构化数据或者半结构化的数据当然这里所说的适合是针对"数据处理"来说的，对于非结构化的数据可以存储在 HDFS 中，但并不利于处理。面对越来越多样化的数据来源，使用对象存储来存储非结构化的数据被证明是更加适合的。Hadoop 目前也正在开发支持对象存储的组件 Ozone（新一代分布式存储系统）。

第二方面，分析计算方面。大数据分析的算法会越来越复杂，对时效性要求也会越来越高，Hadoop 中的分布式计算框架 MapReduce 并不能很好地支持所有的算法，也不能提供实时的计算，因此诞生了迭代计算框架、图计算框架和流式计算框架及 Spark 等。在未来大数据的应用中，这些计算模式的混合使用将成为趋势。

第三方面，安全性。在 Hadoop 诞生之初并没有关注安全性，默认集群中的机器都是可靠的，导致存在恶意用户伪装成真正的用户或者服务器入侵到 Hadoop 集群，恶意提交作业，篡改 HDFS 上的数据。后来才加入了 Kerberos 认证机制，保证了集群的安全。未来 Hadoop 也会更加注重集群数据的安全性。

由于大数据处理多样性的需求，目前出现了多种典型的计算模式，包括大数据查询分析计算（如 Hive）、批处理计算（如 Hadoop MapReduce）、流式计算（如 Storm）、迭代计算（如 HaLoop）、图计算（如 Pregel）和内存计算（如 Spark），而这些计算模式的混合计算模式将成为满足多样性大数据处理和应用需求的有效手段。

2.4 Hadoop 集群搭建和安装配置

2.4.1 Hadoop 集群搭建概述

1. 物理集群

物理集群，就是一组通过网络互联的计算机，集群中的每一台计算机又称作一个节点。所谓搭建 Hadoop 分布式集群，就是在一组通过网络互联的计算机组成的物理集群上安装部署 Hadoop 相关的软件，然后整体对外提供大数据存储和分析等相关服务。所以，Hadoop 分布式集群环境的搭建首先要解决物理集群的搭建，然后再考虑 Hadoop 相关软件的安装。

Hadoop 物理集群的搭建可以选择以下几种方式：

（1）租赁硬件设备。

（2）使用云服务。

（3）搭建自己专属的集群。

为了降低集群搭建的复杂度，一般作为学习用的集群多采用在一台计算机上搭建虚拟机的方式来部署分布式集群环境。

2. 虚拟机的安装部署

虚拟机的搭建实际上就是安装虚拟化的软件，即在计算机上通过安装一个虚拟化软件就可以实现虚拟机的搭建。常见的虚拟化软件有 VMware Workstation 和 Virtualbox。简单使用的话，两者其实差别不大。我们选择 Virtualbox，Virtualbox 号称是最强的免费虚拟机软件，它不仅具有丰富的特色，而且性能也很优异。在 Virtualbox 中可以直接通过虚拟机克隆的方式来进行物理集群的搭建。

虚拟机安装完成之后，搭建集群的机器就有了，接下来的工作就是在这台虚拟机上安装部署 Linux 运行环境。下载一个 Linux 操作系统的镜像文件，然后把它加载到虚拟机上就可以了。这里选择的是 CentOS 7。CentOS 是 Linux 发行版中的一种，企业实际开发用得比较多，所以这里选择使用 CentOS 这种 Linux 发行版。

在 CentOS 版本选择上，由于 CentOS 7 之后的版本和 CentOS 7 之前的版本在某些命令的使用上有一些变化，所以选择软件时也定要注意版本问题。当然选择其他 Linux 发行版（比如 Ubuntu、RedHat）等也可以，但是建议先严格按照本书提供的软件及版本进行学习。

3.Hadoop 的运行模式

Hadoop 运行模式常见的有三种，分别是单机模式、伪分布式模式和完全分布式模式。

（1）单机模式：这是 Hadoop 的默认模式，这种模式在使用时只需要下载解压 Hadoop 安装包并配置环境变量即可，而不需要进行其他 Hadoop 相关配置文件的配置。一般情况下，单机模式使用较少。

（2）伪分布式模式：在伪分布式模式下，所有的守护进程都运行在一个节点上（也就是运行在一台计算机上），由于是在一个节点上模拟一个具有 Hadoop 完整功能的微型集群，所以被称为伪分布式集群，由于是在一个节点上部署，所以也叫作单节点集群。

（3）完全分布式模式：在完全分布式模式下，Hadoop 守护进程会运行在多个节点上，形成一个真正意义上的分布式集群。接下来要搭建的就是通过虚拟机克隆的三个 Linux 服务器来构建的分布式模式 Hadoop 集群。

2.4.2　Hadoop 安装、配置和启动

本实践操作主要完成三个任务：配置 Hadoop 主从服务、配置服务器 SSH 免登录和验证 Hadoop 安装成功。

本实践中会分配三台装有 CentOS 7 的服务器，将其中一台选定为主服务器，另外两台为从服务器。这里以 server-1 为主服务器，server-2，server-3 为从服务器，实际实验中读者分配到的服务器名称不一定是 server-1、server-2、server-3。

步骤 1：JDK 的安装和配置。

由于 Hadoop 本身是使用 Java 语言编写的，因此 Hadoop 的开发和运行都需要 Java 的支持，一般要求 Java 6 或者更新的版本。对于有些 Linux，系统上可能已经预装了 Java，它的 JDK 版本为 openjdk，路径为 "usr/lib/jvm/default-java"，后文中需要配置的 JAVA_HOME 环境变量就可以设置为这个值。

对于 Hadoop 而言，采用更为广泛应用的 Oracle 公司的 Java 版本，在功能上可能会更稳定些，因此用户也可以根据自己的爱好安装 Oracle 版本的 Java。在安装过程中，记住 JDK 的路径，即 JAVA_HOME 的位置，这个路径的设置将用在后文 Hadoop 的配置文件中，目的是

让 Hadoop 程序可以找到相关的 Java 工具。

步骤 2：从官网下载 Hadoop 安装软件到 /usr/local/mjusk 中，然后解压。

大家可以在 Hadoop 官网，用 rz 命令或其他文件传输工具将 Hadoop 安装包上传至软件安装目录下。使用命令 tar – zxvf hadoop-3.1.3.tar.gz 解压 Hadoop 安装包。

接下来是配置 Hadoop 集群环境，并确认 Hadoop 启动成功。

步骤 3：配置 hosts 文件。将各服务器的 IP 和名称配置到 /etc/hosts 文件中。此步骤目的是让服务器之间可以通过名称来访问。

使用 ifconfig 命令可以查看本机 IP，使用 hostname 命令可以查看本服务器名称。使用 vi 命令编辑 /etc/hosts 文件，将三台服务器的 IP 和名称写入文件，然后按【Esc】键输入 "wq" 保存退出。三台服务器上均需要配置。操作如图 2-6 所示。

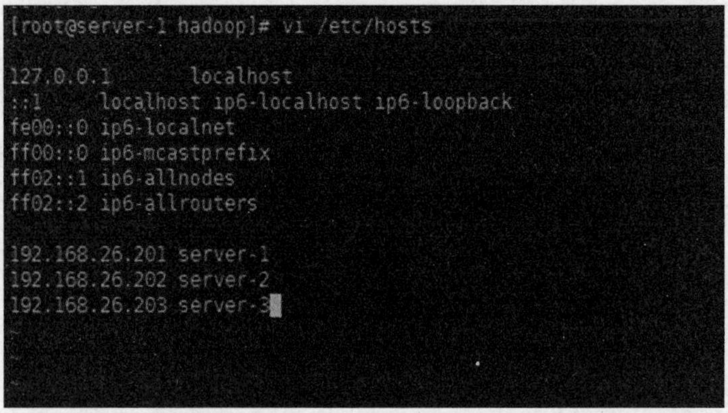

图 2-6　配置 hosts 文件

三台服务器上均可使用 shell 命令 cat /etc/hosts |grep '<ip> <hostname>' 来验证，如果有返回，则表示三台服务器全部配置好。

步骤 4：配置 Hadoop。配置 Hadoop 集群是需要在每一台服务器上都配置，这里只在主服务器上配置，配置完成之后将配置好的 Hadoop 复制到其他服务器即可。此步骤的以下操作均在主服务器上操作。

（1）在 hadoop-3.1.3 目录下创建四个目录：tmp、hdfs、hdfs/data、hdfs/name。可以使用 mkdir 命令来创建目录。后面配置 Hadoop 的时候会用到这些目录，三个目录的作用如下：

- tmp 目录用来存储 Hadoop 的临时文件。
- Hdfs/data 目录用来存储 HDFS 的文件块。
- Hdfs/name 目录用来存储元数据信息。

操作如图 2-7 所示。

图 2-7　创建四个目录

可在主服务器上使用以下四条 shell 命令，如果有输出则表示成功：

```
ls /usr/local/ mjusk /hadoop-3.1.3 |grep 'tmp'
ls /usr/local/ mjusk /hadoop-3.1.3 |grep 'hdfs'
ls /usr/local/ mjusk /hadoop-3.1.3/hdfs |grep 'data'
ls /usr/local/ mjusk /hadoop-3.1.3/hdfs |grep 'name'
```

（2）配置 core-site.xml 文件。进入 hadoop-3.1.3 目录下的 etc/hadoop，修改 core-site.xml 文件，在配置中增加如下配置项：

- fs.defaultFS：远程访问 hdfs 系统文件的方式，一般使用 hdfs://<namenode 服务器名 >：9000。
- hadoop.tmp.dir：hadoop 临时目录，使用之前创建的 tmp 目录，格式 file:<tmp 路径 >。
- io.file.buffer.size：流文件的缓冲区，单位为字节。这里配置：131702 表示 128 KB。

参考配置如下：server-1 为 NameNode 服务器名称（根据现场实际情况配置）。

```
<property>
    <name>fs.defaultFS</name>
    <value>hdfs://server-1:9000</value>
</property>
<property>
    <name>hadoop.tmp.dir</name>
    <value>file:/usr/local/mjusk/hadoop-3.1.3/tmp</value>
</property>
<property>
    <name>io.file.buffer.size</name>
    <value>131702</value>
</property>
```

（3）配置 hdfs-site.xml 文件。进入 hadoop-3.1.3 目录下的 etc/hadoop，修改 hdfs-site.xml 文件，该文件主要是 HDFS 系统的相关配置，在配置中增加如下配置项：

- dfs.namenode.name.dir：使用之前创建的 hdfs/name 目录。

- dfs.datanode.data.dir：使用之前创建的 hdfs/data 目录。

- dfs.replication：文件保存的副本数。

- dfs.namenode.secondary.http-address：http 访问 HDFS 系统的地址（一般使用服务器名称）和端口。

- dfs.webhdfs.enabled：是否开启 Web 访问 HDFS 系统。设置为 true 可以让外部系统使用 http 协议访问 HDFS 系统。

参考配置如下：server-1 为 NameNode 服务器名称（根据现场实际情况配置）。

```
<property>
    <name>dfs.namenode.name.dir</name>
    <value>file:/usr/local/mjusk/hadoop-3.1.3/hdfs/name</value>
</property>
<property>
    <name>dfs.datanode.data.dir</name>
    <value>file:/usr/local/mjusk/hadoop-3.1.3/hdfs/data</value>
</property>
<property>
        <name>dfs.replication</name>
        <value>2</value>
</property>
<property>
        <name>dfs.namenode.secondary.http-address</name>
        <value>server-1:9001</value>
</property>
<property>
    <name>dfs.webhdfs.enabled</name>
    <value>true</value>
</property>
```

（4）配置 mapred-site.xml 文件。mapred.xml 文件中主要配置 mapreduce 相关的配置。

进入 hadoop-3.1.3 目录下的 etc/hadoop，将文件 mapred-site.xml.template 使用 mv 命令重命名为 mapred-site.xml，并修改该文件增加如下配置项：

- mapreduce.framework.name：运行 mapreduce 使用的框架，2.0 以上的都是用的 yarn。

- mapreduce.jobhistory.address：历史服务器的地址。

- mapreduce.jobhistory.webapp.address：历史服务器的 Web 访问地址。

参考配置如下：server-1 为 NameNode 服务器名称（根据现场实际情况配置）。

```
<property>
    <name>mapreduce.framework.name</name>
    <value>yarn</value>
</property>
<property>
    <name>mapreduce.jobhistory.address</name>
    <value>server-1:10020</value>
</property>
<property>
    <name>mapreduce.jobhistory.webapp.address</name>
    <value>server-1:19888</value>
</property>
```

（5）配置 yarn-site.xml 文件。yarn-site.xml 文件中主要配置与 YARN 框架相关的配置项。

进入 hadoop-3.1.3 目录下的 etc/hadoop，修改 yarn-site.xml 文件，增加如下配置项：

• yarn.nodemanager.aux-services：NodeManager 上运行的附属服务。需配置成 mapreduce_shuffle，才可运行 MapReduce 程序。

• yarn.nodemanager.auxservices.mapreduce.shuffle.class：mapreduce 执行 shuffle 使用的 class。

• yarn.resourcemanager.address：resourceManager 的 地 址， 客 户 端 通 过 该 地 址 向 ResourceManager 提交应用程序，杀死应用程序等。

• yarn.resourcemanager.scheduler.address：ResourceManager 对 ApplicationMaster 暴露的访问地址。ApplicationMaster 通过该地址向 ResourceManager 申请资源、释放资源。

• yarn.resourcemanager.resource-tracker.address: ResourceManager 对 NodeManager 暴露的地址。NodeManager 通过该地址向 ResourceManager 汇报心跳、领取任务等。

• yarn.resourcemanager.admin.address：ResourceManager 对管理员暴露的访问地址。管理员通过该地址向 ResourceManager 发送管理命令。

• yarn.resourcemanager.webapp.address：ResourceManager 对外 Web UI 地址。用户可通过该地址在浏览器中查看 YARN 框架中运行的任务状态。

• yarn.nodemanager.resource.memory-mb：NodeManager 运行所需要的内存，单位为 MB。

参考配置如下：server-1 为 NameNode 服务器名称（根据现场实际情况配置）。

```
<property>
    <name>yarn.nodemanager.aux-services</name>
    <value>mapreduce_shuffle</value>
</property>
<property>
<name>yarn.nodemanager.auxservices.mapreduce.shuffle.class</name>
    <value>org.apache.hadoop.mapred.ShuffleHandler</value>
</property>
```

```
<property>
    <name>yarn.resourcemanager.address</name>
    <value>server-1:8032</value>
</property>
<property>
    <name>yarn.resourcemanager.scheduler.address</name>
    <value>server-1:8030</value>
</property>
<property>
    <name>yarn.resourcemanager.resource-tracker.address</name>
    <value>server-1:8031</value>
</property>
<property>
    <name>yarn.resourcemanager.admin.address</name>
    <value>server-1:8033</value>
</property>
<property>
    <name>yarn.resourcemanager.webapp.address</name>
    <value>server-1:8088</value>
</property>
<property>
        <name>yarn.nodemanager.resource.memory-mb</name>
        <value>1536</value>
</property>
```

（6）修改 slaves，增加从服务器。进入 hadoop-3.1.3 的 etc/hadoop 目录下，修改 slaves 文件，将其中的 localhost 去掉，并将所有的从服务器名称添加进去，每台服务器名称占一行。实际操作如图 2-8 所示。

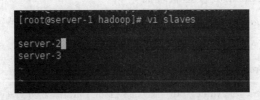

图 2-8　修改 slaves

在主服务器上使用以下命令，返回 true 则表示成功：

```
c='cat /usr/local/mjusk/hadoop-3.1.3/etc/hadoop/slaves |grep -v "^$"| wc -l'
if [ $c -eq 2 ];then echo "true"; else echo "false"; fi;
```

（7）配置 hadoop-env.sh、yarn-env.sh 的 JAVA-HOME。进入 hadoop-3.1.3 的 etc/hadoop 目录下，修改 hadoop-env.sh、yarn-env.sh 两个文件，增加 JAVA_HOME 的环境变量配置。查看

JDK 目录可使用命令 echo $JAVA_HOME。

在 hadoop-env.sh、yarn-env.sh 两个文件中分别增加如下代码（JDK 目录请根据自己实际情况设置）：

```
export JAVA_HOME=/usr/lib/java/jdk1.8
```

实际操作如图 2-9 和图 2-10 所示。

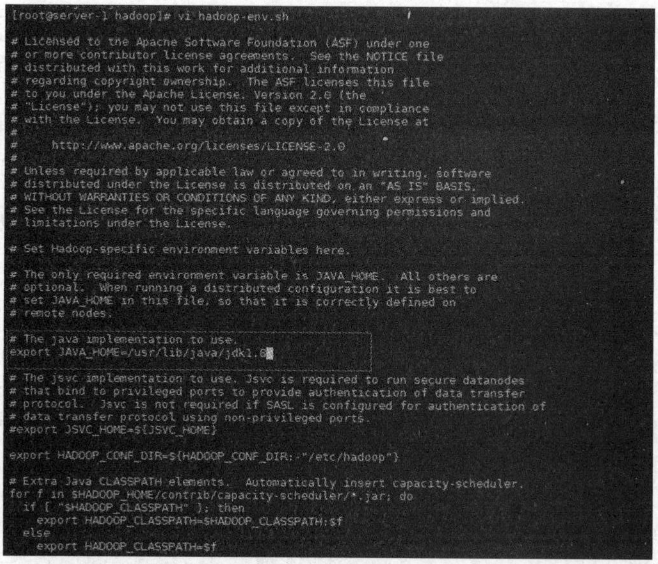

图 2-9　配置 hadoop-env.sh 的 JAVA-HOME

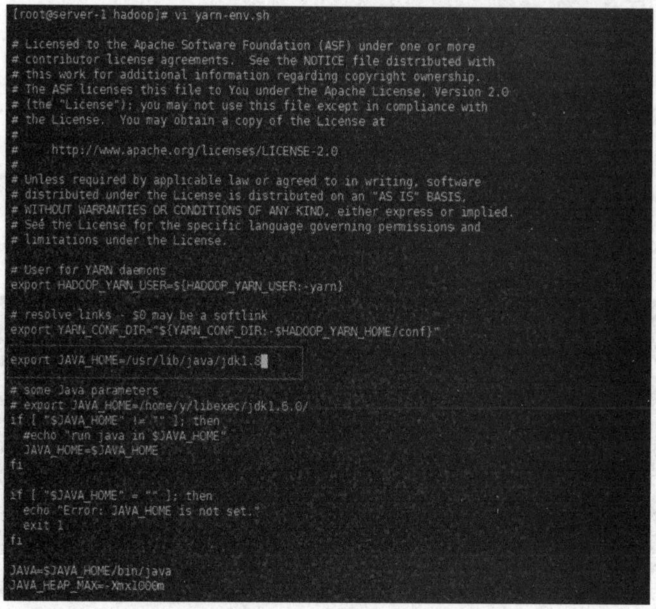

图 2-10　配置 yarn-env.sh 的 JAVA-HOME

在主服务器上使用以下两条命令，如果有输出则表示成功：

```
cat /usr/local/ mjusk /hadoop-3.1.3/etc/hadoop/hadoop-env.sh |grep 'export
JAVA_HOME=/usr/lib/java/jdk1.8'
cat /usr/local/ mjusk /hadoop-3.1.3/etc/hadoop/yarn-env.sh |grep 'export
JAVA_HOME=/usr/lib/java/jdk1.8'
```

步骤 5：配置服务器免登录。

Hadoop 集群的各个节点之间需要进行数据的访问，被访问的结点对于访问用户节点的可靠性必须进行验证，Hadoop 采用的是 SSH 的方法，通过密钥验证及数据加解密的方式进行远程安全登录操作，SSH 主要通过 RSA 算法来产生公钥与私钥，在数据传输过程中对数据进行加密来保障数据的安全性和可靠性。当然，如果 Hadoop 对每个节点的访问均需要进行验证，其效率将会大大降低，所以才需要配置 SSH 免密码的方法直接远程连入被访问节点，这样将大大提高访问效率。

（1）为每个节点分别产生公、私密钥配置。以下操作选取 NameNode 服务器 server-1 作为示例，成功之后，也在另外两台服务器上执行相同的操作。

开始之前可以先测试，用 ssh 命令登录本机或者其他服务器，无论是本机还是其他主机，都是需要输入密码的。

使用如下命令可以为本服务器生成公钥（id_dsa.pub）和私钥（id_dsa），要求输入 passphrased 时直接按【Enter】键：

```
ssh-keygen -t dsa -f ~/.ssh/id_dsa
```

再使用如下命令，将公钥文件复制成 authorized_keys 文件：

```
cp ~/.ssh/id_dsa.pub ~/.ssh/authorized_keys
```

此时，在本服务器上生成公钥和私钥的步骤基本完成，使用 ssh 命令登录本机不会再要求输入密码（如果是第一次登录会要求确认是否继续连接）。实际操作如图 2-11~ 图 2-14 所示（成功之后，也在另外两台服务器上执行相同的操作）。

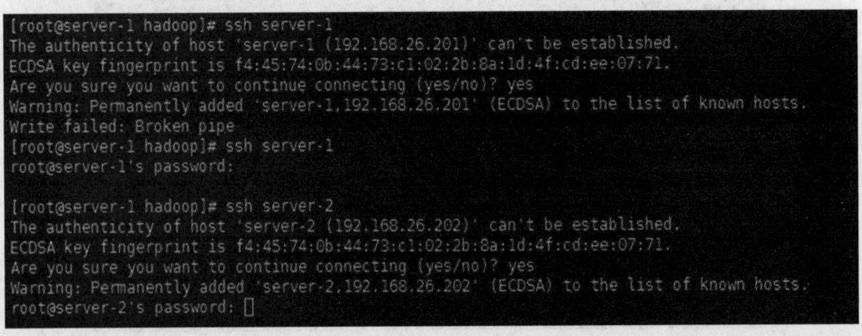

图 2-11　测试 SSH 登录是否需要输入密码

图 2-12　生成公钥和私钥

图 2-13　复制公钥文件为 authorized_keys

图 2-14　测试本机 SSH 免密登录

（2）让主节点能通过 SSH 免密登录两个子节点。将主服务器的公钥文件内容添加到从服务器的 authorized_keys 文件里，就可以实现主服务器免密登录从服务器了。

以下操作均在主服务器上执行。

使用 scp 命令，将主服务器的公钥文件 id_dsa.pub 复制到从服务器上，并命令为 server-1.pub（此文件名可以自己随意起），root 为登录从服务器的用户名，server-2 为从服务器的名称，请根据实际情况修改：

```
scp ~/.ssh/id_dsa.pub root@server-2:~/.ssh/server-1.pub
```

输入此命令后，会要求输入 server-2 服务器的 root 账号密码，输入密码即可。

再将上一步生成的 server-1.pub 文件内容追加到 server-2 的 authorized_keys 文件中，可以登录到 server-2 上去操作，也可以在 server-1 上使用 ssh 命令远程操作。这里使用 ssh 命令，在 server-1 上远程操作，命令如下：

```
ssh root@server-2 "cat ~/.ssh/server-1.pub>>~/.ssh/authorized_keys"
```

root 为登录从服务器的用户名，server-2 为从服务器的名称，server-1.pub 为上一步生成的文件，请根据实际情况修改。

输入此命令后，会要求输入 server-2 服务器的 root 账号密码。

如果不出问题,此时 server-1 服务就可以通过 SSH 免密码访问 server-2 了。按照上面的方法，让 server-1 可以 SSH 免密码访问另外一台从服务器。实际操作如图 2-15 和图 2-16 所示（按照上面的方法，让 server-1 可以 SSH 免密码访问另外一台从服务器）。

图 2-15　复制公钥到从服务器

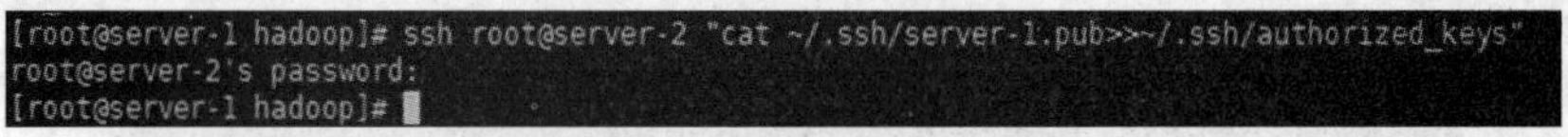

图 2-16　将主服务器公钥内容添加到从服务器 authorized_keys 文件中

步骤 6：将 Hadoop 复制到各从服务器。

通过以上步骤我们基本已经配置好了 Hadoop 的集群配置，现在需要将配置好的文件复制到其他服务器上。在主服务器上执行以下两条命令，其中 root 为登录从服务器的用户名，server-2、server-3 为从服务器的名称，请根据自己实际情况修改：

```
scp -r /usr/local/mjusk/hadoop-3.1.3  root@server-2:/usr/local/mjusk/
scp -r /usr/local/mjusk/hadoop-3.1.3  root@server-3:/usr/local/mjusk/
```

此时执行 scp 命令是不再需要输入密码的。

在两台从服务器上使用如下 shell 脚本验证，如果返回 true，可判断执行成功：

```
filesize='du --max-depth=0 /usr/local/mjusk/hadoop-3.1.3 |awk '{print $1}''
if [ $filesize -gt 300000 ];then echo "true" ;else echo "false";fi;
```

步骤 7：格式化 NameNode。

在主服务器上，进入 hadoop-3.1.3 目录下，执行 bin/hdfs namenode-format 即可。

```
cd /usr/local/mjusk/hadoop-3.1.3
bin/hdfs namenode -format
```

步骤 8：启动 Hadoop。

在主服务器上，进入 hadoop-3.1.3 目录下，执行 sbin/./start-all.sh 即可。命令如下：

```
sbin/./start-all.sh
```

启动结果如图 2-17 所示。

```
[root@server-1 hadoop-2.7.3]# sbin/./start-all.sh
This script is Deprecated. Instead use start-dfs.sh and start-yarn.sh
Starting namenodes on [server-1]
server-1: starting namenode, logging to /usr/local/mjusk/hadoop-2.7.3/logs/hadoop-root-namenode-server-1.out
server-2: starting datanode, logging to /usr/local/mjusk/hadoop-2.7.3/logs/hadoop-root-datanode-server-2.out
server-3: starting datanode, logging to /usr/local/mjusk/hadoop-2.7.3/logs/hadoop-root-datanode-server-3.out
Starting secondary namenodes [server-1]
server-1: starting secondarynamenode, logging to /usr/local/mjusk/hadoop-2.7.3/logs/hadoop-root-secondarynamenode-server-1.out
starting yarn daemons
starting resourcemanager, logging to /usr/local/mjusk/hadoop-2.7.3/logs/yarn-root-resourcemanager-server-1.out
server-2: starting nodemanager, logging to /usr/local/mjusk/hadoop-2.7.3/logs/yarn-root-nodemanager-server-2.out
server-3: starting nodemanager, logging to /usr/local/mjusk/hadoop-2.7.3/logs/yarn-root-nodemanager-server-3.out
[root@server-1 hadoop-2.7.3]#
```

图 2-17　启动 Hadoop

步骤 9：验证服务是否安装成功。

（1）使用 JDK 命令查看服务。

jps 命令为 JDK 提供的查看 Java 进程的命令，Hadoop 服务如果启动成功，可以在主服务器上查看 NameNode、SecondaryNameNode、ResourceManager 三个服务，从服务器上看到 NodeManager、DataNode 两个服务。执行命令如下：

```
/usr/lib/java/jdk1.8/bin/jps
```

执行结果如图 2-18~ 图 2-20 所示。

```
[root@server-1 hadoop-2.7.3]# /usr/lib/java/jdk1.8/bin/jps
2224 SecondaryNameNode
2374 ResourceManager
2631 Jps
2041 NameNode
[root@server-1 hadoop-2.7.3]#
```

图 2-18　主服务器 server-1 上查看结果

```
[root@server-2 mjusk]# /usr/lib/java/jdk1.8/bin/jps
258 DataNode
455 Jps
347 NodeManager
[root@server-2 mjusk]#
```

图 2-19　从服务器 server-2 上查看结果

```
[root@server-3 ~]# /usr/lib/java/jdk1.8/bin/jps
307 NodeManager
218 DataNode
430 Jps
[root@server-3 ~]#
```

图 2-20　从服务器 server-3 上查看结果

（2）通过 Web 页面查看。

我们也可以使用 Web 地址测试 Hadoop 集群是否启动成功。http://192.168.26.201 为 server-1 主服务器 IP 地址，http://192.168.26.201:8088 为 ResourceManager 的 Web 控制台，正常情况下显示如图 2-21 所示。

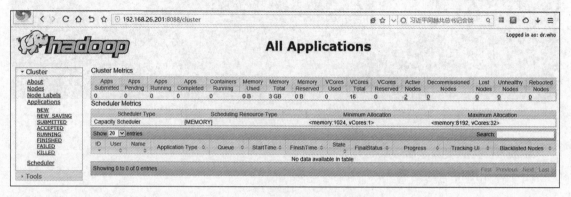

图 2-21　ResourceManager 的 Web 控制台

http://192.168.26.201:50070 为 HDFS Web 控制台，可以看到图 2-22 中展示了所有的 DataNode 节点。

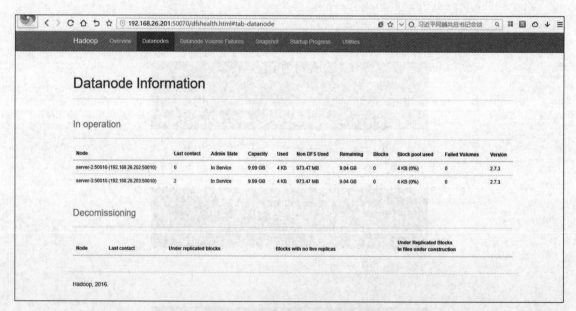

图 2-22　HDFS Web 控制台

通过以上步骤可以确定 Hadoop 集群已经启动成功了。

小　　结

本章首先介绍了 Hadoop 产生发展史、发行版本、体系结构及生态系统；然后阐述了 Hadoop 的特点、应用与发展趋势等有关内客，让读者对 Hadoop 有个整体上的了解；最后叙述了 Hadoop 分布式集群的搭建和部署，为读者运用 Hadoop 分布式平台做准备。

习　　题

1. 请概述 Hadoop 是什么。

2. 试述 Hadoop 和 Google 的 MapReduce、GFS 等技术之间的关系。

3. 请简述 Hadoop 的体系结构。

4. Hadoop 包含哪些核心组件？

5. 试述 Hadoop 的主要特点。

6. Hadoop 的运行模式有哪些？分别有什么特点？

7. Hadoop 分布式集群的搭建需要配置哪些文件？

8. 试述 Hadoop 单机模式和伪分布式模式的异同。

思政小讲堂

系统工程的典范——都江堰水利工程

思政元素：培养学生艰苦奋斗、开拓进取、科学求索的科学进取精神，同时激发青年学生努力学习，利用学到的知识应用到实际，树立为国为民努力奋斗的远大抱负。

驰名中外的都江堰位于四川都江堰市西侧的岷江上，是历史悠久的大型水利工程，于公元前 256 年秦昭王（秦始皇的曾祖父）时期由蜀郡太守李冰与其子率众修建。该大型水利工程现存至今依旧在灌溉田畴，是造福人民的伟大水利工程。其以年代久、无坝引水为特征，成为世界水利文化的鼻祖。

都江堰渠首枢纽主要由鱼嘴、飞沙堰、宝瓶口三大主体工程构成。三者有机配合，相互制约，协调运行，引水灌田，分洪减灾，具有"分四六，平潦旱"的功效。

鱼嘴是都江堰的分水工程，它修建在岷江的弯道处。汹涌的水流到了这里，会被这道分水堤分为内江和外江，只有内江水可以进入成都平原。李冰治水时，让内江河床低于外江，这样在秋冬季枯水时节，确保六成水进入内江，四成水排往外江。而春夏季丰水时节，因循弯道动力学的规律，水流会大量冲向河流弯道的内侧，也就是外江，又因为外江修建得比较宽，所以会有六成水排往外江，四成水进入内江，这样就保证了进入成都平原水量的稳定。此外，内江入口处河床凹陷,而外江入口处河床凸起。按照水流的自然规律,清澈的表层水流向凹底,浑浊的底层水流向土地,所以很大一部分沙石都会被外江抬走。从鱼嘴进入内江的水流已经不再那么汹涌,但依旧携带大量的沙石。这时候就需要飞沙堰发挥作用了。

飞沙堰是内江外侧的一道低矮堰坝,具有泄洪排沙的显著功能。飞沙堰是都江堰三大组成部分之一,看上去十分平凡,其实它的功用非常之大,可以说是确保成都平原不受水灾的关键要害。飞沙堰的作用主要是当内江的水量超过宝瓶口流量上限时,多余的水便从飞沙堰自行溢出;如遇特大洪水的非常情况,它还会自行溃堤,让大量江水回归岷江正流。飞沙堰的另一作用是"飞沙",飞沙堰的设计运用了回旋流的理论。岷江水从万山丛中急驰而来,挟着大量泥沙、石块,如果让它们顺内江而下,就会淤塞宝瓶口和灌区。古时飞沙堰,是用竹笼卵石堆砌的临时工程,如今已改用混凝土浇筑,以保一劳永逸的功效。飞沙堰自动泄洪,使多余的内江水排入外江正流,使内江不受洪灾。

宝瓶口是都江堰水利工程的最后一道关卡,这里本来是玉垒山的一段石壁,李冰治水时采用"火烧水泼"的方式花了八年时间将石壁凿开,形成了如今千年不变的宽度。宝瓶口起"节制闸"作用,就是约束进入成都平原的水量,如果遇到洪水,大量的水会被宝瓶口阻拦,水面就会上升,当水面超过旁边的飞沙堰时,就会被飞沙堰后面的排洪渠排往外江,达到二次泄洪。此外,为了观测和控制内江水量,又雕刻了三个石桩人像,放于水中,让人们知道"枯水(低水位)不淹足,洪水(高水位)不过肩"。还凿制石马置于江心,以此作为每年最小水量时淘滩的标准。

都江堰水利工程不仅有效控制了洪涝的发生,还可以满足灌溉和生活用水的需要,达到了水旱从人的目的。它是古人伟大智慧的结晶,顺应自然规律,至今生生不息,堪称世界水利文化的奇迹。

李冰父子所建设的都江堰,让巴蜀之地变为天府之国,这其中少不了科学求索、开拓创新的精神品质。作为新时代的年轻人,要努力学习,将知识应用于实际,更好地为人民服务。同时,也要学习李冰父子艰苦奋斗、开拓进取、科学求索,初心不改、为国为民的精神。

第3章

分布式文件系统 HDFS

学习目标

- 了解分布式文件系统。
- 掌握 HDFS 的体系结构。
- 掌握 HDFS 的工作机制。
- 掌握 HDFS 的访问方式。
- 实践用 Java 复制文件到 HDFS。

从前一章已经了解到，Hadoop 的基本部分由两大核心组成部分，分别是分布式文件系统 HDFS 和分布式计算框架 MapReduce。其中，HDFS 起着非常重要的大数据存储作用，它以文件的形式为上层应用提供解决海量数据的高效存储问题，并具有可扩展、高容错、高可靠等特点。

本章首先介绍分布式文件系统；再讲述 HDFS 的体系结构，分析了 HDFS 关键的几个相关概念，并详细地讲解 HDFS 的工作机制及 HDFS 读写数据的过程；最后描述了 HDFS 的三种访问方式。

3.1 分布式文件系统概述

1.文件系统的概念

计算机在运行时，所有程序是放在内存里的，而计算是在处理器里进行的。但是内存和处理器在存储数据时，都是暂时性的，只有加电的时候数据才有效，而停电时数据就无效了。所以需要有一些永久的介质去保存长期的数据，永久的介质就包括硬盘 U 盘等。那么这些设备的接口都会比较复杂，所以需要在这些介质上建立一个文件系统，这个文件系统对上层应用会比较方便使用。这是文件系统存在的原因，即帮助用户或者应用程序去保存数据，在停电的时候数据也可以长期保存。

文件系统是用于组织和管理计算机存储设备上的大量文件的一种机制，是计算机管理数据的一种目录结构。有了文件系统，用户就不用关心文件具体在磁盘上是如何存放的，只需要能够熟练掌握类似于指定文件的存储路径、往哪个路径下的文件写数据、从哪个路径读取文件数据等基本的文件系统操作即可。

文件系统最本质的功能是将文件名字翻译定位到一个具体的磁盘位置，进而可以完成文件的读写。

2. 分布式文件系统

大数据时代人们可以获取的数据成指数倍增长，单纯通过传统的文件系统管理存储数据已经不能满足需求。随着传输通信等信息技术的发展，文件系统读/写数据的方式不再限于本地输入/输出技术，也同时支持远距离通信的方式获取数据，就是相当于新增一种可以远距离传输的输入/输出技术，使得分散的存储设备和用户文件系统可以通过网络方式接入、联合在一起，形成更大容量、更易于拓展伸缩的存储系统，对此人们引入分布式文件系统的概念。

分布式文件系统是指利用多台计算机组成集群协同作用解决单台计算机所不能解决的存储问题的文件系统，跟传统的文件系统没有本质的差别，只是基于网络连接的可靠性、复杂性等因素，相对于本地总线而言，分布式接入的存储设备，需要应用层做更多复杂的策略来配合，以达到与本地相同的效果。

分布式文件系统的研究和开发始于 20 世纪 70 年代，早期的大多数分布式文件系统遵循传统的客户机-服务器体系结构构造，如 SunMicrosystems 的网络文件系统（network file system，NFS)、卡内基梅隆大学的 AFS（andrew file system)；更松散的解决方案采用基于集群的分布式文件系统，典型的就是 Google 分布式文件系统 GFS 和 Hadoop 的 HDFS。其中，NFS 的体系架构如图 3-1 所示，在 NFS 中，所有的客户-服务器通信都是通过远程过程调用（remote process call，RPC）完成的，本地 NFS 的客户端应用可以透明地读写远端 NFS 服务器上的文件，就像访问本地文件一样。

分布式文件系统本质的功能，是将一个以目录树表达的文件翻译成一个具体的节点，而到具体的节点上磁盘的定位则由本地的文件系统去解析完成。

构建分布式文件系统需要考虑以下几个问题：

（1）负载均衡问题。如果某单个机器节点存储的文件规模过大，或者存储热门数据的大文件有很多用户需要经常读取，那么就使得此文件所在机器的访问压力极大。这就涉及数据文件该如何切分和存储的问题。

（2）数据安全问题。因为数据文件存储在集群机器中，如果某个文件所在机器节点出现故障，那么这个文件就不能被访问，造成数据丢失或者损坏。这就涉及如何保证数据安全性或可靠性的问题。

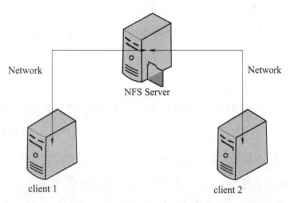

图 3-1　NFS 的体系架构图

（3）系统性能问题。如果用户需要将一些文件的存储位置进行调整，那么就要查看目标机器的存储空间是否够用，并且需要用户自己维护文件的存储位置。如果集群机器非常多，还需要考虑多台机器组成的分布式环境的底层通信问题，这样的操作极为复杂。这就涉及如何保证数据文件的高效管理和高可用性的问题。

总的来说，要设计一个高容错、高可靠、高可用、可扩展的分布式文件系统还是有难度的。HDFS 就是这么一种专门用来解决大数据存储具有高容错性、高可靠性、高可用性等特点的可扩展分布式文件系统。在接下来的章节将深入介绍 HDFS 分布式文件系统，了解 HDFS 到底是如何巧妙地解决分布式文件系统的相关问题，从而轻松实现大规模数据的分布式存储。

3.2　HDFS 简介

HDFS 是 Hadoop 核心组件之一，作为最底层的分布式存储服务而存在。它是 Google 分布式文件系统 GFS 的开源实现，是适合运行在通用硬件上的分布式文件系统。

HDFS 的设计来源于非常朴素的思想：当需要存储的单个数据文件超过单台计算机的存储能力时，就有必要将数据文件切分并存储到由多台计算机组成的集群中，这些计算机通过网络进行连接，而 HDFS 作为一个抽象层架构在集群网络之上，对外提供了统一的文件管理功能，对于用户来说根本感受不到 HDFS 底层的多台计算机，就像在操作一台计算机一样。进而 HDFS 还能够很好地容忍节点故障且不会丢失任何数据。

在这些设计理念下，HDFS 需要具有如下设计目标：

（1）硬件故障的检测和快速恢复。HDFS 可以部署在廉价的机器上，硬件故障是常态。

数据存储在一些廉价的 PC 磁盘上会有未筛检的风险。HDFS 具有数据检测机制，可以检测磁盘上 Block 块的正确性。因为每个 Block 有多个副本，如果发现有的 Block 有问题，就会删除该 Block 并复制其他正常的 Block，让其副本数达到设定的要求。

（2）支持超大文件存储。HDFS 可以用来存储超大文件，文件的大小可以是 TB、PB 级，甚至 EB 级别的。因为它将文件分割成块来存储，理论上是可以存储任意大的文件，只要集群中的空间足够。

（3）流式数据访问。HDFS 中，数据的读 / 写都是以二进制数据流的形式进行的，而且 HDFS 选择采用"一次写入、多次读取"的流式数据访问模式，而不是随机访问模式。这是因为在多数情况下，分析任务都会涉及数据集中的大部分数据。对 HDFS 来说，请求读取整个数据集要比读取一条记录更加高效，也就是说，HDFS 更重视数据的吞吐量，而不是数据的访问时间。

（4）简化的一致性模型。在 HDFS 中对文件实行一次性写入、多次读取的访问模式。一个文件一旦经过创建、写入和关闭之后就不需要再修改了。这样简化的数据一致性模型，使高吞吐量的数据访问成为可能。

（5）在异构硬软件平台上的兼容性。这将推动大数据集的应用更广泛地采用 HDFS 作为平台。

（6）计算向数据靠拢模式。也就是移动计算的代价比移动数据的代价低。一个应用请求的计算，离它操作的数据越近就越高效，这在数据达到海量级别的时候更是如此。将计算移动到数据附近，比之将数据移动到应用所在显然更好。

正是基于以上的设计考虑，HDFS 在处理某些特定问题时不但没有优势，反而存在着一些的局限性，它的局限性主要表现在以下四个方面；

（1）HDFS 不支持实时的数据访问，不能像数据库那样提供毫秒级的低延迟响应。

（2）HDFS 不适合用来存储大量的小文件。HDFS 是一个主从结构的分布式文件系统，系统中的目录、文件信息都保存在主节点的内存中。如果存储了大量的小文件，势必导致主节点中的内存消耗过多，影响其性能。HDFS 是用来存储超大文件的。

（3）HDFS 不适合并发写入。一个文件只能有一个写操作，不允许多个线程同时进行写操作。为什么要这样设计呢？这是考虑到每个文件分成多个块，每个块有多个副本，如果有多个线程同时写一个文件，这样操作是很难控制的。

（4）HDFS 不支持随机修改文件。HDFS 设计的初衷是一次写入多次读取的场景，主要是做数据仓库、数据分析用的，数据分析的数据往往都是一些反映历史事实、不会变化的数据。虽然 HDFS 不支持数据的随机修改，但是支持数据的 Append（追加）操作，在文件的末尾进行添加。

3.3 HDFS 体系结构及相关概念

3.3.1 HDFS 体系结构

HDFS 是一个用于存储大数据文件，通过统一的命名空间目录树来定位文件的文件系统；而且它是分布式的，由很多服务器联合起来实现其功能，集群中的服务器有各自的角色。

一个完整的 HDFS 文件系统是运行在由网络连接在一起的计算机（或者叫节点）集群之上，在这些节点上运行着不同类型的守护进程，比如 NameNode、DataNode、SecondaryNameNode，多个节点上不同类型的守护进程相互配合，互相协作，共同为用户提供高效的分布式存储服务。HDFS 的体系结构如图 3-2 所示。

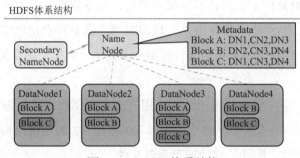

图 3-2　HDFS 体系结构

HDFS 的体系结构是主从结构，一般一个 HDFS 集群是由一个 NameNode 和一定数目的 DataNode 组成。NameNode 是 HDFS 集群主节点，DataNode 是 HDFS 集群从节点，两种角色各司其职，共同协调完成分布式的文件存储服务。NameNode 用来保存 HDFS 中的目录结构以及文件的分块信息，并对外提供服务。在 HDFS 中，文件被分割成块，也就是 Block。每个 Block 在集群中又存储了多个副本，比如这里有一个文件，它被分为三块 Block A、Block B 和 Block C，其中 Block A 有三个副本，分别保存在 DataNode1、DataNode2 和 DataNode3 三个节点上面。Block B 和 Block C 也都有三个副本。

这种存储方式使得 HDFS 具有容灾的特性。假如该集群中 DataNode1 出现了问题，那么仍然可以从 DataNode2、DataNode3、DataNode4 中把这个文件完整地读取出来。实际上这个集群中任意两个 DataNode 挂掉，都可以把这个文件完整地读取出来。

图 3-2 中还有一个 SecondaryNameNode，从其名字看，感觉是 NameNode 的备份，其实不是，它是一个辅助性的服务。

3.3.2 HDFS 相关概念

1. 分块存储

HDFS 中的文件在物理上是分块存储的，数据块的大小可以通过配置参数来规定，默认为 64 MB 或 128 MB（在 Hadoop 2.x 版本中是 128 MB）。

磁盘也有数据块（也叫磁盘块）的概念，比如每个磁盘都有默认的磁盘块容量，磁盘块容量一般为 512 B，这是磁盘进行数据读/写的最小单位。传统文件系统也有数据块的概念，但是传统文件系统中的块的容量只能是磁盘块容量的整数倍，一般为几千字节。然而用户在使用文件系统时，比如对文件进行读/写操作时，可以完全不需要知道数据块的细节，只需要知道相关的操作即可，因为这些底层细节对用户都是透明的。

HDFS 的数据块比传统文件系统的数据块要大得多，之所以 HDFS 的数据块这么大，是为了最小化寻址开销。因为如果块设置得足够大，从磁盘传输数据的时间可以明显大于定位到这个块开始位置所需要的时间，所以要将这个块设置得尽可能大一点。但是也不能太大，因为这些数据块最终是要供上层的计算框架处理的，如果数据块太大，那么处理整个数据块所花的时间就比较长，从而影响整体数据处理的时间。需要特别指出的是，和其他文件系统不同，HDFS 中小于一个数据块大小的文件并不会占据整个数据块的空间。

2. 名字空间

HDFS 支持传统的层次型文件组织结构。用户或者应用程序可以创建目录，然后将文件保存在这些目录里。HDFS 文件系统命名空间（NameSpace）的层次结构和大多数现有的文件系统类似；用户可以创建、删除、移动或重命名文件。

NameNode 负责维护文件系统的名字空间，任何对文件系统名字空间或属性的修改都将被 NameNode 记录下来。HDFS 会给客户端提供一个统一的抽象目录树，客户端通过路径来访问文件。

3. NameNode 元数据管理

我们把目录结构及文件分块位置信息叫作元数据。NameNode 的作用是管理文件系统的命名空间，负责维护整个 HDFS 文件系统的目录树结构，以及每一个文件所对应的 Block 块信息（Block 的 id 及所在的 DataNode 服务器），并对外提供服务。NameNode 将这些信息保存在内存中，以保证高效对外提供服务。

如果 NameNode 进程挂掉或者服务器宕机，内存中的数据会丢失。为了让 NameNode 重启之后能够恢复服务，需要将内存中的数据持久化到磁盘。NameNode 将内存中的数据持久化为两个文件的形式，一个是命名空间镜像 FSImage（file system image），还有一种是编辑日志 EditLog。FSImage 保存了整个 HDFS 系统某个时间点的所有目录和文件信息，FSImage 并不是当前 HDFS 系统最新的目录和文件信息，它只是某一个时间点的。EditLog 保存着 HDFS 系统从部署开始之后的所有变更操作的日志。

在 HDFS 系统中做文件夹的增删或者是文件的增删、追加等操作都会进入编辑日志中，使用日志来做系统的故障恢复是一种比较常用的技术手段。最常见的关系型数据库，比如

Oracle、SQLserver 或者 MySQL，都是通过日志来恢复数据库的。

　　HDFS 中也使用了操作日志，可以通过 EditLog 这个操作日志来恢复 NameNode 节点。那这样可以直接通过 EditLog 就可以恢复节点，为什么还要 FSImage 呢？那它的作用是什么呢？假如只使用了 EditLog，当系统运行了很长时间，EditLog 日志文件会非常多。当 NameNode 启动的时候，需要恢复所有的操作，这会是一个很漫长的过程，这个时间长到无法忍受。因此 HDFS 定期将 EditLog 日志合并生成 FSImage。HDFS 可以快速地从 FSImage 恢复原数据，而不必将所有日志重新执行。只需要从 FSImage 和少量新生成的 EditLog 就可以恢复集群。

　　那 HDFS 在什么时间点会合并 EditLog 生成 FSImage 呢？在 CheckPoint（检查点）被触发的时候。触发检查点有两种条件：一种是根据时间，即在距离上次检查量过去一段时间就会触发；另一种是 EditLog 日志中的事务数达到指定数量的时候，这两个参数都可以配置，默认是每隔一个小时合并一次。

　　合并编辑日志和 FSImage 生成新的 FSImage，这个操作是由谁来执行呢？

　　这就是由前面提到过的 SecondaryNameNode（第二名称节点）服务来执行的。它负责将新的 EditLog 和 FSImage 合并，生成新的 FSImage。

4. SecondNameNode 合并编辑日志

合并日志的详细过程如图 3-3 所示。

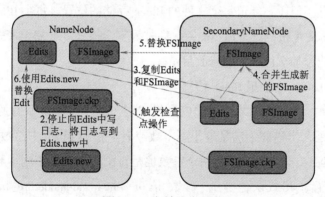

图 3-3　合并日志过程

这个过程需要 NameNode 和 SecondaryNameNode 服务协作来完成。过程步骤如下：

（1）当检查点被触发时，SecondaryNameNode 会通知 NameNode 准备合并日志。

（2）NameNode 接收到通知之后，它会停止向编辑日志中写数据，同时新生成一个 Edits.new 文件，将后面的日志都写入到这个文件中。为什么要形成一个文件？因为 SecondaryNameNode 要合并这两个文件，因此它要停止向这个文件里面写日志。

（3）SecondaryNameNode 会把 Edits 和 FSImage 这两个文件复制下载到本地，在本地进行合并。

（4）SecondaryNameNode 将这两个文件合并生成新的 FSImage，并把最新的 FSImage 发送回 NameNode。

（5）NameNode 接收到新的 FSImage 之后，会替换掉原来的 FSImage。

（6）NameNode 将 Edits.new 更名为 Edits，此时合并的过程就完成了。此后，NameNode 会继续将日志写入到这个 Edits 文件里面。

在这个过程中，FSImage 是在逐渐变大的，Edits 文件的大小是可以控制的。在重启 NameNode 之后，只需要加载 FSImage 和 Edits 这两个文件，就可以将任务恢复，就可以大大缩短 NameNode 重启的时间。这个合并日志的过程主要是由 SecondaryNameNode 来完成的，这可以分担 NameNode 的工作压力。

5. NameNode 启动过程

在第一次启动 NameNode 时，需要使用命令 hdfs dfs namenote-format 来格式化 NameNode，格式化的目的是为了生成 FSImage。启动 NameNode 分如下几步：

第一步：读取 FSImage 和 EditsLog。如果是第一次启动，是没有 EditsLog 的。如果集群运行了一段时间，重启时就有 EditsLog。

第二步：将 FSImage 和 EditsLog 进行合并，合并生成新的 FSImage，并生成一个空的 EditsLog 日志文件，完成后可以对外提供只读服务。当前 NameNode 已经知道了 HDFS 系统的目录和文件相关信息。但还不知道每个文件的 Block 存储的位置，每个 Block 的位置信息是由 DataNode 向 NameNode 汇报的，此时 NameNode 进入安全模式。在安全模式下，NameNode 只提供只读服务，不能添加文件，不能修改目录。

第三步：等待 DataNode 上报 Block 信息。

那么，什么时候 NameNode 才会退出安全模式呢？是不是等待所有的 Block 信息都获取到了才退出呢？不是，当集群中满足最小副本数或者上报的 Block 占总数的比例大于一定阈值时，NameNode 就退出安全模式。这两个参数也是可配置的，最小副本数可以通过参数 dfs.replication.min 来配置，其默认值是 1。参数 dfs.namenode.safemode.threshold.pct 是配置比例的，要求上报的 Block 占总的 Block 达到此比例时才退出安全模式。如果集群中损坏的 Block 数很多，此时集群可能永远都达不到这些要求，那么 NameNode 会一直处于安全模式。如果有这种情况发生，就需要使用命令强制退出安全模式。当然最好是能检查哪些 Block 有问题，如果是不可恢复的，那就把这个文件删除。

6. DataNode 数据存储

DataNode 在 HDFS 中的作用是什么呢？DataNode 主要负责如下三个方面的工作：

（1）存储数据块，并提供数据块的读写功能。

（2）向 NameNode 汇报本节点的 Block 信息。汇报 Block 信息有两方面：第一是告知

NameNode 此 DataNode 节点上有哪些 Block 的副本；第二是告知 NameNode 此节点上哪些 Block 损坏了。DataNode 怎么知道哪些 Block 是损坏的呢？ HDFS 有数据校验机制，DataNode 会定期检查自己节点上的 Block 是否正常。当有 Block 损坏之后，DataNode 会汇报给 NameNode。NameNode 接收到信息后，会将这个 Block 在此节点上的信息删除，并且下发命令，让 DataNode 删除损坏的 Block，并重新规划复制 Block，让其达到集群中副本数量的要求。

（3）执行 NameNode 下发的命令，NameNode 下发的命令主要有删除 Block 和复制 Block。NameNode 下发命令，是通过与 DataNode 之间的心跳来实现的。NameNode 作为服务端，并不会主动去联系 DataNode，DataNode 启动的时候，会向 NameNode 注册自己，并与之保持心跳。如果 NameNode 长时间没有收到这个 DataNode 的心跳，就会将这个 DataNode 标识为不可用。NameNode 将命令（比如要删除 Block 或者要复制 Block）作为心跳的返回发送给 DataNode。

7. HDFS 数据完整性校验

HDFS 之所以能够部署在廉价的机器上，得益于它的数据完整性校验机制。数据存储在普通的磁盘中，不是百分之百安全的，数据可能会由于电压不稳或者是磁盘坏道等一些硬件故障而丢失。在网络传输中数据也有出错的风险，因此 HDFS 必须要有数据校验的机制。

通用的数据校验方式有：奇偶校验、算术和校验、循环冗余校验、海明码校验等。HDFS 中默认采用的是三十二位循环冗余校验，循环冗余校验的检验能力强、开销小，并且易于实现。从其检验能力上来看，其所不能发现错误的概率仅为 0.0047%。从性能和开销上考虑，都远优于其他校验方式。

HDFS 默认对每 512 字节会生成一个长度是四字节的校验核，也就是 512 字节的数据需要四个字节的校验核。这样生成的校验核大小就小于总文件大小的百分之一，如果数据块 Block 的大小为 128 MB，会对应一个大小为 1.1 MB 的校验文件，这个文件的扩展名为 meta。图 3-4 所示是 DataNode 节点上找到的数据块的文件。128 MB 的 Block 数据块对应一个大小为 1.1 MB 的校验文件（.meta 文件）；96 MB 的 Block 数据块对应一个大小为 762 KB 的校验文件（.meta 文件）。

```
-rw-r--r-- 1 root root 128M 1月  31 13:19 blk_1073741844
-rw-r--r-- 1 root root 1.1M 1月  31 13:19 blk_1073741844_1020.meta
-rw-r--r-- 1 root root 128M 1月  31 13:19 blk_1073741845
-rw-r--r-- 1 root root 1.1M 1月  31 13:19 blk_1073741845_1021.meta
-rw-r--r-- 1 root root  96M 1月  31 13:19 blk_1073741846
-rw-r--r-- 1 root root 762K 1月  31 13:19 blk_1073741846_1022.meta
```

图 3-4　Block 文件及对应的校验文件

HDFS 在什么时候会去校验数据呢？ HDFS 的校验发生在客户端读取数据时和 DataNode

定期的检查。客户端读取数据时会同时读取 Block 和校验文件，当客户端发现这个 Block 不正确时，就会通知 NameNode；NameNode 标记 Block 损坏，接着让客户端从其他的 DataNode 上再读取 Block；同时也会下发命令，让 DataNode 删除损坏的 Block。DataNode 也会定时检查自己节点上的 Block 是否有问题，如果发现 Block 有问题，会汇报给 NameNode，然后 NameNode 会下发命令，让 DataNode 把这个 Block 删除。

8. HDFS 机架感知

海量数据处理是使用分布式存储和分布式计算来实现的。既然是分布式，那么避免不了需要在各个存储节点或者计算节点之间传输数据。HDFS 作为分布式文件存储系统，也需要在网络之间传输数据，节点之间的传输速度是影响数据处理效率的重要因素。因此如何合理规划 HDFS 中文件的存储是必须要考虑的问题。

我们先回顾计算机网络的相关知识，在以下每个场景下，可用带宽是依次递减的：传输速度最快的是同一台计算机上的两个进程之间，进程之间传输数据的方式有很多，比如消息队列、共享内存、套接字等，同一个节点上进程间的通信不需要经过网卡，带宽取决于内存带宽，带宽速度可达到 20 GB/s 左右，这种速度是目前网络之间的计算机无法达到的；传输速度次之的是同一机架上的不同节点之间，我们可以把它理解为在一个交换机下的，同一个局域网内的计算机；再往下是同一个数据中心不同机架上的节点，不同机架上的节点之间通信需要经过上一层的交换机，速度比同一个网段局域网内的节点之间的通信要慢一些；最后是不同数据中心的节点，它们之间的通信要经过路由器，速度最慢。

我们看看 HDFS 是如何存储 Block 的，图 3-5 所示是一个简单的网络拓扑，有三个机架（rack1、rack2 和 rack3）。HDFS 的部署情况是：NameNode（即 NN）在 rack1 的一个节点上，其他的八个 DataNode（即 DN）节点分别部署在三个机架上。

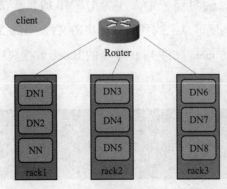

图 3-5　集群网络

那么当客户端请求写文件时，HDFS 是如何存储数据块 Block 的呢？ HDFS 副本存储策略

的基本思想是:

第一个 Block 存储的位置和客户端所在的位置相关, 客户端所处的位置有三种情况: 第一种情况是客户端就位于某个 DataNode 节点上, 此时 HDFS 就会选择当前这 DataNode 来存储第一个 Block; 如果客户端在某个机架的机器上, 但这台机器并没有部署 DataNode, 那么 HDFS 会在这个机架中选择一个 DataNode 来存储第一个块 Block; 最后一种情况是客户端不在集群中, 这个时候 HDFS 会随机选择一个节点来存储第一个块 Block。

第二个副本存储在和第一个副本不同的机架的节点上。

第三个副本存放在和第二个副本相同的机架的不同节点上。

其实在网络中某个节点挂掉的概率比整个网络挂掉的概率要高得多, HDFS 在权衡了效率和容灾特性之后, 做出了这样的选择, 原则就是每个节点只保留一份副本, 每个 Rack 不超过两个副本。

那么问题来了, HDFS 怎么知道哪些节点在同一个机架里呢?

如图 3-6 所示, 在 HDFS 中每个节点都有一个 rack id, 它的形式类似于文件路径。这个集群中有两个数据中心, 每个数据中心都有两个机架, 每个 DataNode 都有自己的 rack id, DataNode1 的 rack id 是 /d1/r1/n1,第一级 d1 标识的是数据中心 1,第二级标识的是所处的机架, 最后是节点的名称, 每个节点的 rack id 都是类似这样的, HDFS 知道了这些节点的 rack id 后就可以根据 rack id 解析出哪些节点是在同一个机架下的, 哪些节点之间的传输速度是比较快的。从 rack id 中可以知道,DataNode1（图中为 N1,下同）和 DataNode2 是在同一个机架下的, DataNode1 和 DataNode3 是同一个数据中心不同机架下的, DataNode1 和 DataNode4 是不同数据中心的。它们的距离是依次递增的, 传输速度即是依次递减的。HDFS 本身并不能感应出每个节点的 rack id, 这个需要管理员手动配置。

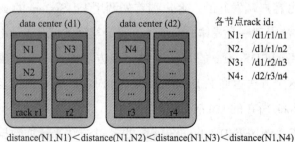

distance(N1,N1)＜distance(N1,N2)＜distance(N1,N3)＜distance(N1,N4)

图 3-6　节点的 rack id 和各节点的距离比较

3.4　HDFS 的工作机制

本节主要介绍 HDFS 的工作机制, 包括客户端与服务端的 RPC 通信、HDFS 的数据读写过程、文件的一致模型。

在介绍 HDFS 的数据读 / 写过程之前，需要了解相关的类。FileSystem 是一个通用文件系统的抽象基类，可以被分布式文件系统继承，所有可能使用 Hadoop 文件系统的代码都要使用到这个类。Hadoop 为 FileSystem 这个抽象类提供了多种具体的实现，DistributedFileSystem 就是 FileSystem 在 HDFS 文件系统中的实现。FileSystem 的 open() 方法返回的是一个输入流 FSDataInputStream 对象，在 HDFS 文件系统中具体的输入流就是 DFSInputStream；FileSystem 中的 create() 方法返回的是一个输出流 FSDataOutputStream 对象，在 HDFS 文件系统中具体的输出流就是 DFSOutputStream。

3.4.1　HDFS 读数据的过程

HDFS 数据读取和写入涉及的参与者都是三个，首先是客户端，也就是请求的发起者，另外两个就是 HDFS 集群中的 NameNode 和 DataNode。HDFS 读取数据的过程如图 3-7 所示，主要包括以下几个步骤：

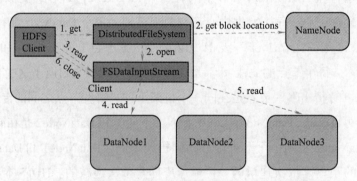

图 3-7　HDFS 读取数据的过程

（1）读取请求是由客户端发起的，客户端首先调用 FileSystem 的 get 方法，FileSystem 是一个抽象类，其 get 方法得到一个具体的实现类，这个实现类就是 DistributedFileSystem。

（2）再调用 DistributeFileSystem 的 open 方法，该方法传入一个参数，这个参数就是我们要读取文件的路径，这个方法返回 FSDataInputStream 对象，该对象封装了要读取文件的所有 Block 信息以及每个 Block 所在的 DataNode 信息。

（3）客户端可以直接调用 FSDataInputStream 的 read 方法来读取数据，它实际上是通过远程调用的方式，直接从 DataNode 上读取数据，每个 Block 的副本位置信息已经按照距离客户端远近的升序排序了，因此每次读取 Block 的时候都会选择距离最近的 DataNode 来读取。

（4）数据从 DataNode 源源不断地流向客户端。

（5）读取完一个 Block 后会接着读取下一个 Block，直到所有的 Block 都读取完毕，就关闭 FSDataInputStream。

（6）如果第一批块都读完了，DFSInputStream 就会去 NameNode 拿下一批块的位置信息，然后继续读，如果所有的块都读完，这时就会关闭所有的流。

客户端从 DataNode 上读取 Block 时同时也会读取到校验和文件，并会做验证，如果发现 Block 损坏，则会尝试读取这个 Block 其他的副本，并标注这个损坏的 Block，报告给 NameNode。HDFS 读数据的程序代码示例如图 3-8 所示。

```
12  public class ReadHDFS {
13
14    public static void read(String path) throws IOException, InterruptedException, URISyntaxException{
15        Configuration conf = new Configuration();
16        FileSystem fs = FileSystem.get(new URI("hdfs://192.168.100.103:9000"), conf, "root");
17        FSDataInputStream fsi = fs.open(new Path(path));
18        byte[] buf = new byte[1024];
19        fsi.readFully(buf);
20        fsi.close();
21        System.out.print(new String(buf));
22    }
23
24    public static void main(String[] args) {
25        try {
26            read("/test/README.txt");
27        } catch (IOException e) {
28            e.printStackTrace();
29        } catch (InterruptedException e) {
30            e.printStackTrace();
31        } catch (URISyntaxException e) {
32            e.printStackTrace();
33        }
34
35    }
```

图 3-8　HDFS 读数据的程序代码示例

这种读取数据设计的优点是可以支持很多客户端同时读取 HDFS 中的数据，因为 NameNode 只提供数据块的信息，而数据的传输只是在客户端和 DataNode 之间，完全不经过 NameNode。

3.4.2　HDFS 写数据的过程

HDFS 写入数据的过程应该来说是 HDFS 中比较复杂的一个部分。HDFS 写入数据的过程如图 3-9 所示，HDFS 写入数据的过程主要包括以下几个步骤：

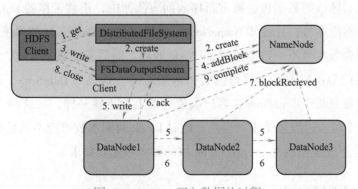

图 3-9　HDFS 写入数据的过程

（1）首先与读文件一样，调用 FileSystem 的 get 方法获取一个 DistributedFileSystem 类。

（2）然后调用其 create 方法，在命名空间中生成一个新的文件。生成新文件之前还要做一些检查工作，比如检查文件是否存在、目录是否存在、用户是否有权限。如果检查不通过会抛出异常，检查通过就在命名空间中创建一个文件，并在编辑日志中记录这个创建的操作，远程方法调用结束，会返回一个 FSDataOutputStream 对象，该对象包含一个 DFSOutputStream 对象的实例。

（3）客户端使用 FSDataOutputStream 的 write 方法开始写数据。

（4）调用远程方法 addBlock 向 NameNode 申请数据块，该方法返回数据块需要写到哪些 block 的相关信息，并提供了数据流管道。

（5）发送数据包。通过数据流管道，客户端就可以和 DataNode 建立联系，并向 DataNode 中写数据。客户端写数据时将数据封装成数据包（packet），以队列的形式将这些数据包发往 DataNode，第一个 DataNode 接收到数据包并持久化到磁盘之后，会将数据包发往管道中的第二个 DataNode，同样，第二个 DataNode 接收并存储数据包之后会将数据包发往第三个节点，如果有大于三个副本的就以此类推。HDFS 写数据的时候是以传递的方式将数据块写到多个 DataNode 中的。

（6）接收确认包。客户端与 DataNode 之间还有一个管道流，这个管道流的方向与写数据是相反的，它的作用是接收确认包，最后一个 DataNode 接收到数据包之后会向前一个 DataNode 发送确认包，这个包逆流而上，最后发给客户端，客户端接收到确认包之后，会将数据包从队列中删除。一个 Block 可以分为很多个数据包，当一个 Block 的所有数据包都写完了之后，数据流管道上所有的 DataNode 会向 NameNode 汇报，提交数据块。这时一个 Block 的写入就完成了，如果还有其他的 Block，就会重复这个过程，从调用 addBlock 方法开始。

（7）当所有的 Block 都写入完毕，客户端调用 close 方法，关闭 FSDataOutputStream，写文件的过程结束。

如果在写入数据的过程中，某个 DataNode 出现异常，首先数据管道会被关闭，已经发送出去但没有接收到确认的数据包会被重新加入到写队列中，正常工作的 DataNode 上的 Block 会被赋予一个新的版本号，并通知 NameNode，这样异常的 DataNode 如果恢复过来，其节点上的数据块会因为版本号不一致而被 NameNode 删除。然后新建数据管道，这个管道中不包含刚才出现异常的 DataNode，也就是说假如本来需要写到三个 DataNode，结果有一个挂掉了，这样就只需要写两个 DataNode，客户端依然像上面步骤一样，往这两个节点上写数据，写入完毕后，这个写入过程就结束。当然，此时 Block 的副本数可能不满足集群设置的要求，NameNode 后面会下发复制的命令，让 Block 块的副本数达到要求。

3.5 访问 HDFS 的方式

通过前面章节的学习，我们已经对 Hadoop 分布式文件系统 HDFS 有了一定的认识，包括 HDFS 的基本原理、体系结构以及核心设计，并且也了解了 HDFS 的工作机制。HDFS 虽然是

Hadoop 的一个组件，但同时 HDFS 本身也是独立的，并不依赖于其运行环境，可以作为一个独立的分布式文件系统来使用。HDFS 提供给客户端多种多样的访问方式，比如 Shell 命令行方式、Java API 方式、Web 方式等，用户可以根据不同的情况选择不同的访问方式。本章将通过 Shell 命令行方式、Java API 方式以及其他常用的方式来进一步认识 HDFS。

3.5.1　HDFS 的 Shell 命令行方式

Hadoop 自带了一组命令行工具，其中有关 HDFS 的命令只是这组命令行工具集的一个子集。这种命令行的方式虽然是最基础的文件操作方式，但却是最常用的，尤其是对于 Hadoop 开发人员和运维人员，所以说熟练地掌握这种方式还是很有必要的。

HDFS 处理文件的命令和 Linux 命令基本相类似，是区分大小写的。在 Linux 命令行终端，我们可以利用 Shell 命令对 Hadoop 进行操作。

HDFS 有三种 Shell 命令方式：hadoop fs、hadoop dfs 与 hdfs dfs。hadoop fs 使用面最广，适用于任何不同的文件系统，比如本地文件系统和 HDFS 文件系统；hadoop dfs 和 hdfs dfs 只能适用于 HDFS 文件系统，前者已基本很少用了，一般使用后者。

利用这些命令可以查看 HDFS 文件系统的目录结构、上传和下载数据、创建文件等。关于 HDFS 的 Shell 命令有一个统一的格式。该命令的用法如下：

```
hadoop fs [genericOptions] [commandOptions]
```

1. HDFS 基本命令

（1）创建目录：mkdir。

```
hadoop fs  -mkdir [-p] <目录路径> (-p可以创建多级目录);
```

（2）列出目录下的文件：ls。

```
hadoop fs -ls [-R] <目录> (-R可以显示子目录下的文件);
```

（3）删除目录：rmr。

```
hadoop fs -rmr  <目录>;
```

（4）上传本地文件：put 或者 copyFromLocal。

```
hadoop fs -put  <本地文件>  <hdfs目录>
```

或：

```
hadoop fs -copyFromLocal  <本地文件>  <hdfs目录>;
```

（5）文件复制到本地：get 或者 copyToLocal。

```
hadoop fs -get  <hdfs目录>  <本地目录>
```

或：

```
hadoop fs -copyToLocal  <hdfs目录>  <本地目录>;
```

（6）删除文件：rm。

```
hadoop fs -rm  <文件路径>;
```

（7）复制文件或目录：cp。

```
hadoop fs -cp  <src>  <des>;
```

（8）移动文件或目录：mv。

```
hadoop fs -mv  <src>  <des>;
```

（9）查看文件内容：cat或者tail或者text。

```
hadoop fs -cat <>
```

或：

```
hadoop fs -tail <>
```

或：

```
hadoop fs -text <hdfs: pathFile>  （对于压缩文件只能用text参数来查看）
```

2. HDFS 管理命令

作为 Hadoop 管理员，还需要掌握如下常见管理命令：

（1）集群基本信息：

```
hdfs  dfsadmin  -report
```

（2）进入安全模式：

```
hdfs dfsadmin  -safemode enter
```

（3）退出安全模式：

```
hdfs dfsadmin  -safemode leave
```

（4）节点刷新：

```
hdfs dfsadmin -refreshNodes
```

（5）查看集群网络拓扑：

```
hdfs dfsadmin  -printTopology
```

（6）查看目录使用情况：

```
hdfs dfs -count <hdfs目录>    （-q 可查看配额）
```

（7）设置目录配额：

```
hdfs dfsadmin -setQuota < 目录个数 > < 目录路径 >
```

或：

```
hdfs dfsadmin -setSpaceQuota < 目录大小 > < 目录路径 >
```

（8）清除配额：

```
hdfs dfsadmin -clrQuota < 目录路径 >
```

或：

```
hdfs dfsadmin -clrSpaceQuota < 目录路径 >
```

3.5.2 HDFS 的 Java API 编程方式

Hadoop 主要是基于 Java 语言编写实现的，Hadoop 不同的文件系统之间通过调用 Java API 进行交互。上面介绍的 Shell 命令，本质上就是 Java API 的应用。HDFS 还提供了 Java API 接口对 HDFS 进行操作。要注意的是：如果程序在 Hadoop 集群上运行，Path 中的路径可以写为相对路径，比如 "/amid/wb"；如果程序在本地 Eclipse 或 MyEclipse 上面测试运行，Path 中的路径需要写为绝对路径，比如 "hdfs://Master:9000/amid/wb"。常见的 HDFS 的 Java API 操作代码如下：

1. 获取 HDFS 文件系统

```
// 获取文件系统
public static FileSystem getFileSystem( ) throws IOException{

// 读取配置文件
Configuration conf=new Configuration( );

// 返回默认文件系统，如果在集群下运行，使用此种方法可直接获取默认文件系统
//FileSystem fs=FileSystem.get(conf);

// 指定的文件系统地址
URI uri=new URI("hdfs://Master:9000");

// 返回指定的文件系统，如果在本地测试，需要使用此种方法获取文件系统
FileSystem fs=FileSystem.get(uri.conf);
return fs;
}
```

2. 创建与删除文件 / 目录

（1）创建文件 / 目录。

```
// 创建文件目录
```

```
public static void mkdir( ) throws Exception{

    // 获取文件系统
    FileSystem fs=getFileSystem( );

    // 创建文件目录
    fs.mkdirs(new Path("hdfs:// Master:9000/amid/wb'"));

    // 释放资源
     fs.close( );
    }
```

（2）删除文件/目录。

```
// 删除文件或者文件目录
public static void rmdir( ) throws Exception{

    // 返回 FileSystem 对象
    FileSystem fs-getFileSystem( );

    // 删除文件或者文件目录
    Fs.delete(new Path("hdfs:// Master:9000/amid/wb"),true);

    // 释放资源
    fs.close( );
    }
```

3. 获取文件

```
// 获取目录下的所有文件
public static void ListAllFile( ) throws IOException{

    // 返回 FileSystem 对象
    FileSystem fs=getFileSystem( );

    // 列出目录内容
    FileStatus[ ] status =fs.listStatus(new Path("hdfs://Master:9000/amid/wb/");

    // 获取目录下的所有文件路径
    Path[] listedPaths=FileUtil.stat2Paths(status);

    // 循环读取每个文件
    for(Path p:listedPaths){
             System.out.println(p);
```

```
    }

    // 释放资源
    fs.close( );
    }
```

4. 上传 / 下载文件

（1）上传文件至 HDFS。

```
// 文件上传至 HDFS
public static void copy ToHDFS( ) throws IOException{

// 返回 FileSystem 对象
FileSystem fs=getFileSystem( );

// 源文件路径是 Linux 下的路径，如果在 Windows 下测试，需要改写为 Windows 下的路径，比如
D://Hadoop/a/wb.txt
Path srcPath=new Path("/home/Hadoop/a/wb.txt");

// 目的路径
Path dstPath=new Path("hdfs:/Master:9000/amid/wb");

// 实现文件上传
fs.copyFromLocalFile(srcPath,dstPath);

// 释放资源
fs.close( );
}
```

（2）从 HDFS 下载文件。

```
// 从 HDFS 下载文件
public static void getFile( ) throws IOException{

// 返回 FileSystem 对象
FileSystem fs=getFileSystem);

// 源文件路径
Path srcPath=new Path("hdfs://Master:9000/amid/wb/wb.txt");

// 目的路径是 Linux 下的路径，如果在 Windows 下测试，需要改写为 Windows 下的路径，比如
D://Hadoop/a
Path dstPath=new Path("/home/Hadoop/a");

// 下载 hds 上的文件
```

```
fs.copyToLocalFile(srcPath,dstPath);

// 释放资源
fs.close( );
}
```

5. 获取 HDFS 集群节点信息

```
// 获取 HDFS 集群节点信息
public static void getHDFSNodes( )throws IOException{

// 返回 FileSystem 对象
FileSystem fs=getFileSystem( );

// 获取分布式文件系统
DistributedFileSystem hdfs=(DistributedFileSystem)fs;

// 获取所有节点
DataNodelnfo[] DataNodeStats = hdfs.getDataNodeStats( );
// 循环打印所有节点
for(int i=0; i< DataNodeStats.length; i++){
        System.out.println("DataNode_"+i+"_Name:"+DataNodeStatst[i].getHostName());
}
}
```

3.5.3　HDFS 的 Web 访问方式

HDFS 定义了一个以 Web 方式检索目录列表和数据的只读接口。嵌入在 NameNode 中的 Web 服务器（运行在 50070 端口，Hadoop 3.x 是 9870 端口）以 XML 格式提供目录列表服务，而嵌入在 DataNode 的 Web 服务器（运行在 50075 端口，Hadoop 3.x 是 9864 端口）提供文件数据传输服务。该协议并不绑定于某个特定的 HDFS 版本，由此用户可以利用 HTTP 协议编写从运行不同版本的 Hadoop HDFS 集群中读取数据的客户端。HftpFileSystem 就是其中一种：一个通过 HTTP 协议与 HDFS 交互的 Hadoop 文件系统接口（HftpFileSystem 是 HTTPS 的变种）。

Hadoop 集群启动后，可以通过浏览器 Web 界面查看 HDFS 集群的状态信息，访问 IP 为 NameNode 所在服务器的 IP 地址。地址为 http://[NameNode]:50070/。浏览结果如图 3-10 所示，访问地址为 192.168.2.110:50070，单击 Overview 就可以查看文件系统的基本信息，例如系统启动时间、Hadoop 版本号、Hadoop 源码编译时间、集群 ID 等。在 Summary 一栏中，可以看见 HDFS 磁盘存储空间、已使用空间、剩余空间等信息。HDFS Web 界面可以直接下载文件。右击文件列表中需要下载的文件名，在弹出的快捷菜单中单击 Download 命令，即可将文件下载到本地，如图 3-11 所示。

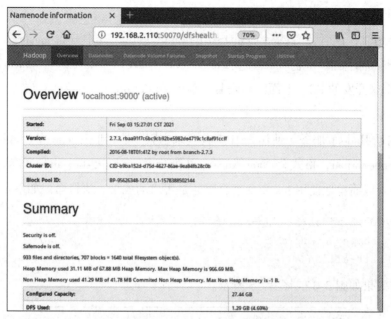

图 3-10 显示 HDFS 信息的 Web 页面

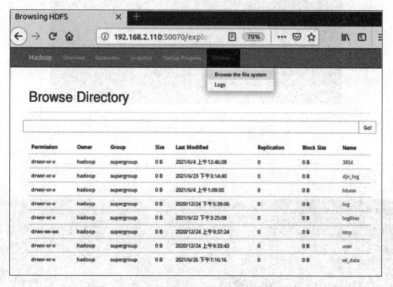

图 3-11 通过 Web 页面可以下载文件

3.6 实战：用 Java 复制文件到 HDFS

1. 实验目标

通过该实验，读者可以熟练使用 Eclipse 创建 Maven 项目，并能使用 Java 代码开发读 / 写 HDFS 系统文件的程序。

2. 实验背景

本实验开始时，读者会有四台 CentOS 7 的 Linux 主机，其中三台 master、slave1、slave2 已经配置好 Hadoop 集群环境，master 为 NameNode，slave1 与 slave2 为 DataNode。另外一台 develop-pc 为用来开发的 PC，上面已经安装好 JDK 和 Eclipse。

3. 实验步骤

步骤 1：启动 Hadoop 服务。使用 SSH 工具登录主服务器，到 Hadoop 安装目录下执行命令：bin/hdfs namenode-format，格式化 NameNode，再执行命令 sbin/./start-all.sh 启动 Hadoop 集群。启动成功后，可以简单地使用 jps 命令查看服务是否启动成功。执行命令如下：

```
cd /usr/local/mjusk/hadoop-3.1.3
bin/hdfs namenode -format
sbin/./start-all.sh
```

实际操作效果如图 3-12~ 图 3-15 所示。

实际操作：格式化 NameNode

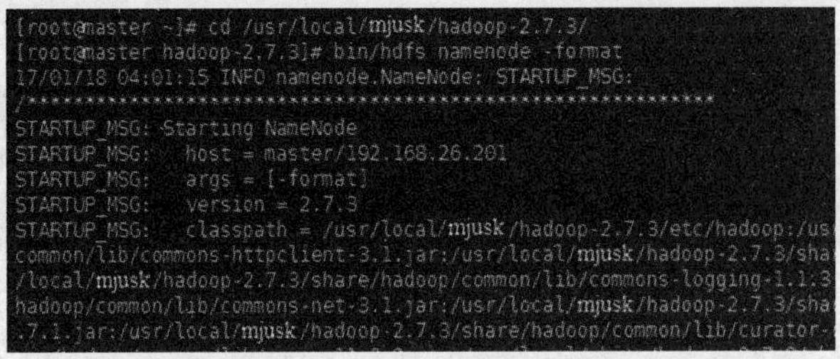

图 3-12　格式化 NameNode

实际操作：启动 Hadoop

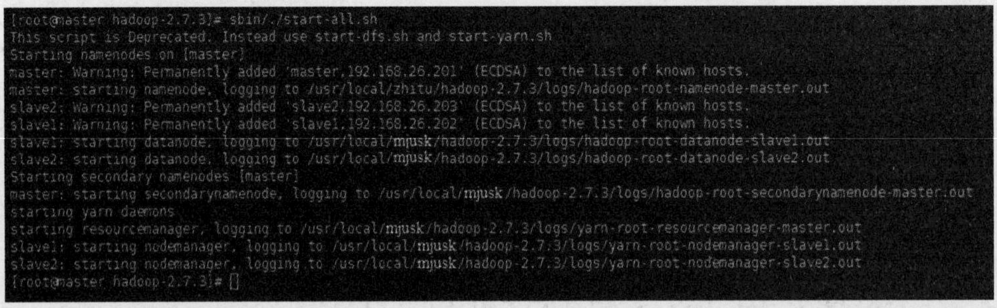

图 3-13　启动 Hadoop

实际操作：查看主服务器的服务是否启动成功

```
[root@master hadoop-2.7.3]# /usr/lib/java/jdk1.8/bin/jps
996 Jps
422 NameNode
600 SecondaryNameNode
745 ResourceManager
[root@master hadoop-2.7.3]# []
```

实际操作：查看从服务器的服务是否启动成功

```
[root@slave1 ~]# /usr/lib/java/jdk1.8/bin/jps
354 Jps
142 DataNode
239 NodeManager
[root@slave1 ~]# []
```

```
[root@slave2 ~]# /usr/lib/java/jdk1.8/bin/jps
115 DataNode
212 NodeManager
330 Jps
[root@slave2 ~]# []
```

图 3-14 主服务器的服务是否启动成功   图 3-15 从服务器的服务是否启动成功

步骤 2：配置环境变量。配置 Hadoop 环境变量，使得在任意目录下都可以使用 hdfs 命令。修改 /etc/profile 文件，在文件最后添加如下内容：

```
export HADOOP_HOME=/usr/local/mjusk/hadoop-3.1.3
export PATH=$HADOOP_HOME/bin:$PATH
```

再使用命令 source /etc/profile 使配置生效。此时在任意目录都可以使用 hdfs 命令。

步骤 3：使用 Eclipse 新建 Maven 项目。

（1）在分配的 develop-pc 上打开 Eclipse 开发工具（第一次打开的时候会要求选择一个工作目录，按默认目录即可）。

（2）设置 JDK（如果 Eclipse 已经设置过 JDK 可省略此步）。

选择 Eclipse 菜单栏 Windows 下的 Preference 选项，打开 Preference 窗口，并选择 Java 下面的 Installed JRE 选项，单击 add 按钮，弹出 Add JRE 窗口，选择 Standard VM。

单击 Next 按钮，在弹出的窗口里，单击 JRE home 后面的 Directory 按钮，选择 jdk 安装的目录，如图 3-16 所示。选择后单击"确定"按钮，再单击 OK 按钮，此时 Eclipse jdk 安装完毕。

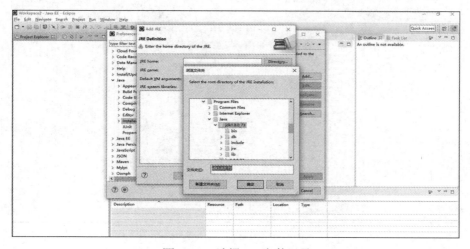

图 3-16 选择 jdk 安装目录

（3）新建 Maven 项目。选择 Eclipse 菜单栏 File → New → Maven Project 选项，如果没有 Maven Project 选项，可选择 Other 选项后，输入 Maven 查找。单击 Next 按钮，在弹出的窗口中，选中 Create a simple project 选项，如图 3–17 所示。单击 Next 按钮，在弹出的窗口中，Group id（一般为公司组织名称）填写 learning，Artifact Id（项目名称）填写 hadoop，单击 Finish 按钮。

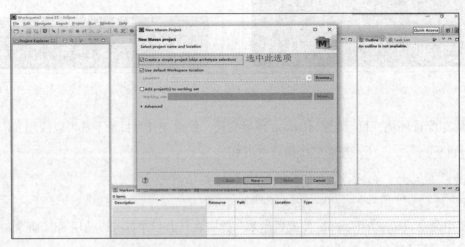

图 3–17　勾选 Create a simple project 选项

在建好的项目 Hadoop 上右击，在弹出的快捷菜单中选择 Build Path → Configure Build Path 命令，如果没有 Build Path 命令，需要在 hadoop 右击，选择 Maven → Update Project 命令，在弹出的 Properties for hadoop 窗口中左侧选择 Java Build Path 选项，右侧选择 Libraries 下的 JRE System Libray 选项后，单击 Edit 按钮，在弹出的 Edit Library 窗口中，选择安装的 1.8 版本的 jdk，如图 3–18 所示。单击 Finish 按钮，然后将设置保存。

图 3–18　选择安装好的 1.8 版本的 jdk

再在窗口中左边选择 Java Compiler 选项，将右边的 Compiler compliance level 设置为 1.8，如图 3-19 所示。单击 OK 按钮，并在弹出的确认窗口中单击 Yes 按钮。

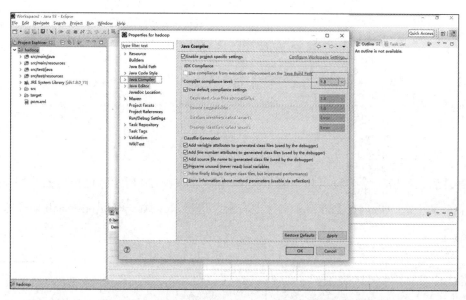

图 3-19　将 Compiler compliance level: 设置为 1.8

步骤 4：编写 pom.xml 文件。pom.xml 文件主要设置项目的编译环境和依赖的 jar 包。

打开 pom.xml 文件，增加如下内容：

```
<properties>
        <hadoop.version>3.1.3</hadoop.version>
</properties>
  <dependencies>
    <dependency>
      <groupId>org.apache.hadoop</groupId>
      <artifactId>hadoop-client</artifactId>
      <version>${hadoop.version}</version>
    </dependency>
</dependencies>
<build>
    <plugins>
        <plugin>
            <artifactId>maven-compiler-plugin</artifactId>
            <version>3.0</version>
            <configuration>
                <source>1.8</source>
                <target>1.8</target>
```

```
                    </configuration>
                </plugin>
                <plugin>
                    <groupId>org.apache.maven.plugins</groupId>
                    <artifactId>maven-surefire-plugin</artifactId>
                    <configuration>
                        <skip>true</skip>
                    </configuration>
                </plugin>
            </plugins>
    </build>
```

保存之后，Eclipse 会自动开始下载依赖 jar 包，如图 3-20 所示，已经将依赖的 jar 下载。如果没有自动下载，可以在 Pom.xml 文件上右击，选择 Run As → Maven install 命令来下载依赖 jar 包。

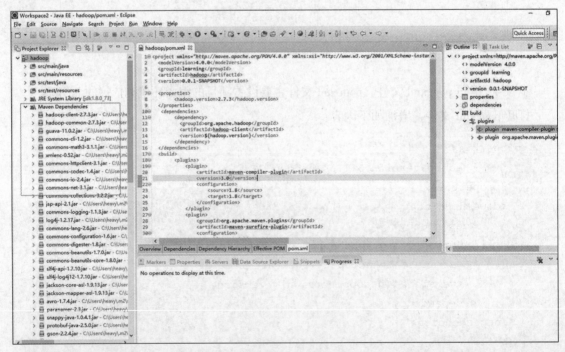

图 3-20　Eclipse 自动下载依赖 jar 包

步骤 5：开发读取 hdfs 系统里的文件的代码。在 src/main/java 上右击，新建 Package，在弹出的 New Java Package 窗口中的 Name 文本框中填写 com.learning.hadoop，如图 3-21 所示。

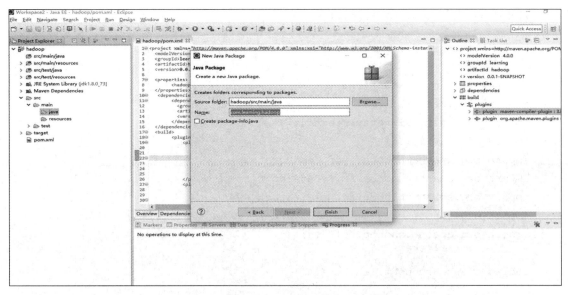

图 3-21　在 src/main/java 上新建 Package

单击 Finish 按钮，再在创建的 Package com.learning.hadoop 上右击键，选择 New→Class 命令，弹出 New Java Class 窗口，创建一个类，类名为 HadoopUtils，并勾选创建 main 方法选项，如图 3-22 所示，单击 Finish 按钮。

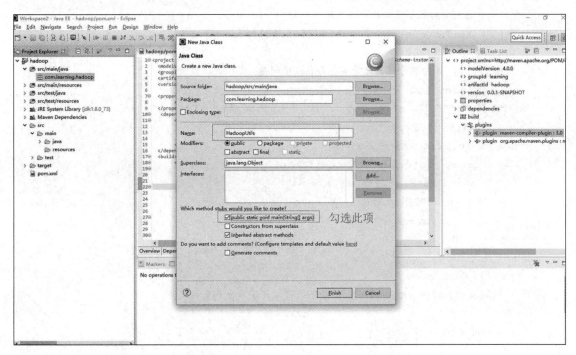

图 3-22　在 Package com.learning.hadoop 上创建类 HadoopUtils

编辑 HadoopUtils.java，参考代码如下：

```java
package com.learning.hadoop;

import java.io.IOException;
import java.net.URI;
import java.net.URISyntaxException;

import org.apache.hadoop.conf.Configuration;
import org.apache.hadoop.fs.FSDataInputStream;
import org.apache.hadoop.fs.FileStatus;
import org.apache.hadoop.fs.FileSystem;
import org.apache.hadoop.fs.Path;

public class HadoopUtils {

  private Configuration conf;
  private FileSystem fileSystem;

  public HadoopUtils() {
      // 加载配置文件，默认会加载 CLASSPATH 下的 core-site.xml
      conf = new Configuration();
      // 也可以自己手动加载配置文件
      // conf.addResource("core-site.xml");
      try {
          // 用超级管理员账号不会存在权限问题
          fileSystem = FileSystem.get(new
URI(conf.get("fs.defaultFS")), conf, conf.get("loginName"));
      } catch (IOException e) {
          e.printStackTrace();
      } catch (InterruptedException e) {
          e.printStackTrace();
      } catch (URISyntaxException e) {
          e.printStackTrace();
      }
  }
  /**
   * 读取文件，对应 cat 命令、get 命令，可以将字节重新生成文件
   *
   * @param fileUri
   */
  public void readFile(String fileUri) {
      Path path = new Path(fileUri);
```

```
        try {
            if (fileSystem.exists(path)) {
                FSDataInputStream is = fileSystem.open(path);
                FileStatus status = fileSystem.getFileStatus(path);
                byte[] buffer = new
byte[Integer.parseInt(String.valueOf(status.getLen()))];
                is.readFully(0, buffer);
                is.close();
                log(new String(buffer));
            } else {
                log("该文件不存在!");
            }
        } catch (IOException e) {
            e.printStackTrace();
        }
    }

    public void log(String s) {
        System.out.println(s);
    }

    public static void main(String[] args) {
        HadoopUtils hdfsFileSystem = new HadoopUtils();
        hdfsFileSystem.readFile("/readhadoop.txt");
    }
}
```

如果程序报错，在项目上右击，选择 Maven → Update project 命令。

在 src/main/resources/ 目录下新建 core-site.xml 文件，内容如下（192.168.26.201 为 hadoop 集群 master 服务器的 ip，root 为启动 Hadoop 服务的用户，请根据自己实际情况修改），如图 3-23 所示。

```xml
<?xml version="1.0" encoding="UTF-8"?>
<?xml-stylesheet type="text/xsl" href="configuration.xsl"?>
<configuration>

    <property>
        <name>fs.defaultFS</name>
        <value>hdfs://192.168.26.201:9000</value>
    </property>

    <property>
```

```
        <name>loginName</name>
        <value>root</value>
    </property>

</configuration>
```

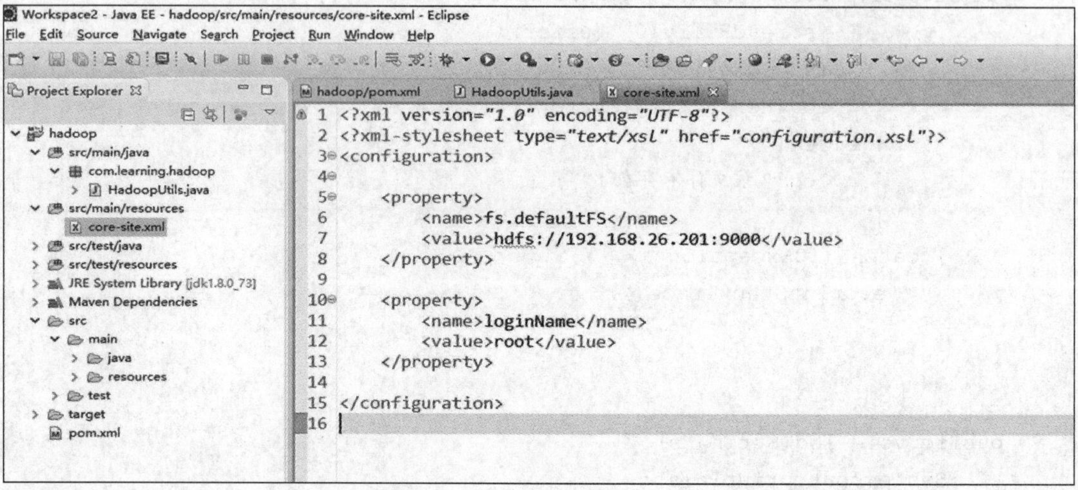

图 3-23　新建 core-site.xml 文件效果图

此时，代码基本开发完毕。在 Hadoop 集群上建立一个文本文档来测试：使用 SSH 工具登录到 Hadoop 集群的 master 服务器上，在 /usr/local/mjusk/ 目录下创建一个 readhadoop.txt 文件，并输入内容：

```
Hello hadoop,
this is my first hadoop program!
```

命令如下，效果如图 3-24 所示。

```
echo 'Hello hadoop,'>>/usr/local/mjusk/readhadoop.txt
echo 'this is my first hadoop
program!'>>/usr/local/mjusk/readhadoop.txt
```

图 3-24　创建 readhadoop.txt 文件效果图

再使用命令 bin/hdfs dfs-put 将文件上传到 hdfs 系统的根目录下，并使用 bin/hdfs dfs-cat 命令查看文件内容，命令参考如下：

```
bin/hdfs dfs -put /usr/local/mjusk/readhadoop.txt /
bin/hdfs dfs -cat /readhadoop.txt
```

如图 3-25 所示，文件已经上传成功。

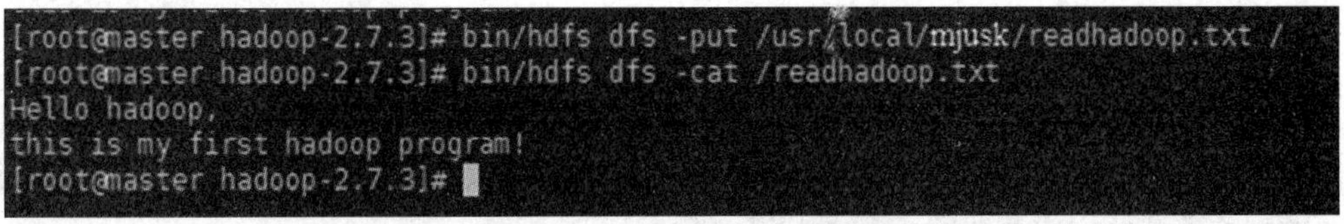

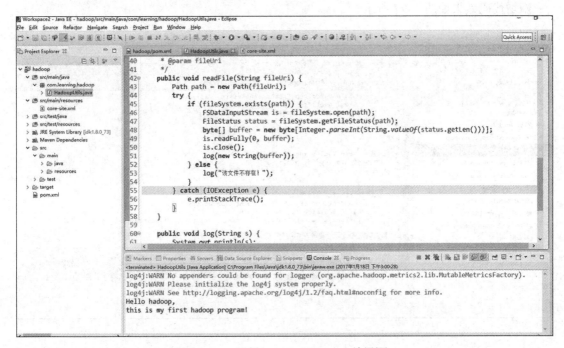

图 3-25 查看 readhadoop.txt 文件内容结果图

现在可以运行刚刚编写的 HadoopUtils.java，在 HadoopUtils.java 文件上右击，选择 Run As → Java Application 命令，运行结果如图 3-26 所示。

图 3-26 运行 HadoopUtils.java 结果图

可以查看到已经成功将 hdfs 系统里的文件读取出来了。

步骤 6：开发上传本地文件到 hdfs 系统里的代码。在上一步中的 HadoopUtils.java 文件里 新增 copyFromLocal(String localPath,String remoteUri) 方法，内容如下：

```
public void copyFromLocal(String localPath,String remoteUri){
    Path src = new Path(localPath);
    Path dst = new Path(remoteUri);
    try {
```

```
            fileSystem.copyFromLocalFile(src, dst);
            log("over!");
        } catch (IOException e) {
            e.printStackTrace();
        }
    }
```

并将 main 方法修改：

```
public static void main(String[] args) {
    HadoopUtils hdfsFileSystem = new HadoopUtils();
    //hdfsFileSystem.readFile("/readhadoop.txt");
    hdfsFileSystem.copyFromLocal("/root/local.txt","/fromlocal.txt");
}
```

新增代码效果如图 3-27 所示。

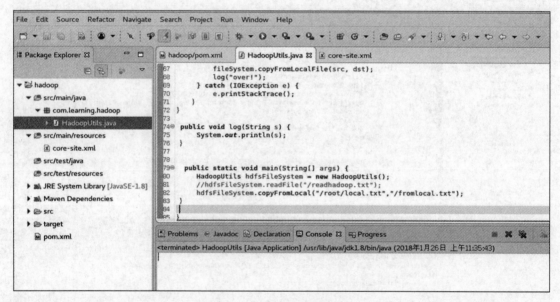

图 3-27　新增代码效果图

在 develop-pc 的 /root 目录下新建 local.txt，输入如下内容：

```
这是我本地的文件
This is my local file!
```

新建文件的方法如下：单击"应用程序"→"系统工具"→"终端"选项，打开终端窗口，如图 3-28 所示。

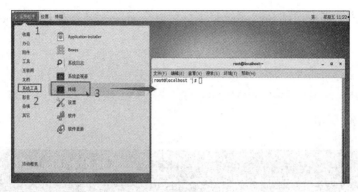

图 3-28　"终端"窗口图

使用命令：

```
cd /root
touch local.txt
echo '这是我本地的文件 '>>local.txt
echo 'This is my local file!'>>local.txt
```

效果如图 3-29 所示。

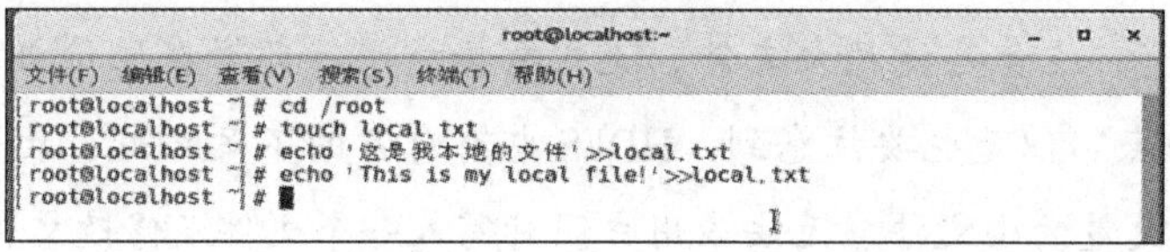

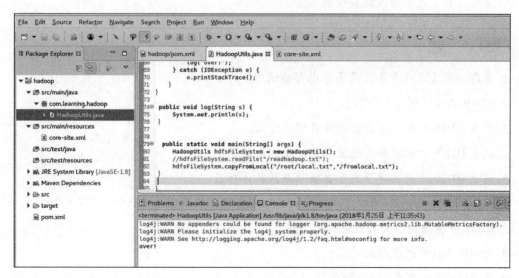

图 3-29　使用命令效果图

再用上一步中同样的方法运行 HadoopUtils.java，结果如图 3-30 所示。

图 3-30　运行 HadoopUtils.java 结果图

此时文件应该已经上传到 hdfs 系统里了，可以在 master 服务器上使用 hdfs 命令查看，命令如下：

```
bin/hdfs dfs -ls /
bin/hdfs dfs -cat /fromlocal.txt
```

结果如图 3-31 所示。

图 3-31　使用 hdfs 命令查看结果图

小　　结

分布式文件系统是大数据时代解决海量数据存储问题的有效方案，HDFS 是 Hadoop 的一个核心子项目，可以利用由廉价硬件搭建的计算机集群实现大规模数据的分布式存储。

HDFS 具有容灾、适合存储超大文件、流式数据访问、部署在廉价机器上、适合分布式计算程序读取等特点。但是也要注意到，HDFS 也有自身的不足之处，比如不适合低延时数据访问、不能存储大量的小文件、无法多用户同时写入一个文件及修改文件等局限。

HDFS 采用了主从（master/slave）结构模型，一个 HDFS 集群包括一个名称节点和若干个数据节点。名称节点负责管理分布式文件系统的命名空间；数据节点是分布式文件系统 HDFS 的工作节点，负责数据的存储和读取。

习　　题

1. 构建分布式文件系统还需要考虑哪些问题？

2. HDFS 的设计理念是什么？

3. 阐述 HDFS 的局限性具体表现在哪些方面。

4. 试述 HDFS 中的块和普通文件系统中的块的区别。

5. 试述 HDFS 中的名称节点和数据节点的具体功能。

6. SecondaryNameNode 合并 FsImage 和 EditsLog 文件的过程是什么？

7. HDFS 中数据副本的存放策略是什么？

8. 请阐述 HDFS 读数据的过程。

9. 请阐述 HDFS 写数据的过程。

10. 简述访问 HDFS 的常用方式。

🎁 思政小讲堂

友善与尊重

思政元素："勿以善小而不为"，培养学生从小事做起，树立正确的价值观和人生观，提高思想品德修养，做到德智体美劳全面发展。

这是一个真实的故事，一位女孩在一家肉类加工厂工作。有一天，当她走进冷库进行例行检查时，一件不幸的事情发生了：冷库的门意外关上了，她被锁在里面。

虽然她竭尽全力地尖叫、敲打，但她的声音却没有人能够听到。这个时候，大部分工人都已经下班了，没有人知道库房里面发生的事。五个小时后，当她濒临死亡边缘时，工厂保安最终打开了冷库的门救了她。

后来她问保安：你怎么会去开冷库的门，这不是你的日常工作呀。保安解释说：我在这家工厂工作了三十多年，每天都有几百名工人进进出出，但你是唯一一位每天早上上班都向我问好、晚上下班向我道别的人，很多人都把我看作透明人。今天你跟往常一样来上班，简单地向我问好，但下班后我却没听到你跟我说"嗨"和"再见"。于是，我决定去工厂里面看看，我期待你的"嗨"和"再见"。因为你的问候提醒我，我也是一个受尊重的人。今天没听到你的告别，我担心可能发生了什么事，这就是为什么我会在每个角落寻找你的原因。

尊重，是一种修养，也是一种品德，是以平等的心态去对待生活中的每一个人，是一种文明的、高尚的社交方式，是对他人自尊维护的一种体现；友善，被称为"和平使者"，是一种发自于内心对他人的友好，也是人与人之间和平共处、友好和睦的桥梁。一本书中曾说：友善和尊重你周围的每个人，将核心价值准则落细、落小、落实，因为你永远不知道明天会发生什么。案例中的女孩正是因为践行了友善和尊重，与人良善、终得福报。

作为新时代的年轻人，要践行社会主义核心价值观，树立正确的价值观和人生观，做到德智体美劳全面发展。

第 4 章

分布式计算框架
MapReduce

学习目标

• 理解 MapReduce 的设计思想。

• 理解 MapReduce 运行原理及框架。

• 掌握 MapReduce 编程模型。

• 掌握 MapReduce 主要组件及编程接口。

• 会开发基础的 MapReduce 程序。

MapReduce 是一个可用于大规模数据处理的分布式计算框架，它借助函数式编程及分而治之的设计思想，使编程人员在即使不会分布式编程的情况下，也能够轻松地编写分布式应用程序并运行在分布式系统之上。

本章首先介绍了 MapReduce 的基本原理及设计思想，阐述了 MapReduce 编程模型，重点以 WordCount 为例深入剖析 MapReduce 编程模型及运行机制，让读者对 MapReduce 有一个全面的了解，其次详细介绍了 MapReduce 的工作机制以及序列化机制，并说明了 MapReduce 的性能调优；最后讲解了一个 MapReduce 编程实践示例。

4.1 初识 MapReduce

4.1.1 MapReduce 简介

MapReduce 是一个可用于大规模数据处理的分布式计算框架，它借助函数式编程及分而治之的设计思想，使得编程人员在即使不会分布式编程的情况下，也能够轻松地编写分布式应用程序并运行在分布式系统之上。

谷歌公司最早提出了面向大规模数据处理的分布式并行计算模型 MapReduce，Hadoop MapReduce 是它的开源实现。谷歌公司设计 MapReduce 的初衷主要是为了解决其搜索引擎中大规模网页数据的并行化处理问题。2004 年，谷歌公司的研发人员发表了一篇关于分布式计算框架 MapReduce 的论文，重点介绍了 MapReduce 的基本原理和设计思想。同年，开源项目 Lucene（搜索索引程序库）和 Nutch（搜索引擎）的创始人道·卡廷发现 MapReduce 正是其所需要的解决大规模网页数据处理的重要技术，因而模仿谷歌公司的 MapReduce，基于 Java 程序设计开发了一个后来被称为 Hadoop MapReduce 的开源并行计算框架和系统。尽管 Hadoop MapReduce 还有很多局限性，但人们普遍认为，Hadoop MapReduce 是目前为止最为成功、最广为接受和最易于使用的大数据并行处理技术。

总之，MapReduce 是面向大数据并行处理的计算模型、框架和平台，隐含了以下三层含义：

（1）MapReduce 是一个并行程序设计模型与方法。用 Map 和 Reduce 两个函数编程实现基本的并行计算任务，提供了抽象的操作和并行编程接口，以简单方便地完成大规模数据的编程和计算处理。MapReduce 是一个编程模型，该模型主要用来解决海量数据的并行计算。它借助函数式编程和"分而治之"的设计思想，提供了一种简便的并行程序设计模型，该模型将大数据处理过程主要拆分为 Map（映射）和 Reduce（归约）两个模块，这样即使用户不懂分布式计算框架的内部运行机制，只要能够参照 Map 和 Reduce 的思想描述清楚要处理的问题，即编写 Map 函数和 Reduce 函数，就可以轻松地实现大数据的分布式计算。当然这只是简单的 MapReduce 编程。实际上，对于复杂的编程要求，我们只需要参照 MapReduce 提供的并行编程接口，也可以方便地完成大规模数据的编程和计算处理。

（2）MapReduce 是一个并行计算与运行软件框架。它提供了一个庞大但设计精良的并行计算软件框架，能自动完成计算任务的并行化处理，自动划分计算数据和计算任务，在集群节点上自动分配和执行任务以及收集计算结果，将数据分布存储、数据通信、容错处理等并行计算涉及到的很多系统底层的复杂细节交由系统负责处理，大大减少了软件开发人员的负担。

（3）MapReduce 是一个基于集群的高性能并行计算平台。它允许用市场上普通的商用服务器构成一个包含数十、数百至数千个节点的分布和并行计算集群。

4.1.2 MapReduce 的设计构思

MapReduce 是一个分布式运算程序的编程框架，核心功能是将客户端写的业务逻辑代码和自带默认组件整合成一个完整的分布式运算程序，并发运行在 Hadoop 集群上。既然是做计算的概架。那么表现形式就会有个输入（input），MapReduce 操作这个输入，通过本身定义好的计算模型，得到一个输出（output）。

对许多开发者来说，完全由个人来实现一个并行计算程序难度太大。而 MapReduce 就是一种简化并行计算的编程模型，降低了开发并行应用的入门门槛。Hadoop MapReduce 构思体现在如下的三个方面：

1. 如何对付大数据处理：分而治之

如果一个大数据文件可以划分为具有同样计算过程的多个数据块，并且这些数据块相互之间不具有或者有较少数据依赖关系，实现并行最自然的办法就是采取分而治之的策略。如图 4-1 所示，MapReduce 就是采用"分而治之"的设计思想，用一定的数据划分方法对数据进行分片，然后将每个数据分片交由一个任务去处理，最后再汇总所有任务的处理结果。

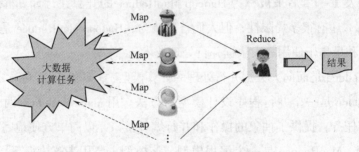

图 4-1 分而治之的设计思想

需要注意的是，并行计算的第一个重要问题是如何划分计算任务或者计算数据以便对划分的子任务或数据块同时进行计算，不可拆分的计算任务或相互间有依赖关系的数据无法进行并行计算。

2. 构建抽象模型：Map 和 Reduce

MapReduce 借鉴了函数式程序设计语言 List 中的编程思想，用 Map 和 Reduce 两个函数提供了高层的并行编程抽象模型。Map 是"映射"，对一组数据元素进行某种重复式的处理；Reduce 是"归约"，对 Map 的中间结果进行某种进一步的结果整理。如图 4-2 所示，MapReduce 中定义了 Map 和 Reduce 两个抽象的编程接口，Map 是用来做数据的变换的，输入一个数据，按一定规则输出数据。Reduce 是将多个输入数据做运算，然后输出。MapReduce 程序中有很多个 Map，每个 Map 独立工作，Map 输出的数据会经过合并和排序，将 key 相同的数据合并，然后将合并的数据作为 Reduce 的输入。

图 4-2 MapReduce 大数据处理的过程

3. 统一构架，隐藏系统层细节

并行计算方法一般缺少统一的计算框架支持，那么程序员就需要考虑数据的存储、划分、分发、结果收集、错误恢复等诸多细节问题。为此，MapReduce 设计并提供了统一的计算框架，为程序员隐藏了绝大多数系统层面的处理细节，程序员只需要集中于具体业务和算法本身，而不需要关注其他系统层的处理细节，大大减轻了程序员开发程序的负担。

MapReduce 最大的亮点在于通过抽象模型和计算框架把需要做什么与具体怎么做分开，为程序员提供一个高层的抽象编程接口和框架实现自动并行化计算，程序员仅需要关心其应用层的具体计算问题，只需编写少量的处理应用本身计算问题的程序代码。至于如何具体完成这个并行计算任务所相关的诸多系统层细节被隐藏起来，交给计算框架去处理。该统一框架负责自动完成系统底层主要相关的处理，包括：

（1）数据的自动化分布存储和划分。

（2）处理数据与计算任务的同步。

（3）结果数据的收集整理：排序（sorting）、合并（combining）、分区（partitioning）等。

（4）系统通信、负载平衡、计算性能优化处理。

（5）处理系统节点出错检测和失效恢复。

4.1.3 MapReduce 的特点

MapReduce 具有以下几个特点：

（1）计算向数据靠拢，MapReduce 是一个分布式计算框架，其运行模式是把程序发送到数据所在的地方进行计算。

（2）适合数据量很大的场景，一般是数据量在 TB 级以上，如果数据小于 TB 级，其计算效率并不高，甚至不如单机的数据块。

（3）易于扩展，是指当集群中的计算资源不够时可以通过增加节点来扩展，MapReduce 的计算能力随着节点的增长而增加，增加节点是非常方便简单的。

（4）容错能力强，我们知道 Hadoop 可以部署在廉价的机器上，那么 MapReduce 也是运行在廉价机器上的，因此其必须要具备容错的能力，因为在计算的过程中，硬件的问题或者软件的失效导致的计算失败是很常见的，任何一个节点上的程序计算失败都会导致结果的不正确，因此 MapReduce 需要有很强的容错能力，能在某个节点上计算失败后快速恢复该运算。

MapReduce 能应对大多数的大数据计算，但它也有一些不足，主要体现以下几个方面：

（1）不能提供实时的响应，它只能做离线计算，如果要做实时的大数据计算可使用流计算框架 Storm 或者 Flink。

（2）不适合做需要反复迭代的运算，因为做反复迭代运算其效率非常低，比如图计算就不适合使用 MapReduce 框架，图计算多个计算之间存在依赖关系，一个计算的输入是另一个计算的输出，这种场景下由于 MapReduce 计算时数据要落盘，会造成大量的磁盘 IO，而影响计算的效率。适合做图计算的框架是 Tez。当然 MapReduce 可以实现绝大多数的大数据计算，比如文档倒排索引、网页排名、一些聚类算法、决策树，等等。

4.2 MapReduce 的编程模型

前面我们对 MapReduce 有了一些基本的了解，那么 MapReduce 是如何进行大规模数据的分布式计算的？简单的 MapReduce 代码该如何编写？更复杂的 MapReduce 又该如何编写？MapReduce 代码编写完成之后如何在集群中运行？在解决这些问题之前，需要先了解 MapReduce 的编程模型。

4.2.1 概述

MapReduce 的名字源于函数式编程模型中的两项核心操作：Map 和 Reduce 操作。MapReduce 模型的基本思想是"分而治之"，将要执行的问题拆解成 Map 和 Reduce 操作，即先通过 Map 程序将数据切割成不相关的区块，分配（调度）给大量计算机处理达到分布运算的效果，再通过 Reduce 程序将结果汇整，输出开发者需要的结果。具体原理过程如图 4-3 所示。

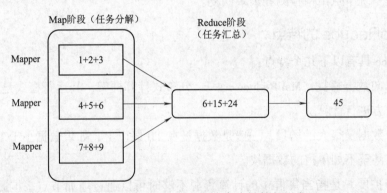

图 4-3 MapReduce 实现分布式计算的过程

Map 和 Reduce 都以其他的函数作为输入参数，在函数式编程中，这样的函数被称为高阶函数。正是因为它们可以同其他函数相结合，所以只要把 Map 和 Reduce 这两个高阶函数进行并行化处理，就无须面面俱到地把所有的函数全部考虑到，这样便形成了一个以 Map 和 Reduce 为基础的编程模型。该模型为用户提供编写与具体应用相关的函数的编程接口，用户把计算需求归结为 Map 和 Reduce 操作，通过这个接口提交到 MapReduce 系统上就可以获得并行处理的能力。

在具体的编程实现过程中，用户只需实现 Mapper 和 Reducer 这两个抽象类，编写 map 和 reduce 两个函数，即可完成简单的分布式程序的开发。MapReduce 编程模型为用户提供了五个可编程组件，分别是 InputFormat、Mapper、Partitioner、Reducer、OutputFormat（还有一个组件是 Combiner，但它实际上是一个局部的 Reducer）。由于 Hadoop MapReduce 已经实现了很多可直接使用的类，比如 InputFormat、Partitioner、OutputFormat 的子类，一般情况下，这些类可以直接使用，用户只需编写 Mapper 和 Reducer 即可。

所以，可以借助 Hadoop MapReduce 提供的编程接口，快速地编写出分布式计算程序，而无须关注分布式环境的一些实现细节，如分布式存储、工作调度、负载均衡、容错处理、网络通信等，这些细节由计算框架统一解决。值得注意的是，用 MapReduce 来处理的数据集（或任务）必须具备这样的特点：待处理的数据集可以分解成许多小的数据集，且每个小数据集都可以完全并行地处理。MapReduce 编程模型和数据处理流程如图 4-4 所示。

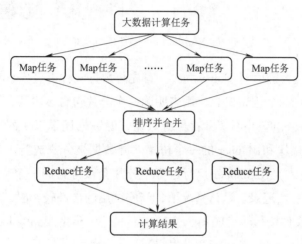

图 4-4　MapReduce 编程模型和数据处理流程

4.2.2　第一个 MapReduce 程序——WordCount 程序

为了进一步掌握 MapReduce 的编程模型，我们通过 MapReduce 中的入门程序——WordCount 为例学习 MapReduce 的设计方法。

WordCount 是最简单也是最能体现 MapReduce 思想的程序之一，可以称为 MapReduce 版 "Hello World"。WordCount 完成的主要功能是统计一系列文本文件中每个单词出现的次数，如图 4-5 所示。

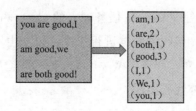

图 4-5　文本文件中每个单词出现的次数

1. WordCount 程序的数据处理流程

WordCount 程序执行过程如图 4-6 所示，主要有以下几个步骤：

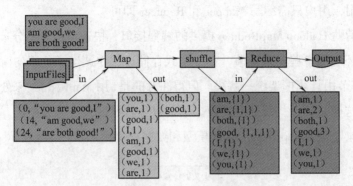

图 4-6　WordCount 程序执行过程图

（1）把数据源转化为键值对 <key,value>。首先将数据文件拆分成分片（split），分片是用来组织数据块的，它是一个逻辑概念，用来明确一个分片包含多少块，这些块是在哪些数据节点 DataNode 上的信息，它并不实际存储源数据，源数据还是以块的形式存储在文件系统上，分片只是一个连接块和 Mapper 的一个桥梁。源数据被分割成若干分片，每个分片作为一个 Mapper 任务的输入，在 Mapper 执行过程中分片会被分解成一个个记录 <key,value> 对，Mapper 会依次处理每一个记录。默认情况下，当测试用的文件较小时，每个数据文件将被划分为一个分片，并将文件按行转换成 <key,value> 对，这一步由 MapReduce 框架自动完成，其中的 key 为字节偏移量，value 为该行数据内容。

（2）自定义 map( ) 方法处理 Mapper 任务输入的 <key,value> 对。将划分好的 <key,value> 对交给用户自定义的 map( ) 方法进行处理，生成新的 <key,value> 对。

（3）Map 端的 Shuffle 过程。得到 map( ) 方法输出的 <key,value> 对后，Mapper 会将它们按照 key 值进行排序，并执行 Combine 过程（Combine 是一个局部的 Reduce，可以对每一个 Map 结果做局部的归并，这样能够减少最终存储及传输的数据量，提高数据处理效率，常用作 Map 阶段的优化，但是 Combine 过程指定不能影响最终 Reduce 的结果，比如适合求和、求最大值、求最小值的场景，但是不适合求平均数），将 key 值相同的 value 值累加，得到 Mapper 的最终输出结果。

（4）自定义 reduce( ) 方法处理 Reduce 任务输入的 <key,value> 对。经过复杂的 Shuffle 过程之后，Reduce 先对从 Mapper 接收的数据进行排序，再交由用户自定义的 reduce( ) 方法进行处理，得到新的 <key,value> 对，并作为 WordCount 的最终输出结果。

2. WordCount 程序的具体代码实现

编写 MapReduce 程序和编写 Java 程序基本相类似，都需要新建一个 Java 工程，并将所依赖的 jar 包导入。WordCount 程序的具体实现代码如下。

（1）WordCount-Map 代码实现：

```
public static class WordCountMapper extends
            Mapper<Object,Text,Text,IntWritable>
// 这个 Mapper 类是一个泛型类型，它有四个形参类型，分别指定 map 函数的输入键、输入值、输
出键、输出值的类型、Hadoop 没有直接使用 Java 内嵌的类型，而是自己开发了一套可以优化网络序
列化传输的基本类型。这些类型都在 org.apache.hadoop.io 包中
// 比如这个例子中的 Object 类型，适用于字段需要使用多种类型的时候，Text 类型相当于 Java
中的 String 类型，IntWritable 类型相当于 Java 中的 Integer 类型
            {
// 定义两个变量
            private final static IntWritable one = new IntWritable(1);
// 这个 1 表示每个单词出现次数，map 的输出 value 就是 1
            private Text word = new Text( );
//Context 是 Mapper 的一个内部类，用于在 map 或是 reduce 任务中跟踪 Task 的状态。
//MapContext 记录了 map 执行的上下文，在 Mapper 类中，这个 Context 可以存储一些 Job
conf 的信息，比如 Job 运行时参数等，我们可以在 map 函数中处理这个信息。同时 Context 也充
当了 map 和 reduce 任务执行过程中各个函数之间的一个桥梁，这和 Java Web 中的 session 对
象、application 对象很相似
// 简单地说，Context 对象保存了作业运行的上下文信息，比如：作业配置信息、InputSplit 信
息、任务 ID 等
// 这里主要用到 Context 的 write 方法
            public void map(Object key, Text value,Context context)
                throws IOException.InterruptedException{
                StringTokenizer itr=new StringTokenizer(value.toString( ));
// 将 Text 类型的 value 转化成字符串类型
                while (itr.hasMoreTokens(){
                    word.set(itr.nextToken());
                    context.write(word,one);
                    }
                }
            }
```

（2）WordCount-Reduce 代码实现：

```
public static class WordCountReducer extends
            Reducer<Text, IntWritable, Text, IntWritable>{
    private IntWritable result = new IntWritable( );
    public void reduce(Text key, Iterable<IntWritable> values,
            Context context) throws IOException, InterruptedException{
        int sum=0;
        for(IntWritable val : values){
            sum += val.get();
        }
```

```
                result.set(sum);
                context.write(key,result);
        }
}
```

（3）WordCount-Main 代码实现：

```
public static void main(String[] args) throws Exception{
        Configuration conf = new Configuration( );
        //Configuration 类代表作业的配置，该类会加载 mapred-site.xml、hdfs-site,
xml、core-site、xml 等配置文件
        //Job 对象指定了作业执行规范，可以用它来控制整个作业的运行
        Job job = Job.getInstance( ); //new Job(conf, "word count");
        job.setJarByClass(Wordcount.class);
```
// 我们在 Hadoop 集群上运行作业时，要把代码打包成一个 jar 文件，然后把这个文件传到集群上，
然后通过命令来执行这个作业，但是命令中不必指定 jar 文件的名称。在这条命令中，通过 Job 对
象的 setJarByClass() 方法传递一个主类就行，Hadoop 会通过这个主类来查找包含它的 jar 文件
```
        job.setMapperClass(WordCountMapper.class);
        job.setCombinerClass(WordCountReducer.class);
        job.setReducerClass(WordCountReducer.class);
        job.setOutputKeyClass(Text.class);
        job.setOutputValueClass(IntWritable.class);
```
        // 一般情况下，mapper 和 reducer 输出的数据类型是一样的，所以我们用上面两条命
令就行；如果不一样，我们就可以用下面两条命令单独指定 mapper 的输出的 key、value 的数据类型
```
        //job.setMapOutputKeyClass(Textclass);
        //job.setMapOutputValueClass(IntWritable.class);
```
        //Hadoop 默认的是 TextInputFormat 和 TextOutputFormat，所以说我们这里可
以不用配置
```
        //job.setInputFormatClass(TextInputFormat.class);
        //job.setOutputFormatClass(TextOutputFormat.class);
        FileInputFormat.addInputPath(job, new Path(args[0]);
```
        //FileInputFormat.addInputPath() 指定的这个路径可以是单个文件、一个目录
或符合特定文件模式的一条列文件
```
        // 从方法名称可以看出，可以通过多次调用这个方法来实现多路径的输入
        FileOutputFormat. setOutputPath(job, new Path(args[1]));
```
        // 只能有一个输出路径，该路径指定的就是 reduce 函数输出文件的写入目录
        // 特别注意：输出目录不能提前存在，否则 Hadoop 会报错并拒绝执行作业，这样做的目的是
防止数据丢失，因为长时间运行的作业如果结果被意外覆盖，那肯定不是我们想要的
```
        System.exit(job.waitForCompletion(true) ? 0:1);
```
        // 使用 job.waitForCompletion() 提交作业并等待执行完成，该方法返回一个 boolean
值，表示执行成功或者失败，这个布尔值被转换成程序退出代码 0 或 1，该布尔参数还是一个
详细标识，所以作业会把进度写到控制台
        //waitForCompletion() 提交作业后，每秒会轮询作业的进度，如果发现和上次报告

后有改变，就把进度报告到控制台，作业完成后，如果成功就显示作业计数器，如果失败则把导致作业失败的错误输出到控制台

```
                }
```

3. WordCount 程序运行

在程序编写完成后，还需要将代码打包成 jar 文件并运行。用 Eclipse 自带的打包工具导出 wordcount.jar 文件，上传至集群任一节点，并在该节点执行命令：

```
hadoop  jar  /xxx/xx/WordCount.jar  com.xxx.WordCount  <inputDir>  <outputDir>
```

/xxx/xx/ 为程序所在的目录，Com.xxx 为程序的包名，WordCount 为程序的类名，< inputDir> 为 HDFS 存放文本的目录（如果指定一个目录为 MapReduce 输入路径，则 MapReduce 会将该路径下的所有文件作为输入；如果指定一个文件，则 MapReduce 只会将该文件作为输入），< outputDir> 为作业的输出路径（该路径在作业运行前必须不存在）。执行命令如图 4-7 所示。

```
[root@master hadoop-2.9.2]# bin/hadoop jar /usr/local/apps/hadoop-mr.jar com.learning.hadoop.mr.WordCount /mr/wordcount/input /mr/wordcount/output
```

图 4-7　执行命令

命令执行后，屏幕会输出有关任务进度的日志，如图 4-8 所示。

```
19/03/25 13:51:38 INFO mapreduce.JobSubmitter: Submitting tokens for job: job_1553490596950_0002
19/03/25 13:51:39 INFO impl.YarnClientImpl: Submitted application application_1553490596950_0002
19/03/25 13:51:39 INFO mapreduce.Job: The url to track the job: http://master-st:8088/proxy/application_1553490596950_0002/
19/03/25 13:51:39 INFO mapreduce.Job: Running job: job_1553490596950_0002
19/03/25 13:51:57 INFO mapreduce.Job: Job job_1553490596950_0002 running in uber mode : false
19/03/25 13:51:57 INFO mapreduce.Job:  map 0% reduce 0%
19/03/25 13:52:13 INFO mapreduce.Job:  map 100% reduce 0%
19/03/25 13:52:23 INFO mapreduce.Job:  map 100% reduce 100%
```

图 4-8　执行过程中，任务进度的日志

当任务完成后，屏幕会输出相应的日志，如图 4-9 所示。

```
19/03/25 13:52:23 INFO mapreduce.Job:  map 100% reduce 100%
19/03/25 13:52:25 INFO mapreduce.Job: Job job_1553490596950_0002 completed successfully
```

图 4-9　任务完成的日志

执行查看输出目录命令及结果，如图 4-10 所示。

```
[root@master hadoop-2.9.2]# bin/hdfs dfs -ls -R /mr/wordcount
drwxr-xr-x   - root supergroup          0 2019-03-25 13:50 /mr/wordcount/input
-rw-r--r--   2 root supergroup       1366 2019-03-25 13:50 /mr/wordcount/input/README.txt
drwxr-xr-x   - root supergroup          0 2019-03-25 13:52 /mr/wordcount/output
-rw-r--r--   2 root supergroup          0 2019-03-25 13:52 /mr/wordcount/output/_SUCCESS
-rw-r--r--   2 root supergroup       1306 2019-03-25 13:52 /mr/wordcount/output/part-r-00000
```

图 4-10　执行查看输出目录命令及结果

其中，_SUCCESS 文件是一个空的标志文件，它表示该任务成功完成，而结果则存放在 part-r-00000。执行查看该文件命令及结果如图 4-11 所示。

```
[root@master hadoop-2.9.2]# bin/hdfs dfs -cat /mr/wordcount/output/part-r-00000
(BIS),    1
(ECCN)    1
(TSU)     1
(see      1
5D002.C.1,      1
740.13) 1.
<http://www.wassenaar.org/>      1
Administration 1
Apache  1
```

图 4-11　查看 part-r-00000 文件命令及结果

4.3　MapReduce 的工作机制

理解 MapReduce 的工作机制，是开展 MapReduce 编程的前提。本节首先给出 MapReduce 的基本框架并阐述 MapReduce 的各个执行阶段，最后对 MapReduce 的核心环节——Shuffle 过程进行详细剖析。

4.3.1　MapReduce 的基本架构

和 HDFS 一样，MapReduce 也是采用主 / 从架构，Hadoop 2.x 之前 MapReduce（MRv1）的架构图如图 4-12 所示，它主要由以下四个组件组成：Client、JobTracker（作业管理器）、TaskTracker（任务管理器）和 Task（任务）。

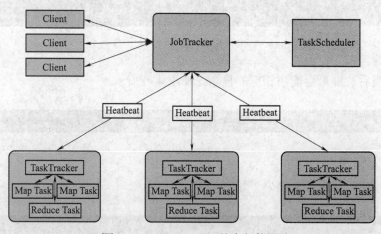

图 4-12　MapReduce 基本架构图

1.Client

用户编写的 MapReduce 程序通过用户端提交到作业管理器；同时，用户也可通过 Client 提供的一些接口查看 Job（作业）运行状态。在 Hadoop 中用作业表示 MapReduce 程序，一个

MapReduce 程序可对应若干个作业。每个作业都会在用户端通过 Client 类将应用程序以及配置参数 Configuration 打包成 jar 文件存储在 HDFS 上，并把路径提交到作业管理器的主服务，然后由 Master 创建每一个任务并将它们分发到各个任务管理器中去执行。

2.JobTracker

作业管理器主要负责资源监控和作业调度。作业管理器监控所有任务管理器与任务的状况，一旦发现失败，就将相应的任务转移到其他节点上；与此同时，作业管理器会跟踪任务的执行进度、资源使用量等信息，并将这些信息告诉任务调度器（TaskScheduler），而调度器会在资源出现空闲时，选择合适的任务使用这些资源。在 Hadoop 中，任务调度器是一个可插拔的模块，用户可以根据自己的需要设计相应的调度器。

3.TaskTracker

任务管理器会周期性地通过心跳（heartbeat）将本节点上资源的使用情况和任务的运行进度汇报给作业管理器，同时接收作业管理器发送过来的命令并执行相应的操作（如启动新任务、杀死任务等）。任务管理器使用槽等量划分本节点上的资源量。Slot 代表计算资源（CPU、内存等）。一个任务获取到一个 Slot 后才有机会运行，而 Hadoop 任务调度器的作用就是将各个任务管理器上的空闲 Slot 分配给任务使用。Slot 分为 Map Slot 和 Reduce Slot 两种，分别供 Map 任务和 Reduce 任务使用。任务管理器通过 Slot 数目（可配置参数）限定任务的并发度。

4.Task

任务分为 Map 任务和 Reduce 任务两种，均由任务管理器启动。HDFS 以固定大小的数据块为基本单位存储数据，而对于 MapReduce 而言，其处理单位是分片。分片是一个逻辑概念，它只包含一些元数据信息，比如数据起始位置、数据长度、数据所在节点等。它的划分方法完全由用户自己决定。但需要注意的是，Split 的多少决定了 Map 任务的数目，因为每个 Split 包含的数据只会交给一个 Map 任务处理。Split 和 Block 的关系如图 4-13 所示。

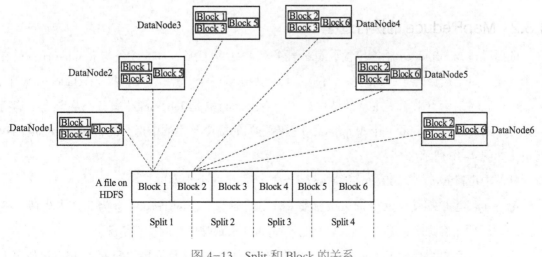

图 4-13　Split 和 Block 的关系

Map 任务执行过程如图 4-14 所示。由图可得，Map 任务先将对应的分片迭代解析成一个个 <key,value> 键值对，依次调用用户自定义的 map() 函数进行处理，最终将临时结果存放到本地磁盘上，其中临时数据被分成若干个分区，每个分区将被一个 Reduce 任务处理。

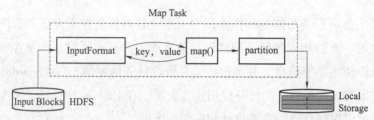

图 4-14　Map 任务执行过程图

Reduce 任务执行过程如图 4-15 所示。该过程分为三个阶段：

（1）从远程节点上读取 Map 任务中间结果（称为"洗牌阶段"）。

（2）按照 key 值对 <key,value> 对进行排序（称为"排序阶段"）。

（3）依次读取 <key,value list>，调用用户自定义的 reduce() 函数处理，并将最终结果存到 HDFS 上（称为"Reduce 阶段"）。

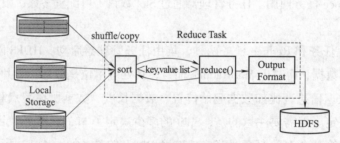

图 4-15　Reduce 任务执行过程

4.3.2　MapReduce 的执行过程

前面说过 MapReduce 任务包含了 Map 任务和 Reduce 任务，Map 任务与 Reduce 任务是在各个数据节点上运行的，那么这些程序是如何被发送到各个节点执行的呢？在 Hadoop 1.x 中，MapReduce 的架构也采用了主从的结构，主节点上运行的是 JobTracker 服务，从节点上运行的是 TaskTracker。我们看一个 MapReduce 程序是如何提交到集群中运行的，MapReduce 的执行过程如图 4-16 所示。

从图中可以看出，MapReduce 的执行大致按照如下几个步骤进行：

第一步：客户端使用命令向 JobTracker 提交任务请求，JobTracker 会为此请求生成一个 JobId，并返回给客户端，客户端可以根据这个 jobId 来跟踪任务的执行情况。

第二步：客户端得到了 JobId 之后，会将要运行的程序以及依赖的配置文件、jar 包等上传到 HDFS 中，上传完毕后就向 JobTracker 正式提交作业。

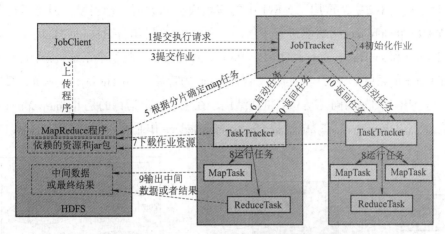

图 4-16　MRv1 的 MapReduce 执行过程

第三步：JobTracker 接收到请求后开始初始化作业，初始化作业就是为作业创建一个对象，这个对象保存了作业运行的状况，方便后面跟踪查询作业的状态。

第四步：JobTracker 再根据数据分片和配置信息，确定 Map 任务数和 Reduce 任务数。

第五步：然后根据 TaskTracker 节点上的资源情况，要求有空闲槽位的节点来启动任务，MRv1 中资源的分配是基于槽位，这是一种粗粒度的资源划分单位，通常一个任务不会用完槽位对应的资源，且其他任务也无法使用这些空闲资源，Map 任务和 Reduce 任务的资源不能共享。

第六步：TaskTracker 接收到启动任务的要求后，会去 HDFS 中下载运行作业需要的代码和资源。

第七步：运行 Map 任务或者 Reduce 任务。

第八步：Map 任务和 Reduce 任务运行时生成的中间数据或者最终结果会保存在 HDFS 中。

第九步：当任务运行完毕，TaskTracker 向 JobTracker 汇报所分配的任务运行完成。

在这个过程中，我们可以看到，JobTracker 是最核心的一个部分，它负责的任务比较多，有资源管理和任务的调度，JobClient 查询任务的状态也是通过 JobTracker 来完成的。JobTracker 负责的任务过多，导致它成为 MRv1 中最大的一个性能瓶颈，所以在 MRv1 中存在以下几点不足：

（1）存在单点故障，和 HDFS 一样，在 Hadoop 1.x 中它们都是存在单点故障的。

（2）扩展性差，程序之间的耦合度太高，不容易扩展，也不支持其他的计算框架。

（3）资源利用率低，使用槽位作为资源的划分单位，槽位是一个粗粒度的资源划分单位，资源并不能得到充分的利用，并且 Map Slot 和 Reduce Slot 之间也不能共用。

在 Hadoop 2.x 之后，MapReduce 升级版本 MRv2 引入了新的框架 YARN 框架作为通用资源调度平台。在 MRv2 中，重用了 MRv1 中的编程模型和数据处理引擎，但是运行时环境被重构了。YARN 将 JobTracker 功能进行了拆分，拆分为全局组件 ResourceManager、应用组件 ApplicationMaster 和 JobHistoryServer。其中，ResourceManager 负载整个系统资源的管理和分配，ApplicationMaster 负载单个应用程序的相关管理（Job 的管理），JobHistoryServer 负载日志的展示和收集工作。MRv2 的架构同样是一个主从结构，在主节点上运行的是 ResourceManager，从节点上运行的是 NodeManager。在 MRv2 提交一个 MapReduce 作业后，执行过程如图 4-17 所示。

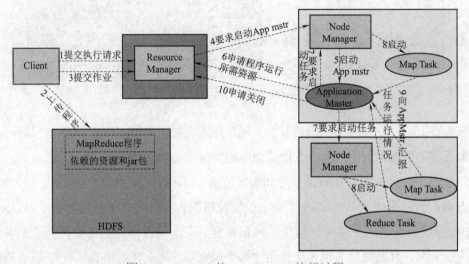

图 4-17　MRv2 的 MapReduce 执行过程

MRv2 的 MapReduce 执行过程大致按以下几个步骤进行：

第一步：Client 向 ResourceManager 提交一个作业，提交作业时，ResourceManager 会返回一个 Application id，给 Client 来唯一标识这个任务。

第二步：Client 将运行作业所需要的资源、依赖的架包等上传到 HDFS 中。

第三步：正式向 ResourceManager 提交作业。

第四步：提交作业之后，ResourceManager 会根据当前从节点 NodeManager 上的资源的情况，要求有空闲资源的 NodeManager 来启动开始 ApplicationMaster。

第五步：NodeManager 接收到这个请求之后，会启动 ApplicationMaster。

第六步：并向 ResourceManager 申请运行 MapReduce 程序所需要的资源，这个请求会返回一些资源，这个资源是以 Container 的形式返回的。

第七步：ApplicationMaster 接收到这个返回的资源之后，会要求对应的 NodeManager 来启动这些任务，ResourceManager 返回的 Container 里面已经包含了哪些 NodeManager。

第八步：ApplicationMaster 会与对应的 NodeManager 通信，要求它们启动相应的任务。

第九步：这个任务会与 ApplicationMaster 进行交互，汇报自己运行的状况，客户端也可以通过 ApplicationMaster 来查询用户运营的状况。

第十步：当任务运行完毕之后，ApplicationMaster 会通知 ResourceManager 来关闭自己，这个时候这个任务就运行完毕了。

在这过程中我们可以看到，在使用 YARN 框架之后，ResourceManager 只是用来做资源的调度，任务的调度工作由 ApplicationMaster 来完成，这种功能拆分减轻了主节点的负载，其处理的 RPC 请求的压力得到减少。

4.3.3 MapReduce 的 Shuffle 过程

Shuffle 过程是 MapReduce 的核心，又称为奇迹发生的地方。要想理解 MapReduce，Shuffle 过程是必须要了解的。所谓 Shuffle 指的是对 Map 输出结果进行分区、排序、合并等处理并交给 Reduce 的过程。由此，Shuffle 过程分为 Map 端的操作和 Reduce 端的操作。在 Map 端的 Shuffle 过程是对 Map 的结果进行分区、排序和溢写，然后将属于同一个划分的输出合并（merge）并写在硬盘上，同时按照不同的划分将结果发送给对应的 Reduce（Map 输出的划分与 Reduce 的对应关系由 JobTracker 确定）。在 Reduce 端，Shuffle 阶段可以分为三个阶段：复制 Map 输出、排序合并和 Reduce 处理。Shufle 过程如图 4-18 所示。

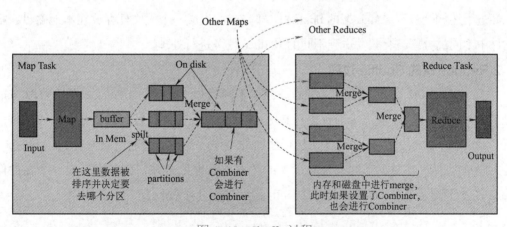

图 4-18　Shuffle 过程

1.Map 端的 Shuffle 过程

（1）执行 Map。输入数据一般是 HDFS 文件，这些文件格式是任意的。Map 任务接收 <key,value> 作为输入，按一定映射规则转换成一批 <key,value> 输出。

（2）缓存写入。Map 过程的输出是写入缓冲在内存中，缓存的好处就是减少磁盘 I/O 的开销，提高合并和排序的速度。默认的内存缓冲大小是 100 MB（可以配置），所以在书写 Map 函数的时候要尽量减少内存的使用，为 Shuffle 过程预留更多的内存，因为该过程是最耗时的过程。

（3）溢写。当缓冲的内存大小使用超过一定的阈值（默认 80%），一个后台的线程就会启动把缓冲区中的数据溢写到磁盘中，往内存中写入的线程继续写入直到缓冲区满，缓冲区满后线程阻塞直至缓冲区被清空。

在数据溢写到磁盘的过程中，首先要对数据分区。MapReduce 提供 Partitioner 接口，它的作用就是根据 key 或 value 及 Reduce 的数量决定当前的这对输出数据最终应该交由哪个 Reduce 任务处理。默认对 key 值哈希后再以 Reduce 任务数量取模。

对于分区内的所有 <key,value> 键值对，后台线程会根据 key 值进行内存排序，排序是 MapReduce 模型默认的行为，这里的排序也是对序列化的字节做的排序。排序后，如果用户作业配置了 Combiner 类，那么在写出过程中会先对排序的结果进行进一步的合并，目的是减少溢写到磁盘的数据量。Combiner 的输出就是 Reduce 的输入。

（4）文件归并。每次溢写会在磁盘上生成一个溢写文件，如果 Map 的输出结果真的很大，有多次这样的溢写发生，磁盘上相应的就会有多个溢写文件存在。当 Map Task 真正完成时，内存缓冲区中的数据也全部溢写到磁盘中形成一个大的溢写文件。最终磁盘中会至少有一个这样的溢写文件存在（如果 Map 的输出结果很少，当 Map 执行完成时，只会产生一个溢写文件），这个大溢写文件的键值对也是经过分区和排序的。

经过上述四个过程，Map 端的 Shuffle 全部完成，生成一个大文件存放在本地磁盘，根据大文件中不同的分区，会被发送到不同的 Reduce 任务进行处理。

2.Reduce 端的 Shuffle 过程

当 MapReduce 任务提交后，Reduce 任务就不断通过 RPC 从 JobTracker 那里获取 Map 任务是否完成的信息，如果获知某台 TaskTracker 上的 Map 任务执行完成，Shuffle 的后半段过程就开始启动。其实，Reduce 任务在执行之前的工作就是：不断地拉取当前 Job 里每个 Map 任务的最终结果，并对不同地方拉取过来的数据不断地做合并，也最终形成一个文件作为 Reduce 任务的输入文件。Reduce 端的 Shuffle 过程如图 4-19 所示。

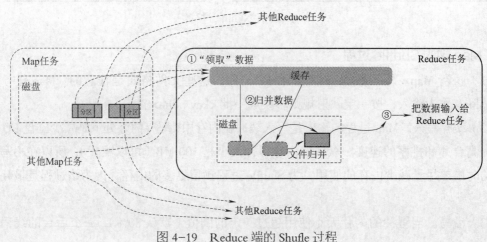

图 4-19 Reduce 端的 Shufle 过程

（1）Copy 过程，即简单地拉取数据。Reduce 任务通过 RPC 向 JobTracker 询问 Map 任务是否已经完成，若完成，Reduce 进程启动一些数据 Copy 线程（Fetcher），通过 HTTP 方式请求 Map 任务所在的 TaskTracker 获取 Map 任务的输出文件。因为 Map 任务早已结束，这些文件就由 TaskTracker 管理在本地磁盘中。

（2）Merge 过程。这里的 Merge 如 Map 端的 Merge 动作，只是数组中存放的是不同 Map 端 Copy 过来的数值。Copy 过来的数据会先放入内存缓冲区中，这里缓冲区的大小要比 Map 端的更为灵活，它是基于 JVM 的 hcap size 设置，因为 Shuffler 阶段 Reducer 不运行，所以应该把绝大部分内存都给 Shuffle 用。Merge 的三种形式：内存到内存、内存到磁盘、磁盘到磁盘。

默认情况下，第一种形式不启用。当内存中的数据量达到一定的阈值，就启动内存到磁盘的 Merge。与 Map 端类似，这也是溢写过程，当然如果这里设置了 Combiner，也是会启动的，然后在磁盘中生成了众多的溢写文件。第二种 Merge 方式一直在运行，直到没有 Map 端的数据时才结束，然后启动第三种磁盘到磁盘的 Merge 方式生成最终的那个文件。

（3）Reducer 的输入文件。不断地 Merge 后，最后会生成一个"最终文件"。这个最终文件可能在磁盘中也可能在内存中。当然希望它在内存中，直接作为 Reducer 的输入，但默认情况下，这个文件是存放于磁盘中的。当 Reducer 的输入文件已定，整个 Shuffle 才最终结束。然后就是 Reduce 执行，把结果存放到 HDFS 上。

4.4　Hadoop MapReduce 的序列化机制

4.4.1　序列化概述

MapReduce 程序中的 map 函数与 reduce 函数的输入与输出的数据类型都是一些特殊的类型，并不是我们常见的 Java 基本类型。MapReduce 是分布式计算程序，那么其数据必须要能够在网络中传输，因此需要做序列化和反序列化。序列化（serialization）是指将结构化对象转化为字节流，以便在网络上传输或写到磁盘进行永久存储的过程。反序列化（deserialization）是指将字节流转回结构化对象的逆过程。序列化和反序列化在分布式数据处理中，主要应用于进程间通信和永久存储两个领域。

在 Java 中数据具有序列化的功能，但是 Java 默认的序列化中附带了许多对象额外的信息，导致序列化之后的数据太大，而运行 MapReduce 程序的时候会有大量的网络 I/O，这是影响 MapReduce 程序性能很关键的一个因素，如果网络中传输了很多多余的数据必然会降低程序的性能，因此 Hadoop 定义了一套自己的序列化与反序列化规则。Hadoop 中让数据具有序列化功能需要实现 Writable 接口。Hadoop 已经内置了一些数据类型，这些数据类型与 Java 基本类型一一对应。

4.4.2 Hadoop 对序列化机制的要求

序列化和反序列化在分布式数据处理领域经常出现，比如进程通信和永久存储。因为 Hadoop 一般是构建在分布式集群之上，在集群之间进行通信或者 RPC 调用的时候都需要序列化，而且要求序列化的速度要快，体积要小，且占用带宽要小。

Hadoop 系统中各个节点的通信是通过远程调用（RPC）实现的，RPC 协议将消息序列化成二进制流后发送到远程节点，远程节点接着将二进制流反序列化为原始信息。通常情况下，RPC 对序列化机制具有以下要求：

（1）紧凑。紧凑的格式可以充分利用网络带宽，提高传输效率，而网络带宽分布式集群中的非常重要的稀缺资源。

（2）快速。进程间通信是分布式系统的重要内容，所以需要尽可能地减少序列化和反序列化的开销，这样可以提高整个分布式系统的性能。

（3）可扩展。通信协议为了满足一些新的要求，需要直接引进新的协议，这样序列化就必须满足可扩展的要求。

（4）互操作。对于某些系统来说，要求能支持以不同语言编写的客户端和服务器交互。

4.4.3 Hadoop 中的序列化相关接口

Hadoop 使用的是自己的序列化格式，它相对紧凑、速度快，但不太容易用 Java 以外的语言进行扩展或使用。Hadoop 中定义了两个序列化相关的接口：Writable 接口和 WritableComparable 接口，WritableComparable 是由 Writable 和 Comparable 两个接口合并成的一个接口。

1. Writable 接口

在 Hadoop 中，Writable 接口定义了两个方法：write（DataOutput out）和 readFields（DataInput in），分别对应序列化和反序列化。write() 方法用于将对象状态写入二进制格式的 DataOutput 流，readFields() 方法用于从三进制格式的 DataInput 流中读取对象状态。Writable 接口源码如下：

```
public interface Writable{
/* 将对象转换为字节流并写入到输出流 out 中 */
 void write(DataOutput out) throws IOException;
/* 从输入流 in 中读取字节流反序列化为对象 */
 void readFields(DataInput in) throws IOException;
 }
```

对于一个特定的 Writable 接口，我们可以对它进行两种常用操作：赋值和取值，这里以 IntWritable（IntWritable 是对 Java 的 int 类型的封装）为例进行说明。

（1）通过 set() 函数设置 IntWritable 的值。

```
IntWritable dvalue = newIntWritable();
```

```
dvalue.set(163);
```

类似的，也可以使用构造函数来赋值。

```
IntWritable dvalue = newIntWritable(163);
```

（2）通过 get() 函数获取 IntWritable 的值。

```
Intresult = dvalue.get(); // 这里获取的值为 163
```

2. WritableComparable 接口

WritableComparable 接口是 Writable 接口的二次封装，从字面上可知，它提供了类型比较的能力，这对 MapReduce 至关重要。该接口继承自 Writable 接口和 Comparable 接口，其中 Comparable 用于进行类型比较。WritableComparable 接口有两个功能，除了实现使 Writable 接口具有序列化和反序列化的功能，另外一个是实现了 Comparable 接口具有比较的功能。所有实现了 Comparable 的对象都可以和自身相同类型的对象比较大小。Comparable 接口源码为：

```
public interface Comparable{
   /* 将 this 对象和对象 o 进行比较，约定：返回负数为小于，零为等于，整数为大于 */
      public int compareTo(To);
}
```

3. 自定义 Writable 接口

虽然 Hadoop 自带一系列实现 Writable 接口的类，如 IntWritable、LongWritable 等，可以满足一些简单的数据类型的定义，但是特殊的业务场景需要自定义 Writable 的实现类。

为了学习如何创建一个自定义 Writable 接口，下面通过自定义一个 Writable 类型的对象 TextPair 来演示，这里选择对两个字符串类型的数据创建一个数据类型，类名为 TextPair，代码如下所示：

```
public class TextPair implements WritableComparable {
        private Text first;
        private Text second;
        public TextPair() {
                set(new Text(), new Text());
        }
        public TextPair(String first, String second) {
                set(new Text(first),new Text(second));
        }
        public TextPair(Text first,Text second) {
                set(first,second);
        }
        public void set( Text first,Text second) {
```

```
                    this.first = first;
                    this.second = second;
        }
        public Text getFirst() {
                    return first;
        }
        public Text getSecond() {
                    return second;
        }
        // 将对象转换为字节流并写入到输出流 out 中
        @Override
        public void write(DataOutput out) throws IOExeeption {
                    first.write(out);
                    second.write(out);
        }
        // 从输入流 in 中读取字节流反序列化为对象
        @Override
        public void readFields(DataInput in) throws IOException {
                    first.readFields(in);
                    second.readFields(in);
        }
        @Override
        public int hashCode() {
                    return first.hashCode()*163+second.hashCode();
        }
        @Override
        public boolean equals(Object o) {
                    if(o instance of TextPair) {
                                TextPair tp = (TextPair) o;
                                retum first.equals(tp.first) && second.equals(tp.
second);
                    }
                    return false;
        }
        @Override
        publicString toString() {
                    return first +"\t"+ second;
        }
        // 排序
        @Override
        public int compareTo(TextPair tp) {
                    int cmp = first.compareTo(tp.first);
```

```
            if(cmp!=0){
                    return cmp;
            }
            return second.compareTo(tp.second);
        }
    }
```

实例代码中，TextPair 对象有两个 Text 实例变量（first 和 second），以及相关的构造函数、get() 方法和 set() 方法。所有的 Writable 接口的实现都必须有一个默认的构造函数，以便 MapReduce 框架能够对它们进行实例化，进而调用 readFields() 方法来填充它们的字段。Writable 实例是易变的，并且通常可以重用，所以应该尽量避免在 write() 方法或 readFields() 方法中分配对象。

通过把对象委托给每个 Text 对象，TextPair 的 write() 方法依次序列化输出流中的每一个 Text 对象。同样也通过把对象委托给 Text 对象本身，TextPair 的 readFields() 方法反序列化输入流中的字节。DataOutput 和 DataInput 接口有丰富的整套方法用于序列化和反序列化 Java 基本类型，所以在一般情况下，能够完全控制 Writable 对象的数据传输格式。

就像为 Java 写的任意值对象一样，需要重写 java.lang.Object 的 hashCode() 方法、equals() 方法和 toString() 方法。HashPartitioner（MapReduce 中的默认分区类）通常使用 hashCode() 方法来选择 reduce 分区，所以应该有一个较好的哈希函数来确保 reduce 函数的分区在大小上是相当的。TextPair 是 WritableComparable 的一个实现，所以它提供了 compareTo() 方法，该方法可以强制数据排序（先按照第一个字符排序，如果第一个字符相同则按照第二个字符排序）。

4.5　MapReduce 的性能调优

任何一个平台或应用，在使用和运行过程中，都会有一个性能优化的过程，MapReduce 运行框架和应用也不例外。本节主要介绍 MapReduce 程序常用的性能优化方法，根据系统状况灵活使用这些方法，可能会获得意想不到的性能提高。

4.5.1　MapReduce 的参数配置优化

使用 Hadoop 进行大数据运算，当数据量极大时，对 MapReduce 性能的调优重要性不言而喻，尤其是 Shuffle 过程中的参数配置对作业的总执行时间影响特别大。

在了解可以通过哪些参数配置提高 MapReduce 程序运行速度前，先来看一下 MapReduce 的内部运行原理。在掌握内部运行原理后，可以清晰地理解一些具体参数是如何影响作业和任务执行的，从而能确定如何调整这些参数。

Map 函数在执行时，输出数据首先保存在缓存中，这个缓存的默认大小是 100 MB，由参数 io.sort.mb 控制。当缓存使用量达到一定比例时，缓存中的数据将写入磁盘中，这个比例是由参数 io.sort.spil.percent 控制。在缓存数据写入磁盘之前，还有一个分割、排序和合并的过程。缓存中的数据在每次输出到磁盘时会生成一个临时文件，多个临时文件合并后生成一个 map 输出文件，参数 io.sort.factor 指定了最多可以有多少个临时文件被合并到输出文件中。MapReduce 框架中还提供了一个 Combiner 机制提高数据传输效率，参数 min.num.spills.for.combine 指定了当产生几个临时文件时会执行一次 Combine 操作。map 节点的数据可以通过多个 http 线程的方式传送给 reduce 节点，tracker.htp.threads 可以指定每个 TaskTracker 上的 http 文件传输的线程数量（MapReduce 2 中已取消此功能，改由系统自动控制，请注意区分）。

在 Reduce 阶段，reduce 节点可以在 Map 任务完成时通过多线程方式读取多个 Map 任务的输出，线程数量可由参数 mapred.reduce.parallel.copies 设定。在 Reduce 任务的 TaskTracker 节点上，可以设置 mapred.job.shuffle.input.buffer.percent 控制读取的 map 输出数据的缓冲占整个内存的百分比。当缓存中的数据达到 mapred.job.shuffle.merge.percent 设定的数值或超过 map 的输出阈值（mapred.inmem.merge.threshold）时，缓存中的数据会写入磁盘。数据在进入 Reduce() 函数处理之前，会先进行合并，mapreduce.task.io.sort.factor（旧版 io.sort.factor）参数指定了多少个 map 输出数据文件会合并为一个文件由 reduce 处理。

下面总结一些和 MapReduce 相关的性能调优方法，主要从五个方面考虑：数据输入、Map 阶段、Reduce 阶段、Shuffle 阶段和其他调优属性。

1. 数据输入

在执行 MapReduce 任务前，将小文件进行合并，大量的小文件会产生大量的 map 任务，增大 map 任务装载的次数，而任务的装载比较耗时，从而导致 MapReduce 运行速度较慢。因此采用 CombineTextInputFormat 作为输入，解决输入端大量的小文件场景。

2. Map 阶段

参数调整主要包括以下几点：

（1）减少溢写次数：通过调整 io.sort.mb 及 sort.spill.percent 参数值，增大触发溢写的内存上限，减少溢写次数，从而减少磁盘 I/O。

（2）减少合并次数：通过调整 io.sort.factor 参数，增大合并的文件数目，减少合并的次数，从而缩短处理时间。

（3）在 map 之后，不影响业务逻辑前提下，先进行 Combine 处理，减少 I/O。

我们在上面提到的那些属性参数，都是位于 mapred-default.xml 文件中，这些属性参数的调优方式如表 4-1 所示。

表 4-1　Map 阶段调优属性

属性名称	类型	默认值	功能描述
mapreduce.task.io.sort.mb	int	100	配置排序 map 输出时使用的内存缓冲区的大小，默认 100 MB，实际开发中可以设置大一些
mapreduce.map.sort.spills.percent	float	0.8	map 输出内存缓冲和用来开始磁盘溢出写过程的记录边界索引的阈值，即最大使用环形缓冲内存的阈值。一般默认是 80%，也可以直接设置为 100%
mapreduce. task.io.sort.factor	int	10	排序文件时，一次最多合并的流数，实际开发中可将这个值设置为 100
mapreduce.task.min.num.spills.for.combine	int	3	运行 combiner 时，所需的最少溢出文件数（如果已指定 combiner）

3. Reduce 阶段

参数调整主要包括以下几点：

（1）合理设置 map 和 reduce 数：两个都不能设置太少，也不能设置太多。太少，会导致任务等待，延长处理时间；太多，会导致 map、reduce 任务间竞争资源，造成处理超时等错误。

（2）设置 map、reduce 共存：调整 slowstart.completedmaps 参数，使 map 运行到一定程度后，reduce 也开始运行，减少 reduce 的等待时间。

（3）规避使用 reduce：因为 reduce 在用于连接数据集时将会产生大量的网络消耗。通过将 MapReduce 参数 setNumReduceTasks 设置为 0 来创建一个只有 map 的作业。

（4）合理设置 reduce 端的 buffer：默认情况下，数据达到一个阈值的时候，buffer 中的数据就会写入磁盘，然后 reduce 会从磁盘中获得所有的数据。也就是说，buffer 和 reduce 是没有直接关联的，中间多一个写磁盘→读磁盘的过程，既然有这个弊端，那么就可以通过参数来配置，使得 buffer 中的一部分数据可以直接输送到 reduce，从而减少 I/O 开销。这样一来，设置 buffer 需要内存，读取数据需要内存，reduce 计算也要内存，所以要根据作业的运行情况进行调整。

我们在上面提到的属性参数，都是位于 mapred-default.xml 文件中，这些属性参数的调优方式如表 4-2 所示。

表 4-2　Reduce 阶段的调优属性

属性名称	类型	默认值	功能描述
mapreduce.job.reduce.slowstart.completedmaps	float	0.05	当 Map Task 在执行到 5%，就开始为 reduce 申请资源。开始执行 reduce 操作，reduce 可以开始复制 map 结果数据和做 reduce shuffle 操作

续上表

属性名称	类型	默认值	功能描述
mapreduce.job.reduce.input.buffer.percent	float	0.0	在 reduce 过程，内存中保存 map 输出的空间占整个堆空间的比例。如果 reduce 需要的内存较少，可以增加这个值来最小化访问磁盘的次数

4. Shuffle 阶段

Shuffle 阶段的调优就是给 Shuffle 过程尽量多地提供内存空间，以防止出现内存溢出现象，可以由参数 mapred.child.java.opts 来设置，任务节点上的内存大小应尽量大。

我们在上面提到的属性参数，都是位于 mapred-site.xml 文件中，这些属性参数的调优方式如表 4-3 所示。

表 4-3　Shuffle 阶段的调优属性

属性名称	类型	默认值	功能描述
mapred.map.child.java.opts		–Xmx200m	当用户在不设置该值情况下，会以最大 1G jvm heap size 启动 Map Task，有可能导致内存溢出，所以最简单的做法就是设大参数，一般设置为 –Xmx1024m
mapred.reduce.child.java.opts		–Xmx200m	当用户在不设置该值情况下，会以最大 1G jvm heap size 启动 Reduce Task，有可能导致内存溢出，所以最简单的做法就是设大参数，一般设置为 –Xmx1024m

5. 其他

除了 Map 阶段和 Reduce 阶段可控制的参数外，还有一些影响作业运行的配置参数，例如 JVM 内存大小、文件缓存单元大小等。这些配置的相关参数都位于 mapred-default.xml 文件中，部分参数调整的原则在表 4-4 中，在进行性能调优时可以灵活运用。

表 4-4　MapReduce 资源调优属性

属性名称	类型	默认值	功能描述
mapreduce.map.memory.mb	int	1 024	一个 Map Task 可使用的资源上限。如果 Map Task 实际使用的资源量超过该值，则会被强制杀死
mapreduce. reduce.memory.mb	int	1 024	一个 Reduce Task 可使用的资源上限。如果 Reduce Task 实际使用的资源量超过该值，则会被强制杀死
mapreduce.map.cpu.vcores	int	1	每个 Map Task 可使用的最多 cpu core 数目
mapreduce. reduce.cpu.vcores	int	1	每个 Reduce Task 可使用的最多 cpu core 数目

属性名称	类型	默认值	功能描述
mapreduce. reduce. shuffle.parallelcopies	int	5	每个 reduce 去 map 中拿数据的并行数
mapreduce.map. maxattempts	int	4	每个 Map Task 最大重试次数，一旦重试参数超过该值，则认为 Map Task 运行失败
mapreduce. reduce. maxattempts	int	4	每个 Reduce Task 最大重试次数，一旦重试参数超过该值，则认为 Reduce Task 运行失败

注意，MRv2 重新命名了 MRv1 中的所有配置参数，但兼容 MRv1 中的旧参数，只不过会打印一条警告日志提示用户参数过期。MapReduce 新旧参数对照表可参考 Java 类 org.apache. hadoop.mapreduce.util.ConfigUtil。

4.5.2　启用数据压缩

减少数据传输量的另一个方法是采用压缩技术。Hadoop 提供了内置的压缩和解压缩功能，而且可以很方便地使用。只需要设置 mapred.compress.map.output 参数为 true 即可启用压缩功能。同时，Hadoop 还提供了三种内置压缩方式。

（1）DefaultCodec：采用 zlib 压缩格式。

（2）GzipCodec：采用 gzip 压缩格式。

（3）Bzip2Codec：采用 bzip2 压缩格式。

4.5.3　重用 JVM

在启动 Map 或 Reduce 任务时，TaskTracker 是在一个独立的 JVM 中启动 Map Task 或 Reduce Task 进程。默认设置下，每个 JVM 只可以单独运行一个任务进程，其主要目的是避免某个任务的崩溃影响其他任务或整个 TaskTracker 的正常运行。但这也不是唯一的方式，MapReduce 框架也允许一个 JVM 运行多个任务。控制一个 JVM 可运行的任务数量的参数是 mapred.job.reusejvm.num.tasks，或调用 JobConf 类的 setNum TasksToExecutePerjvm 接口。当这个值被设为 −1 时，一个 JVM 可以运行的任务数量将没有限制。

在一个 JVM 中运行多个任务的好处是可以减少 JVM 启动带来的额外开销。对于一些 map 函数初始化较为简单但执行次数比较频繁的作业，重用 JVM 后可减少的额外开销将比较客观，可以有效地提高系统的整体性能。

以上整理了一些常用的 MapReduce 程序性能优化方法。需要注意的是，以上这些方法并非是所有优化手段的全集，并且它们的具体应用细节还需要与具体的应用逻辑和运行环境相结合，才能获得比较好的效果。

4.6 实战：MapReduce 程序统计文本单词出现频次

1. 概述

MapReduce 是一种编程模型，用于大规模数据集（大于 1TB）的并行运算。它极大地方便了编程人员在不会分布式并行编程的情况下，将自己的程序运行在分布式系统上。

本实验开始时，读者会有四台 CentOS 7 的 Linux 主机，其中三台 master、slave1、slave2 已经配置好 Hadoop 集群环境，只需要在主服务器上执行 hdfs namenode-format 格式化命令后即可启动 Hadoop 集群。另外一台 develop-pc 为用来开发的 PC，上面已经安装好 JDK 和 Eclipse。

2. 实验目标

实现一个统计文本单词出现频次的 MapReduce 程序，通过该实验后，能设计开发简单的 MapReduce 程序。

3. 实验背景

WordCount 应用程序适合于分析任何文本形式的文件。我们可以根据文件中的某个特定字符、词语或者换行来分析文件内容，程序会根据这些频繁出现的特征数据将处理结果归类处理。在本实验中，你将会学会使用 Ecplise 开发一个 MapReduce 程序来实现统计给定文本文件总共有多少行。

4. 实验步骤

步骤 1：启动 Hadoop 服务。使用 SSH 工具登录主服务器（master），到 hadoop 安装目录下执行命令：bin/hdfs namenode-format 格式化 namenode，再执行命令 sbin/./start-all.sh 启动 Hadoop 集群。启动成功后，可以简单的使用 jps 命令查看服务是否启动成功。执行命令如下：

```
cd /usr/local/mjusk/hadoop-3.1.3
bin/hdfs namenode -format
sbin/./start-all.sh
```

步骤 2：开发 WordCount 程序。

（1）打开 Eclipse 开发工具，新建 Maven 项目。在分配的 develop-pc 上打开 Eclipse 开发工具（第一次打开的时候会要求选择一个工作目录，按默认目录即可）。

使用 Ecplise 新建 Maven 项目 MapReduce，并配置 buildpath（主要是将 JDK 设置为 1.8 版本的）。新建完 Maven 项目后：pom.xml 文件内容如下：

```
<project xmlns="http://maven.apache.org/POM/4.0.0"
xmlns:xsi="http://www.w3.org/2001/XMLSchema-instance"
xsi:schemaLocation="http://maven.apache.org/POM/4.0.0
http://maven.apache.org/xsd/maven-4.0.0.xsd">
```

```xml
<modelVersion>4.0.0</modelVersion>
<groupId>learning</groupId>
<artifactId>MapReduce</artifactId>
<version>0.0.1-SNAPSHOT</version>

<properties>
        <hadoop.version>3.1.3</hadoop.version>
</properties>
 <dependencies>
      <dependency>
        <groupId>org.apache.hadoop</groupId>
        <artifactId>hadoop-client</artifactId>
        <version>${hadoop.version}</version>
      </dependency>
</dependencies>
<build>
        <plugins>
            <plugin>
                <artifactId>maven-compiler-plugin</artifactId>
                <version>3.0</version>
                <configuration>
                    <source>1.8</source>
                    <target>1.8</target>
                </configuration>
            </plugin>
            <plugin>
                <groupId>org.apache.maven.plugins</groupId>
                <artifactId>maven-surefire-plugin</artifactId>
                <configuration>
                    <skip>true</skip>
                </configuration>
            </plugin>
        </plugins>
</build>
</project>
```

（2）开发 WordCount 程序。在 src/main/java/ 下新建 com.learning.mapreduce 包，如图 4-20 所示。在 com.learning.mapreduce 下新建 WordCount.java 文件，如图 4-21 所示。

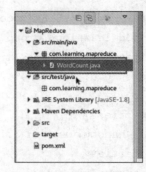

图 4-20　新建 com.learning.mapreduce 包　　　图 4-21　新建 WordCount.java 文件

WordCount.java 文件内容如下：

```java
package com.learning.mapreduce;

import org.apache.hadoop.conf.Configuration;
import org.apache.hadoop.fs.Path;
import org.apache.hadoop.io.IntWritable;
import org.apache.hadoop.io.Text;
import org.apache.hadoop.mapreduce.Job;
import org.apache.hadoop.mapreduce.Mapper;
import org.apache.hadoop.mapreduce.Reducer;
import org.apache.hadoop.mapreduce.lib.input.FileInputFormat;
import org.apache.hadoop.mapreduce.lib.output.FileOutputFormat;
import java.io.IOException;
import java.util.Iterator;
import java.util.StringTokenizer;

public class WordCount {
    private static class Map extends Mapper<Object,Text,Text,IntWritable>{
      private final static IntWritable one = new IntWritable(1);
        private Text word = new Text();
        public void map(Object key, Text value,Context context) throws IOException,
InterruptedException {
            System.out.println(key +"    "+value.toString());
            StringTokenizer st = new StringTokenizer(value.toString());
            while(st.hasMoreElements()) {
                word.set(st.nextToken());
                context.write(word, one);
            }
        }
    }
```

```
    private static class Reduce extends
Reducer<Text,IntWritable,Text,IntWritable> {
        public void reduce(Text key, Iterable<IntWritable> values, Context
context) throws IOException, InterruptedException {
            int sum = 0 ;
            Iterator<IntWritable> it =  values.iterator();
            while(it.hasNext()){
                sum+=it.next().get();
            }
            context.write(key,new IntWritable(sum));
        }
    }
    public static void main(String[] args) throws Exception{
        if(args.length!=2){
            System.out.println("请输入两个参数! ");
            System.exit(2);
        }
        Configuration conf = new Configuration();
        Job job = Job.getInstance(conf, "Word Count");
        job.setJarByClass(WordCount.class);
        // 设置 Map、Combine 和 Reduce 处理类
        job.setMapperClass(Map.class);
        job.setCombinerClass(Reduce.class);
        job.setReducerClass(Reduce.class);
        // 设置输出类型
        job.setOutputKeyClass(Text.class);
        job.setOutputValueClass(IntWritable.class);
        FileInputFormat.addInputPath(job, new Path(args[0]));
        FileOutputFormat.setOutputPath(job, new Path(args[1]));
        System.exit(job.waitForCompletion(true) ? 0 : 1);
    }
}
```

如果创建好的 java 文件报错提示有类找不到，可以在项目上右击，选择 maven → update project 命令。

步骤 3：导出 jar 文件。需要将开发的 WordCount.java 编译后的 class 打成 jar 包，并上传到主服务器上才能运行。可以使用 jar 命令也可以使用 Eclipse 里的导出 jar 包功能。

在 MapReduce 项目上右击，单击 export 命令，如图 4-22 所示。在弹出的 Export 对话框中选择 JAR file 选项，如图 4-23 所示。

图 4-22　导出 jar 文件操作示意图（1）

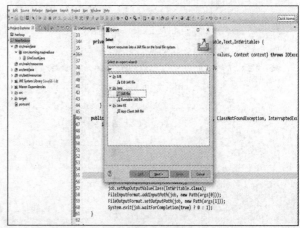

图 4-23　导出 jar 文件操作示意图（2）

单击 Next 按钮，进入如图 4-24 所示对话框，取消右边的三个选项，并选择 JAR file 路径；输出路径选择 root 目录下的 eclipse-workspace/MapReduce/target 目录，导出的 jar 名称为 MapReduce.jar，如图 4-25 所示，然后单击 OK 按钮。

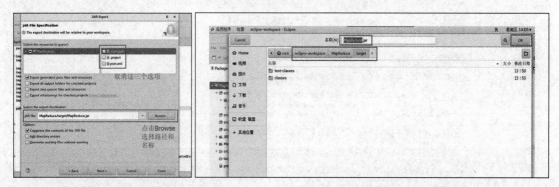

图 4-24　导出 jar 文件操作示意图（3）　　　　图 4-25　导出 jar 文件操作示意图（4）

单击 Finish 按钮，即可完成导出 jar 文件，在 eclipse-workspace/MapReduce/target 目录下可以看到生成的 MapReduce.jar 文件，如图 4-26 所示。

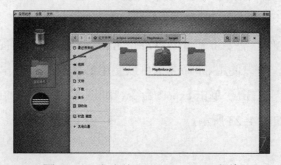

图 4-26　生成的 MapReduce.jar 文件

步骤 4：将 jar 文件上传到主服务器上，如图 4-27 所示。在主服务器上的 /usr/local/mjusk/ 目录下新建目录：mapreduce。执行命令如下：

```
mkdir /usr/local/mjusk/mapreduce
```

再在 develop-pc 主机上，打开终端窗口，使用 scp 命令将 MapReduce.jar 文件发送到主服务器上的 /usr/local/mjusk/mapreduce 目录下，参考如下命令：

```
scp/root/eclipse-workspace/MapReduce/target/MapReduce.jar
root@172.40.30.187:/usr/local/mjusk/mapreduce/
```

命令中的 ip 地址请换为实验中实际的主服务器的 IP 地址。

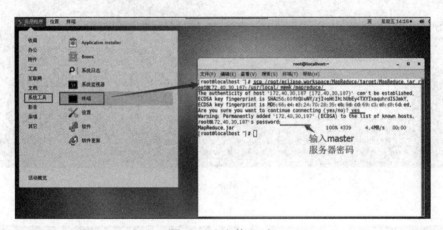

图 4-27　上传 jar 包

步骤 5：准备测试数据。在主服务器上进入 hadoop-3.1.3 目录下，使用命令 bin/hdfs dfs-mkdir 在 hdfs 里新建目录 /input 和 /output，执行命令如下：

```
bin/hdfs dfs -mkdir /input
bin/hdfs dfs -mkdir /output
```

使用命令 hdfs dfs-put 将 /usr/local/mjusk/hadoop-3.1.3/README.txt 上传到 hdfs /input 目录下，执行命令如下：

```
bin/hdfs dfs -put /usr/local/mjusk/hadoop-3.1.3/README.txt /input
```

步骤 6：运行 WordCount 程序。

使用命令 bin/hadoop jar 来运行 WordCount 程序。

使用命令 bin/hdfs dfs-ls 来查看运行成功之后生成了哪些目录和文件。

使用命令 bin/hdfs dfs-cat 来查看运行的结果。命令参考如下：

```
bin/hadoop jar /usr/local/mjusk/mapreduce/MapReduce.jar
```

```
        com.learning.mapreduce.WordCount  /input /output/WordCount
bin/hdfs dfs -ls -R /output
bin/hdfs dfs -cat /output/WordCount/part-r-00000
```

运行 MapReduce 过程如图 4-28 和图 4-29 所示。

```
[root@cxiyrskzkmlboqfj hadoop-2.7.3]# bin/hadoop jar /usr/local/mjusk/mapreduce/MapReduce.jar  com.learning.ma
preduce.WordCount  /input /output/WordCount
19/08/29 02:24:51 INFO client.RMProxy: Connecting to ResourceManager at cxiyrskzkmlboqfj/172.40.30.108:8032
19/08/29 02:24:51 WARN mapreduce.JobResourceUploader: Hadoop command-line option parsing not performed. Implem
ent the Tool interface and execute your application with ToolRunner to remedy this.
19/08/29 02:24:51 INFO input.FileInputFormat: Total input paths to process : 1
19/08/29 02:24:52 INFO mapreduce.JobSubmitter: number of splits:1
19/08/29 02:24:52 INFO mapreduce.JobSubmitter: Submitting tokens for job: job_1567044449904_0001
19/08/29 02:24:52 INFO impl.YarnClientImpl: Submitted application application_1567044449904_0001
19/08/29 02:24:52 INFO mapreduce.Job: The url to track the job: http://cxiyrskzkmlboqfj:8088/proxy/application
_1567044449904_0001/
19/08/29 02:24:52 INFO mapreduce.Job: Running job: job_1567044449904_0001
19/08/29 02:25:00 INFO mapreduce.Job: Job job_1567044449904_0001 running in uber mode : false
19/08/29 02:25:00 INFO mapreduce.Job:  map 0% reduce 0%
19/08/29 02:25:07 INFO mapreduce.Job:  map 100% reduce 0%
19/08/29 02:25:13 INFO mapreduce.Job:  map 100% reduce 100%
19/08/29 02:25:14 INFO mapreduce.Job: Job job_1567044449904_0001 completed successfully
19/08/29 02:25:14 INFO mapreduce.Job: Counters: 49
        File System Counters
                FILE: Number of bytes read=1836
                FILE: Number of bytes written=240931
                FILE: Number of read operations=0
                FILE: Number of large read operations=0
```

图 4-28　运行 MapReduce 过程（1）

```
                Reduce shuffle bytes=1836
                Reduce input records=131
                Reduce output records=131
                Spilled Records=262
                Shuffled Maps =1
                Failed Shuffles=0
                Merged Map outputs=1
                GC time elapsed (ms)=136
                CPU time spent (ms)=1460
                Physical memory (bytes) snapshot=429985792
                Virtual memory (bytes) snapshot=3913883648
                Total committed heap usage (bytes)=346030080
        Shuffle Errors
                BAD_ID=0
                CONNECTION=0
                IO_ERROR=0
                WRONG_LENGTH=0
                WRONG_MAP=0
                WRONG_REDUCE=0
        File Input Format Counters
                Bytes Read=1366
        File Output Format Counters
                Bytes Written=1306
```

图 4-29　运行 MapReduce 过程（2）

查看程序运行结果如图 4-30 所示。

```
[root@cxiyrskzkmlboqfj hadoop-2.7.3]# bin/hdfs dfs -ls -R /output
drwxr-xr-x   - root supergroup          0 2019-08-29 02:25 /output/WordCount
-rw-r--r--   2 root supergroup          0 2019-08-29 02:25 /output/WordCount/_SUCCESS
-rw-r--r--   2 root supergroup       1306 2019-08-29 02:25 /output/WordCount/part-r-00000
[root@cxiyrskzkmlboqfj hadoop-2.7.3]#
```

```
[root@cxiyrskzkmlboqfj hadoop-2.7.3]# bin/hdfs dfs -cat /output/WordCount/part-r-00000
(BIS),  1
(ECCN)  1
(TSU)   1
(see    1
5D002.C.1,      1
740.13) 1
<http://www.wassenaar.org/>     1
Administration  1
Apache  1
BEFORE  1
BIS     1
Bureau  1
Commerce,       1
Commodity       1
Control 1
Core    1
Department      1
ENC     1
Exception       1
Export  2
For     1
```

图 4-30　程序运行结果

🗃 小　结

　　大数据处理并行系统多是采用基于集群的分布式并行编程，能够让软件与数据同时运行在连成一个网络的许多台计算机上，由此获得海量计算能力。

　　经典的 MapReduce 编程模型，它在编程模型上采用了比较简化的方式，只有 Map 和 Reduce 两种编程的抽象，所以使得编程相对来说比较简单。性能和成本方面，MapReduce 可以采用大规模的、低成本的服务器，所以成本相对来说是比较低的。在容错能力方面，由于 MapReduce 采取的编程抽象，使得它的容错相对来说比较容易，也就是说如果某个 Map 任务或者 Reduce 任务失败了，它可以简单地选择其他的一些节点，重新运行这些任务就可以了，所以 MapReduce 编程模型选择了强化容错能力、弱化编程覆盖面的方式。

　　现如今，MapReduce 已是成熟的 TB、PB 级大数据处理平台，广泛地应用于社交网络、数据分析、传感器数据处理、医疗和电子商务等方面，并拥有各种不同版本的实现。

习　题

1. MapReduce 的基本设计思想有哪些？

2. 简述 MapReduce 的优缺点。

3. 简述 MapReduce 数据处理流动过程。

4. 简述 MapReduce 的基本架构及主要组件。

5. 简述 MRv1 的 MapReduce 执行过程的不足。

6. 简述 MRv2 的 MapReduce 执行过程。

7. 简述 Map 端的 Shuffle 过程。

8. 简述 Reduce 端的 Shuffle 过程。

9. 简述 Hadoop 对序列化机制的要求。

10. 阐述 MapReduce 的性能调优方法。

11. 简述 MapReduce 的参数配置优化方法。

思政小讲堂

中国超算逆袭之路！

思政元素：弘扬自力更生、勇于攀登、自信自强的民族精神，让学生体验艰苦奋斗、团结协作、精益求精的工匠精神。

超级计算机的重要地位不言而喻，它广泛地应用于天气预测、人类基因测序、太空探索、模拟核试验等领域。高性能超级计算机，是世界发达国家争抢的重要"制高点"，对国家安全、经济和社会发展，具有举足轻重的支持作用。因此加快发展超级计算机，推广超级计算机应用，对于我国科学研究、推动科技创新和促进经济社会高质量发展意义重大。我国超级计算机经历了从无到有、从跟跑到局部领先、从关键核心技术引进到实现自主可控的艰难发展历程。

"863 计划"实施后，中国开启了自研超算的伟大征程，无数科研工作者投入这项伟大的事业中。四十多年的发展，中国在该领域已经全面开花，国防科技大学的"银河""天河"系列，中科曙光的"曙光"系列，联想的"深腾"系列，无锡江南计算机研究所的"神威"系列，曾一度占据世界第一的位置，令中国在超算领域成功实现了弯道超车。

这一切成功的背后，是无数科研工作者用汗水换来的。他们令中国超算成为一张响当当的"中国名片"。

第 ⑤ 章

Hadoop 的发展与优化

学习目标

- 了解并掌握 HDFS 的高可用和联邦。
- 了解并掌握 YARN 的基本架构和工作流程。
- 了解 Zookeeper 的服务和应用场景。
- 实践开发简单的 YARN 客户端应用程序。

本章首先介绍 HDFS 的高可用和联邦，讲述 HDFS 的联邦机制；其次介绍资源管理调度框架 YARN，分别叙述 YARN 的基本架构、工作流程；并介绍分布式协调服务组件 Zookeeper，讲解 Zookeeper 的服务和应用场景；最后叙述基于 Zookeeper 高可用的 Hadoop 集群实战实践。

5.1 概述

Hadoop 作为一种开源的大数据分布式处理架构，它不仅能够用于离线处理大规模非结构化数据，而且能将很多烦琐的细节隐藏，比如：负载均衡、容灾管理和自动并行化等，极大地简化了开发工作，同时，与传统的大多数分布式处理框架相比，MapReduce 分布式计算的伸缩性优势明显，因此，Hadoop 最初推出的几年，有众多的成功应用案例，并获得业界的广泛支持和肯定，几乎成为大数据技术标准的代名词。但随着分布式系统集群的规模和其工作负荷的增长，特别是支持其他实时计算框架的需求越来越多，Hadoop 1.0 框架的局限性日益突出，主要包括单点故障、资源利用率低、扩展性差、存在计算框架单一等问题。

Hadoop 诞生之初在架构设计和应用性能方面存在的一些不尽人意之处，在后续发展过程中得到了逐渐的改进和完善。Hadoop 的改进和完善主要体现为以下几个方面：

首先是 Hadoop 自身两大核心组件 HDFS 和 MapReduce 的架构设计优化与改进。Hadoop 1.0 的 HDFS 只存在单一名称节点，面临单点失效的问题，在后继的 Hadoop 2.0 版本中设计了 HDFS HA（高可用），以提供名称节点热备份机制来解决单点失效问题；对于 HDFS 的单一命名空间机制无法实现资源隔离的缺陷，Hadoop 2.0 版本中设计了 HDFS Federation（联邦）以实现多个命名空间的管理。

其次是 Hadoop 生态系统其他组件的不断丰富。在 Hadoop 生态系统中融入了更多的新成员，使得 Hadoop 功能更加完善，比较有代表性的产品有 YARN 和 Zookeeper。通过这些优化和升级，Hadoop 可以支持更多的应用场景，提供更高的集群可用性，同时也带来了更高的资源利用率。完善 Hadoop 系统功能强大的组件还有很多，包括 Oozie、Tez、Kafka 等等，限于篇幅这里不作介绍，感兴趣的同学可以参阅相关书籍材料。

5.2　HDFS 的高可用和联邦

针对 Hadoop 1.0 中 HDFS 存在的局限和不足，Hadoop 2.0 版本增加了 HDFS HA 和 HDFS Federation 等新机制。

5.2.1　HDFS 的 HA 机制

1. 什么是 HA

HA 是 High Availability 的首字母缩写，一般称为高可用。高可用指的是在尽量短的时间恢复系统发生故障或者崩溃导致的停机时间，以提高系统和应用的可用性。用通俗的话说就是如果一台服务器挂掉了，能够立刻有其他的服务器给顶上来继续服务。高可用是企业防止核心计算机宕机的最有效手段。我们最常见的就是 Web 应用的高可用，任何一家大型的企业，它的网站都会使用 HA，以保证服务器能不间断地给用户提供服务。

Hadoop 的 HDFS HA 通常由两个 NameNode 组成，一个处于 Active（活动）状态，另一个处于 Standby（备份）状态。Active 状态的 NameNode 对外提供服务，比如处理来自客户端的 RPC 请求；而 Standby 状态的 NameNode 则不对外提供服务，仅同步 Active 状态 NameNode 的状态，以便能够在它失败时快速进行切换。

2. 为什么要有 HA 机制

HDFS 中只有 NameNode 节点对外提供服务，如果 NameNode 节点挂掉了，那么整个集群将不可用。Hadoop 在刚开始发展的阶段，并不支持 NameNode 的高可用。当 HDFS 集群中 NameNode 存在单点故障的时候，由于 NameNode 保存了整个 HDFS 的元数据信息，对于只有一个 NameNode 的集群，如果 NameNode 所在的机器出现意外情况，将导致整个 HDFS 系统无法使用。同时 Hadoop 生态系统中依赖于 HDFS 的各个组件，包括 MapReduce、Hive 以及

HBase 等也都无法正常工作，直到 NameNode 重新启动。而重新启动 NameNode 和其进行数据恢复的过程也会比较耗时。这些问题在给 Hadoop 的使用者带来困扰的同时，也极大地限制了 Hadoop 的使用场景，使得 Hadoop 在很长的时间内仅能用作离线存储和离线计算，无法应用到对可用性和数据一致性要求很高的在线应用场景中。

为了解决上述问题，在 Hadoop 2.0 版本中才开始支持 HDFS HA 的解决方案。但是 Hadoop 2.0 中一个 NameNode 只能有一个 standby 状态。到 NameNode 3.0 版本之后，一个 NameNode 可以支持多个备份。

3. HDFS HA 架构

HDFS HA 的架构如图 5-1 所示。

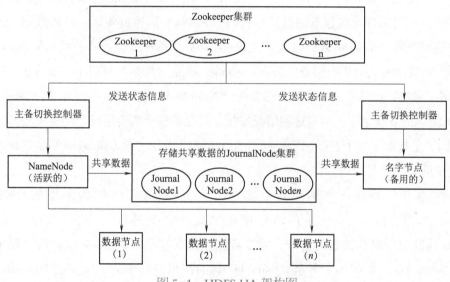

图 5-1　HDFS HA 架构图

HDFS HA 的架构主要分为下面几个部分：

（1）Zookeeper 集群：为主备切换控制器提供主备选举支持。Zookeeper 是一个分布式协调服务，它可以监控集群中各个节点的状态。只需要让 Zookeeper 监控两个 NameNode 的状态，如果主 NameNode 挂掉了，备份的 NameNode 会立刻得到消息，并立即变为主 NameNode 来提供服务。

（2）主备切换控制器：主备切换控制器作为独立的进程运行，对 NameNode 的主备切换进行总体控制。如图 5-2 所示，主备切换控制器能及时检测到 NameNode 的健康状况，与 Zookeeper 进行通信，汇报节点上 NameNode 服务的状态，在主 NameNode 故障时借助 Zookeeper 实现自动的主备选举和切换，当然 NameNode 目前也支持不依赖于 Zookeeper 的手动主备切换。

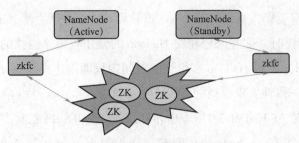

图 5-2　主备切换控制器的作用

（3）活动的名字节点（active NameNode）和备用的名字节点（standby NameNode）：两个名字节点形成互备，一个处于活动状态，为主 NameNode，另外一个处于备份状态，为备 NameNode，只有主 NameNode 才能对外提供读/写服务。NameNode 中保存的主要信息有目录和文件信息，还有文件块的位置信息。备份的 NameNode 同样也要保存这些数据，并且主要通过共享存储系统 JournalNode 实时地和主 NameNode 保持一致。当活动状态的 NameNode 发生故障时，需要能够立刻切换到备份的 NameNode。在这个切换的过程中，要防止"脑裂"的发生，所谓"脑裂"就是指一个集群中存在两个 NameNode 同时工作，它们同时对外提供服务，同时向 DataNode 下发命令。如果这种情况发生，将导致整个集群混乱，集群中的数据也会被损坏。HDFS 是自带了一个主备切换控制器组件，可以结合它与 Zookeeper 来实现快速故障切换并防止"脑裂"。

（4）共享存储系统：共享存储系统即为图 5-1 HDFS HA 架构图中的存储数据的 JournalNode 集群（JournalNode 为存储管理 EditLog 的守护进程）。共享存储系统是实现 NameNode 的高可用最为关键的部分，共享存储系统保存了 NameNode 在运行过程中所产生的 HDFS 的元数据。如图 5-3 所示，JournalNode 的作用是同步活动状态的 JournalNode 上的编辑日志，让备份状态的 NameNode 来读取。活动 NameNode 和备份 NameNode 通过共享存储系统实现元数据同步。在进行主备切换的时候，新的主 NameNode 在确认元数据完全同步之后才能继续对外提供服务。这里大家需要注意的是，如果集群中使用了 JournalNode，那么 HDFS 将不会再启动 SecondaryNameNode，SecondaryNameNode 工作的作用就是合并编辑日志和 FSImage，生成新的 FSImage。如果使用了 JournalNode 之后，这个工作交由备份状态 NameNode 来做，备份状态 NameNode 会合并日志和 FSImage。

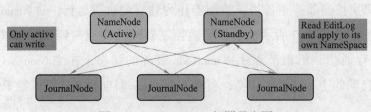

图 5-3　JournalNode 部署示意图

（5）数据节点：除了通过共享存储系统共享 HDFS 的元数据信息之外，主 NameNode 和备 NameNode 还需要共享 HDFS 的数据块和 DataNode 之间的映射关系。DataNode 会同时向主 NameNode 和备 NameNode 上报数据块的位置信息。

5.2.2 HDFS 的 Federation 机制

1. 引入 Federation 机制的原因

Hadoop 早期版本中，单个 NameNode 的 HDFS 架构如图 5-4 所示，主要存在以下几点不足：

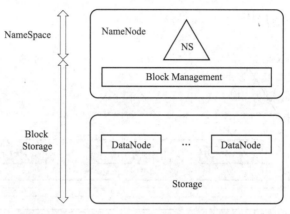

图 5-4 单个 NameNode 的 HDFS 架构

第一个是存储限制。NameNode 用来保存集群中的元数据，并对外提供服务，NameNode 将所有的元数据保存在内存中，这样就限制了数据存储能力。因为单台服务器不论是内存还是磁盘，它总是有限的，不可能无限制地调高虚拟机的参数或者是去扩展磁盘，因此集群中的文件个数被限制，不能应对大量文件的场景。HDFS 是被设计用来存储少量的大文件的，而不适合存储大量的小文件。

第二个是性能限制。当集群中的文件数目过多时，单个 NameNode 节点对外提供服务的能力就会受到限制，因为文件数过多，那么内存中肯定保存了较多的数据，那这个时候是不是会造成 NameNode 节点性能过窄。

第三个是隔离性差。开发程序的时候往往需要做测试，比如开发一个 MapReduce 程序，当然是要经过测试之后才可以正式上线。因为部署 HDFS 本身需要很多的机器，由于成本限制，不可能像测试外部程序那样再搭建一套环境出来，因此正式环境和测试环境往往是在一起的。因为测试程序毕竟是不可靠的，它可能会占用整个集群的资源，导致正式环境的程序不能正常运行，这是单个 NameNode 节点存在隔离性差的不足。

集群的全部元数据都存放在 NameNode 的内存中，当集群扩大到一定程度，NameNode 进程使用的内存可能达到数百 GB，与此同时，所有的元数据信息的读取和操作都需要与

NameNode 进行通信，在集群规模变大后，NameNode 成为性能的瓶颈。Hadoop 2.0 版本之前的 HDFS 架构中，在整个 HDFS 集群中只有一个名字空间，并且只有单独一个 NameNode，这个 NameNode 负责对这个单独的名字空间进行管理。这也正是单点失效的隐患所在。

HDFS Federation 就是针对当前 HDFS 架构上的缺陷所做出的改进。简单说，HDFS Federation 就是使得 HDFS 支持多个名字空间，并且允许在 HDFS 中同时存在多个 NameNode。

2. HDFS Federation 架构

HDFS Federation 是对 HDFS 进行水平扩展，它解决了 NameNode 内存瓶颈的问题，如图 5-5 所示是 HDFS Federation 的架构。

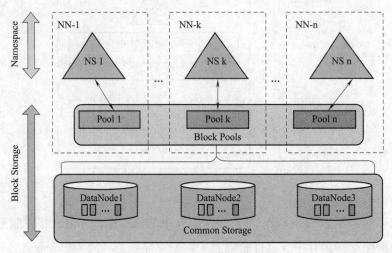

图 5-5　HDFS Federation 架构

上一层是多个 NameNode，下层是 DataNode。每一个 NameNode 都有自己的 NameSpace，每个 NameSpace 要管理一个 Block Pool，也就是块池。它是同一个 NameSpace 下的所有 Block 的集合。每一个 NameNode 都管理着自己的一个 Block Pool，这些 Block Pool 之间是相互独立的，但是这些 Block Pool 都是共用下面的这些 DataNode，每一个 DataNode 都可以存储这些 Block Pool 的块。这些 DataNode 需要向每一个 NameNode 注册自己，并周期性地发送"心跳"和汇报自己节点的 Block 信息，还要执行这些 NameNode 下发的命令。因为每一个 NameNode 都有自己的 NameSpace，每一个 NameSpace 又对应一个 Block Pool id。因此 DataNode 会根据 NameSpace 和 Block Pool id 来处理对应的请求，并不会造成这个集群混乱。这是 HDFS Federation 它的架构以及作用。

HDFS Federation 的优点与单个 Federation 的节点的缺点是相对应的，使用 HDFS 联盟的优点是：

第一个是可扩展性强，可以让 NameNode 横向扩展，理论上可以让整个集群的容量无限大。

第二个是提高访问的性能，同时有多个 NameNode 对外提供服务，这就分散了单个 NameNode 的压力。

第三个是隔离性，可以将不同的用户隔离到不同的空间。我们可以将测试用户使用测试的 NameSpace 与正式的 NameNode 分隔开，但是它们只是让 NameNode 分隔开，DataNode 还是公用的，因此存储和计算的资源还是会被占用的，不过可以通过配置限额来控制其空间的大小。

3. HDFS Federation 多命名空间的管理方式

对于 Federation 中存在的多个命名空间，如何划分和管理这些命名空间是非常关键的。在 Federation 中采用"文件名 hash"的方法，因为该方法的 locality 非常差。例如，查看某个目录下面的文件，如果采用文件名 hash 的方法存放文件，则这些文件可能被放到不同 NameSpace 中，HDFS 需要访问所有 NameSpace，代价过大。为了方便管理多个命名空间，HDFS Federation 采用了经典的客户端挂载表（client side mount table）。

如图 5-6 所示，下面四个深色小三角形代表一个独立的命名空间，上方浅色的大三角形代表从客户角度去访问的子命名空间。各个深色的命名空间 Mount 到浅色的表中，客户可以访问不同的挂载点来访问不同的命名空间，这就如同在 Linux 系统中访问不同挂载点一样。

这就是 HDFS Federation 中命名空间管理的基本原理：将各个命名空间挂载到全局 mount-table 中，就可以将数据到全局共享；同样的命名空间挂载到个人的 mount-table 中，这就成为应用程序可见的命名空间视图。

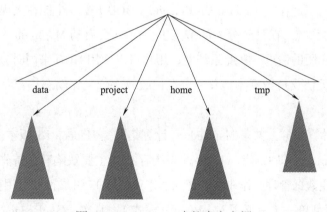

图 5-6　Federation 中的名字空间

5.3　资源管理调度框架 YARN

5.3.1　YARN 简介

Apache Hadoop YARN（yet another resource negotiator，另一种资源协调者）是一种新的

Hadoop 资源管理器，它是一个通用资源管理系统，可为上层应用提供统一的资源管理和调度，它的引入为集群在利用率、资源统一管理和数据共享等方面带来了巨大好处。

1. Hadoop 的演进和 YARN 的产生

一般的，只有当数据、程序、运算资源（内存、CPU）三者组合在一起才能完成数据的计算处理过程，在单机环境下三者之间的配合很容易实现。为了应对海量数据的处理场景，Hadoop 出现并提供了分布式处理思想，分布式环境下的三者如何协同合作成为关键。通过对 Hadoop 版本演进的简单回顾，可以让我们了解 YARN 的产生和发展进程。

很多早期 Hadoop 版本的用户运行 Hadoop 的方式与在众多主机上运行桌面应用程序相类似，并没有真正理解和定位 Hadoop 分布式计算处理数据的思想，其主要原因是没有在 Hadoop HDFS 上持久存储数据的需求和共享数据及计算结果的迫切动机。

Hadoop 演进可以分为以下几个阶段：

阶段一：Ad Hoc 集群。Ad Hoc 可以理解为专用的、特定的意思（数仓领域中常理解为即席）。Ad Hoc 集群时代标志着 Hadoop 集群的起源，集群以 Ad Hoc、单用户方式建立。后来，随着私人集群的使用和 Hadoop 容错性的提高，持久的 HDFS 集群出现，并且实现了 HDFS 集群的共享，把常用和感兴趣的数据集载入 HDFS 共享集群中。当共享 HDFS 成为现实，还没实现共享的计算平台就成为关切对象。不同于 HDFS，为多个组织的多个用户简单设置一个共享 MapReduce 集群并非易事，尤其是集群下的物理资源的共享很不理想。

阶段二：HOD 集群。为了解决集群条件下的多租户问题，Yahoo 发展并且部署了称为 "Hadoop on Demand" 的平台。Hadoop On Demand（HOD）是一个能在大规模物理集群上供应虚拟 Hadoop 集群的系统。在已经分配的节点上，HOD 会启动 MapReduce 和 HDFS 守护进程来响应用户数据和应用的请求。在此系统上，用户可以使用 HOD 来同时分配多个 MapReduce 集群，但是也存在无法支持数据本地化、资源回收效率低、无动态扩容缩容能力及多租户共享延迟高等缺点。

阶段三：共享计算集群。共享 MapReduce 计算集群是 Hadoop 1.x 版本里的主要架构模型，其主要组件有 JobTracker 和 TaskTracker。此系统存在的主要缺陷有：首先是 JobTracker 身兼多职、压力大（作业数据管理、作业状态记录、作业调度）、可靠性和可用性欠缺（JobTracker 单点故障）、计算模型单一（只能用 MapReduce 模式）；其次，MapReduce 框架本身需要迭代优化，但是计算和资源管理绑定在一起，使得 MapReduce 的演变比较困难。

阶段四：YARN 集群。针对共享计算集群，JobTracker 需要彻底地重写才能解决扩展性的主要问题。但是，这种重写即使成功了，也不一定能解决平台和用户代码的耦合问题，也不能解决用户对非 MapReduce 编程模型的需求。如果不做重大的重新设计，集群可用性会继续被捆绑到整个系统的稳定性上。于是如图 5-7 所示，拆分 MapReduce，剥离出资源管理成为单独框架，YARN 闪亮登场，MapReduce 专注于数据处理，两者解耦合。YARN 被设计用以解决以往架构的需求和缺陷的资源管理和调度软件。

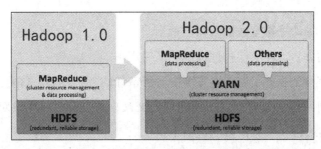

图 5-7　从 Hadoop 1.0 到 Hadoop 2.0

最初开发 Hadoop 是为了用于搜索和索引 Web 网页，目前很多的搜索服务都是基于这个框架的，但是 Hadoop 从本质上来说还只是一个解决方案。多年的演进发展使得 YARN 本质上成为了 Hadoop 的操作系统，突破了 MapReduce 框架的性能瓶颈。

2. YARN 的作用

YARN 是一个分布式的资源管理系统，用以提高分布式集群环境下资源利用率，这些资源包括内存、I/O、网络、磁盘等。从图 5-8 可以看出 YARN 在 Hadoop 生态系统中的位置，YARN 作为一种通用的资源管理系统，为上层应用提供统一的资源管理和调度。可以让上层的多种计算模型（比如 MapReduce、HBase、Storm、Spark 等）共享整个集群资源，提高集群的资源利用率，而且还可以实现多种计算模型之间的数据共享。

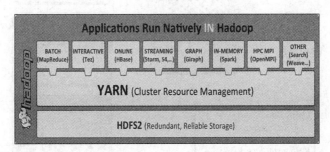

图 5-8　YARN 在 Hadoop 生态系统中的位置

3. YARN 的特点

Hadoop 版本从 1.0 到 2.0 的过程中，最大的变化就是拆分 MapReduce，剥离出新的单独组件：YARN。Hadoop 3.x 系列架构整体和 Hadoop 2.x 系列一致。在 Hadoop 1.0 中，MapReduce（MRv1）负责：数据计算、资源管理，身兼多职。而在 Hadoop 2.0 中，MapReduce（MRv2）负责数据计算，YARN 负责资源管理。YARN 具有如下特性和优点：

（1）可扩展性：可以平滑地扩展至数万节点和并发的应用。

（2）可维护性：保证集群软件的升级与用户应用程序完全解耦。

（3）多租户：需要支持在同一集群中多个租户并存，同时支持多个租户间细颗粒度地共享单个节点。

（4）位置感知：将计算移至数据所在位置。

（5）高集群使用率：实现底层物理资源的高使用率。

（6）安全和可审计的操作：继续以安全的、可审计的方式使用集群资源。

（7）可靠性和可用性：具有高度可靠的用户交互、并支持高可用性对编程模型多样化的支持：支持多样化的编程模型，需要演进为不仅仅以 MapReduce 为中心。

（8）灵活的资源模型：支持各个节点的动态资源配置以及灵活的资源模型。

（9）向后兼容：保持现有的 MapReduce 应用程序的向后兼容性。

5.3.2　YARN 的基本架构

YARN 的基本架构如图 5-9 所示，从 YARN 的架构图来看，YARN 主要是由资源管理器（ResourceManager），节点管理器（NodeManager）、应用程序主控节点（ApplicationMaster）和相应的容器（Container）构成的。

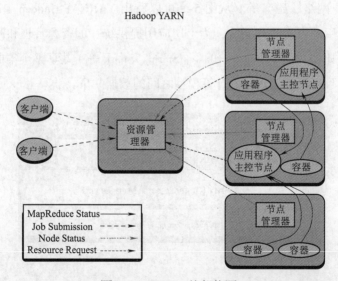

图 5-9　YARN 的架构图

YARN 总体上仍然是主结构，在整个资源管理框架中，资源管理器为主，节点管理器为从，资源管理器负责对各个节点管理器上的资源进行统一管理和调度。当用户提交一个应用程序时，需要提供一个用以跟踪和管理这个程序的应用程序主控节点，由它负责向资源管理器申请资源，并要求节点管理器按应用程序主控节点申请到的容器资源信息来启动任务。由于不同的应用程序主控节点被分布到不同的节点上，因此它们之间不会相互影响。在本小节中，我们将对 YARN 的基本组成结构进行介绍。

1. 资源管理器

YARN 集群中的主角色，决定系统中所有应用程序之间资源分配的最终权限，即最终仲裁者。接收用户的作业提交，并通过节点管理器分配、管理各个机器上的计算资源。资源管理器主要由两个组件构成：资源调度器（ResourceScheduler）和应用程序管理器（ApplicationsManager）。

（1）资源调度器：根据容量、队列等限制条件（如每个队列分配一定的资源，最多执行一定数量的作业等），将系统中的资源分配给各个正在运行的应用程序。

（2）应用程序管理器：负责管理整个系统中所有应用程序，包括应用程序提交、与调度器协商资源以启动应用程序主控节点、监控应用程序主控节点运行状态并在失败时重新启动它等。

2. 应用程序管理器

用户提交的每个应用程序均包含一个应用程序管理器。ApplicationMaster 是应用程序内的主角色，负责程序内部各阶段的资源申请，监督程序的执行情况。

当前 YARN 自带了两个 AM 实现：一个是用于演示 AM 编写方法的例程序 distributedshell；另一个是运行 MapReduce 应用程序的 AM-MRAppMaster。

3. 节点管理器

节点管理器是 YARN 中的从角色，一台机器上一个，负责管理本机器上的计算资源。根据资源管理器命令，启动容器、监视容器的资源使用情况，并且向资源管理器主角点汇报资源使用情况。

节点管理器是每个节点上的资源和任务管理器，其功能有两个方面：一方面，它会定时地向资源管理器汇报本节点上的资源使用情况和各个容器的运行状态。另一方面，它接收并处理来自应用程序管理器的容器启动 / 停止等各种请求。

4. 容器

容器是 YARN 中的资源抽象，它封装了某个节点上的多维度资源，如内存、CPU、磁盘、网络等，当应用程序管理器向资源管理器申请资源时，资源管理器为应用程序管理器返回的资源便是用容器表示的。YARN 会为每个任务分配一个容器，且该任务只能使用该容器中描述的资源。需要注意的是，容器不同于 MRv1 中的槽位，它是一个动态资源划分单位，是根据应用程序的需求动态生成的。早期的 YARN 仅支持 CPU 和内存两种资源，底层使用了轻量级资源隔离机制 Cgroups 进行资源隔离。

总之，YARN 基本设计思想是将原 MapReduce 架构中 JobTracker 的两个主要功能，即资源管理和作业调度 / 监控分成两个独立组件，全局的资源管理器和与每个应用相关的应用程序管理器。YARN 主要由资源管理器、节点管理器、应用程序管理器和容器等四个组件构成。它们的基本组成和功能描述如表 5-1 所示。

表 5-1　YARN 的组件及其功能描述

组件名称	功能描述
资源管理器	全局的资源管理器，负责整个系统的资源管理和分配。主要包括一个资源调度器，负责分配资源给各个正在运行的应用程序；一个应用程序管理器，它负责整个系统中应用程序的启动和关闭、访问权限、资源使用期限等
ApplicationMaster（AM）	用户提交的每个应用程序均包含一个应用程序主控节点，负责跟踪和管理应用程序，主要负责：①与资源管理器的资源调度器协商以获取资源；②将得到的资源分配给内部任务；③与节点管理器通信以启动/停止任务；④监控所有任务运行状态，并在任务运行失败时重新运行任务
节点管理器	负责每个节点上资源和任务的管理，主要负责：①定时向资源管理器汇报本节点上的资源使用情况和各个容器的运行状态；②接收并处理来自 AM 的容器启动/停止等请求
容器	容器是动态资源（内存、CPU、磁盘、网络等）的分配单位，负责封装某个节点上的资源，当 AM 向资源管理器申请资源时，资源管理器为 AM 返回的资源以容器表示

5.3.3　YARN 的工作流程

当前，运行在 YARN 上的应用类型主要分为两类：

（1）短应用程序：指一定时间内（可能是秒级、分钟级或小时级，尽管天级别或者更长时间的也存在，但非常少）可运行完成并正常退出的应用程序，比如 MapReduce 作业、Spark 作业等。

（2）长应用程序：指不出意外，永不终止运行的应用程序，通常是一些服务，比如 Storm Service（主要包括 Nimbus 和 Supervisor 两类服务），Flink（包括 JobManager 和 TaskManager 两类服务）等，而它们本身作为一个框架提供了编程接口供用户使用。

尽管这两类应用程序作用不同，一类直接运行数据处理程序，一类用于部署服务（服务之上再运行数据处理程序），但运行在 YARN 上的流程是相同的。

YARN 的工作流程如图 5-10 所示。当客户端用户向 YARN 中提交一个应用程序后，YARN 将分两个阶段运行该应用程序。第一个阶段是启动 ApplicationMaster；第二个阶段是由 ApplicationMaster 创建应用程序，为它申请资源，并监控它的整个运行过程，直到运行完成。

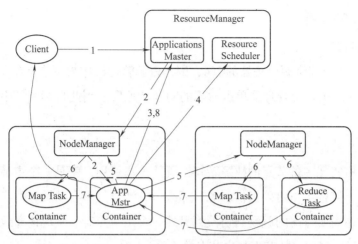

图 5-10　YARN 的工作流程图

YARN 是一个统一的资源调度框架，可以在 YARN 上运行很多种不同的应用程序，比如 MapReduce、Storm、Spark 等，这里以 MapReduce 提交 YARN 交互流程为例，从提交到完成需要经历的具体步骤如下：

第 1 步，用户向 YARN 中提交应用程序，其中包括 ApplicationMaster 程序、启动 ApplicationMaster 的命令、用户程序等。

第 2 步，ResourceManager 为该应用程序分配第一个 Container，并与对应的 NodeManager 通信，要求它在这个 Container 中启动应用程序的 ApplicationMaster。

第 3 步，ApplicationMaster 首先向 ResourceManager 注册，这样用户可以直接通过 Resourcelanage 查看应用程序的运行状态，然后它将为各个任务申请资源，并监控它的运行状态，直到运行结束，即重复第 4 步至第 7 步。

第 4 步，ApplicationMaster 通过 RPC 协议向 ResourceManager 申请和领取资源。

第 5 步，一旦 ApplicationMaster 申请到资源后，便与对应的 NodeManager 通信，要求它启动任务。

第 6 步，NodeManager 为任务设置好运行环境（包括环境变量、jar 包、二进制程序等）后，将任务启动命令写到一个脚本中，并通过运行该脚本启动任务。

第 7 步，各个任务通过某个 RPC 协议向 ApplicationMaster 汇报自己的状态和进度，以让 ApplicationMaster 随时掌握各个任务的运行状态，从而可以在任务失败时重新启动任务。在应用程序运行过程中，用户可随时通过 RPC 向 ApplicationMaster 查询应用程序的当前运行状态。

第 8 步，应用程序运行完成后，ApplicationMaster 向 ResourceManager 注销并关闭自己。

在应用程序整个运行过程中也可以用 RPC 向资源管理器查询应用程序当前的运行状态，在 Web 上也可以看到整个作业的运行状态。

5.3.4　YARN 的完善

1. YARN 的 HA

YARN 的 HA 主要指资源管理器的 HA，因为资源管理器作为主节点存在单点故障，所以要通过 HA 的方式解决资源管理器单点故障的问题。那要达到此目标，其中关键的技术难点是什么呢？

最主要的有两点：

第一个是如何实现主备节点的故障转移？既然是高可用，就是一个主节点失效了，另一个主节点能够马上接替工作对外提供服务，那么这就涉及故障自动转移的实现。实际上在做故障转移的时候还需要考虑的就是当切换到另外一个主节点时，不应该导致正在连接的客户端失败，主要包括客户端、从节点与主节点的连接。

第二个是共享存储的实现。新的主节点要接替旧的主节点对外提供服务，那么就要考虑如何保证新旧主节点的状态信息（元数据）一致。

实际上 YARN 的 HA 主要就是解决这两个问题的。由于已经讲解过 HDFS 中 NameNode 的 HA，所以接下来结合 YARN HA 的架构原理图，如图 5-11 所示，对 NameNode HA 和 YARN HA 做一个比较。

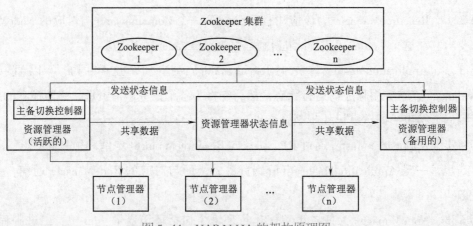

图 5-11　YARN HA 的架构原理图

（1）实现主备节点间故障转移的对比。

YARN HA 和 NameNode HA 的不同在于，YARN HA 是让主备切换控制器作为资源管理器中的一部分，而不是像 NameNode HA 那样把主备切换控制器作为一个单独的服务运行。这样 YARN HA 中的主备切换器就可以更直接地切换资源管理器的状态。

（2）实现主备节点间数据共享的对比。

资源管理器负责整个系统的资源管理和调度，内部维护了各个应用程序的应用程序管理器信息、节点管理器信息、资源使用信息等。考虑到这些信息绝大多数可以动态重构，因此解决 YARN 单点故障要解决比 HDFS 单点故障容易很多。与 HDFS 类似，YARN 的单点故障仍采用主备切换的方式完成，不同的是，正常情况下 YARN 的备节点不会同步主节点的信息，而是在主备切换之后，才从共享存储系统读取所需信息。之所以这样，是因为 YARN 资源管理器内部保存的信息非常少，而且这些信息是动态变化的，大部分可以重构，原有信息很快会变旧，所以没有同步的必要。因此 YARN 的共享存储并没有通过其他机制来实现，而是直接借助 Zookeeper 的存储功能完成主备节点的信息共享。

2. YARN 的容错

由于 Hadoop 致力于构建通过廉价的商用服务器提供服务，这样就很容易导致在 YARN 中运行的各种应用程序出现任务失败或节点宕机，最终导致应用程序不能正常执行的情况。为了更好地满足应用程序的正常运行，YARN 通过以下几个方面来保障容错性。

（1）资源管理器的容错性保障。

资源管理器存在单点故障，但是可以通过配置资源管理器的 HA，当主节点出现故障时，切换到备用节点继续对外提供服务。

（2）节点管理器任务的容错性保障。

节点管理器任务失败之后，资源管理器会将失败的任务通知对应的应用程序管理器，应用程序管理器决定如何去处理失败任务。

（3）应用程序管理器的容错性保障。

应用程序管理器任务失败后，由资源管理器负责重启。其中，应用程序管理器需要处理内部任务的容错问题。资源管理器会保存已经运行的任务，重启后无须重新运行。

5.4　分布式协调服务组件 Zookeeper

本节内容将从 Zookeeper 的架构原理、服务、应用场景、安装配置等方面逐步深入讲解 Zookeeper。

5.4.1　Zookeeper 概述

在大数据场景下的分布式技术，存储和计算都是分布式的，而在分布式系统中有个很重要的工作——协调，协调是指多个计算机之间为实现同一目标，能够配合得当，正确进行工作。

Zookeeper 最初作为 MapReduce 的协调服务组件而存在，后来独立出来，负责整个集群的协调服务，在大数据生态当中具有关键的地位。

1. Zookeeper 是什么

ZooKeeper 是一个分布式的，开放源码的分布式应用程序协调服务，是对 Google 的 Chubby 组件的开源实现，它是为分布式应用提供一致性服务的软件。它提供了一些简单的操作,可以实现统一命名服务、状态同步服务、集群管理、分布式应用配置项的管理等。特别是,Zookeeper 提供一组工具,让人们在构建分布式应用时能够对部分失败进行正确处理 (部分失败是分布式系统固有的特征,使用 Zookeeper 并不能避免部分失败)。

Zookeeper 很容易编程接入,它使用了一个和文件树结构相似的数据模型,可以使用 Java 或者 C 语言来进行编程接入。Zookeeper 的目标就是封装好复杂易出错的关键服务,将简单易用的接口和性能高效、功能稳定的系统提供给用户。

2. Zookeeper 的特点

首先是一致性。Zookeeper 使用原子广播协议保证每个节点的数据的一致性,客户端连接到任何一个节点,展示的都是同一个视图。当集群中绝大多数的节点可用时,集群就是可用的,因此部署 Zookeeper 服务时往往是部署奇数个服务,这是 Zookeeper 最重要的特点。Zookeeper 是集群结构,组成 Zookeeper 的每个服务器都必须知道其他 Server 的存在,这些 Server 每个节点的内存中都维护着一个状态的镜像,还有持久化存储的事务日志和快照。

其次是可靠性。Zookeeper 具有简单、健壮、良好的性能。如果一条消息被一台服务器接收,那么它将被所有的服务器接收。

第三是有序。Zookeeper 对每次更新都会赋予一个序号,用来标识此次事务的顺序,这个序号是全局唯一的,不会重复。这也是 Zookeeper 比较重要的一个特点,我们可以借助这个特点来实现像同步这样的功能。

第四是快速。Zookeeper 节点中的数据保存在内存中,每个节点保存建议不超过 1MB 的数据,在应对读为主的负载场景下尤其快,在读写比大约在 10:1 的时候表现优异。

3. Zookeeper 的基本架构

Zookeeper 服务自身组成一个集群。Zookeeper 具体体系架构如图 5-12 所示,一个 Zookeeper 集群由多个服务器组成,每个节点都有各自的角色,不同角色的节点在集群中负责不同的任务,作为一个整体对外提供稳定、可靠的服务。

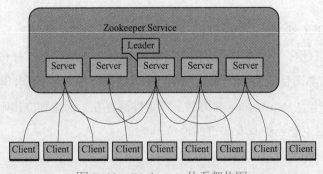

图 5-12　Zookeeper 体系架构图

Zookeeper 服务中的角色主要包括领导者、学习者和客户端，如表 5-2 所示。

表 5-2　Zookeeper 中的角色

角色		描述
领导者		处理事务请求，更新系统状态；负责进行投票的发起和决议
学习者	跟随者	处理客户端非事务请求并向客户端返回结果，将写事务请求转发给领导者；参与选举投票，并同步领导者的状态
	观察者	接收客户端读请求，将客户端写请求转发给领导者；不参与投票过程，只同步领导者的状态；目的是为了扩展系统，提高读取速度
客户端		请求发起方

客户端可以选择连接到 Zookeeper 集群中的每个服务端，而且每个服务端的数据完全相同。每个从节点都需要与主节点进行通信，并同步主节点上更新的数据。对于 Zookeeper 集群来说，Zookeeper 只要超过一半数量的服务端可用，那么 Zookeeper 整体服务就可用。

4. Zookeeper 的工作原理

Zookeeper 的核心是原子广播，该原子广播就是对 Zookeeper 集群上所有主机发送数据包，这个机制保证了各个服务端之间的数据同步。为实现这个机制在 Zookeeper 中有一个内部协议（Zab 协议），该协议有两种模式，一种是恢复模式，一种是广播模式。

当服务启动或者主节点崩溃后，Zab 协议就进入了恢复模式，当主节点再次被选举出来，且大多数服务端完成了和主节点的状态同步以后，恢复模式就结束了，状态同步保证了主节点和服务端具有相同的系统状态。一旦主节点已经和多数的从节点（也就是服务端）进行了状态同步后，它就可以开始广播消息即进入广播状态。

在广播模式下，服务端会接受客户端请求，所有的写请求都被转发给主节点，再由主节点将更新广播给从节点。当半数以上的从节点完成数据写请求之后，主节点才会提交这个更新，然后客户端才会收到一个更新成功的响应。

5.4.2　Zookeeper 服务

Zookeeper 是一个具有高可用性的高性能协调服务。Zookeeper 的设计目标是将那些复杂且容易出错的分布式一致性服务封装起来，构成一个高效可靠的原语集，并以一系列简单易用的接口提供给用户使用。本节从数据模型、基本操作和实现方式这三个方面来介绍 Zookeeper 服务。

1. Zookeeper 的数据模型

Zookeeper 使用了分层命名空间来组织数据，类似于文件系统的树状结构，每个节点叫作 znode。每个 znode 可以保存数据，并且有一个与之相关联的 ACL（access control list，访问控制列表，用于控制资源的访问权限），也可以包含子节点。Zookeeper 被设计用来实现协调服务（通常使用小数据文件），而不是用于大容量数据存储，因此一个 znode 能存储的数据被限制在 1MB 以内。节点的名称就是以 "/" 将父节点名称与本节点名称联合表示的绝对路径的形式，如图 5-13 所示。节点名称只能是绝对路径，Zookeeper 中不存在相对路径的表示方法。

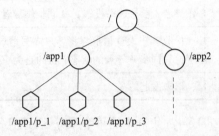

图 5-13　Zookeeper 的分层命名空间

Zookeeper 的数据访问具有原子性。客户端在读取一个 znode 的数据时，要么读取到所有数据，要么读取操作失败，不会存在只读取到部分数据的情况。同样，写数据操作将替换 znode 存储的所有数据，Zookeeper 会保证写操作不成功就是失败，不会出现部分写之类的情况，也就是不会出现只保存客户端所写部分数据的情况。

znode 分为两种，持久节点和瞬时节点。持久节点是当创建节点的客户端断开连接时，节点依然存在；而瞬时节点，则当创建节点的客户端断开连接，节点就会被删除。znode 中维护一个状态的数据结构，包含数据版本号，子节点变更版本号，访问控制版本号，事务 id，以及时间戳等。

2. 基本操作

在 Zookeeper 服务中有九种基本操作，如表 5-3 所示。

表 5-3　Zookeeper 基本操作

操作	描述
create	创建一个 znode
delete	删除一个 znode
exists	测试一个 znode 是否存在并查询它的元数据
getACL，setACL	获取或者设置一个 znode 的 ACL
getChildren	获取一个 znode 的子节点列表
getData，setData	获取或者设置一个 znode 所保存的数据
sync	将客户端的 znode 视图与 Zookeeper 同步

Zookeeper 中的更新操作是有条件的，在使用 delete 或 setData 操作时必须提供被更新 znode 的版本号（可以通过 exists 操作获得）。如果版本号不匹配，则更新操作会失败。更新操作是非阻塞操作，因此一个更新失败的客户端（由于其他进程同时在更新同一个 znode）可以决定是否重试，或执行其他操作，并不会因此而阻塞其他进程的执行。

虽然 Zookeeper 可以被看作是一个文件系统，但出于简单性的需求，有一些文件系统的基本操作被它摒弃了。由于 Zookeeper 中的文件较小并且总是被整体读写，因此没有必要提供打开、关闭或查找操作。

3. 实现方式

Zookeeper 服务在实际环境中使用时有以下两种不同的运行模式。

（1）独立模式（standalone mode）。独立模式下只有一个 Zookeeper 服务器运行，这种模式比较简单，适用于测试环境，但是不能保证高可用性和恢复性。

（2）复制模式（replicated mode）。复制模式下 Zookeeper 服务器运行于一个计算机集群上，这个计算机集群被称为一个"集合体"（ensemble），Zookeeper 通过复制模式来实现高可用性，只要集合体中有半数以上的机器处于可用状态，它就可以提供服务。

对于一个有五个节点的集合体，最多可以容忍两台机器出现故障。这里需要注意的是对于六个节点的集合体，也是只能够容忍两台机器出现故障。

从概念上来讲，Zookeeper 要做的事情非常简单，即确保对 znode 树的每一个修改都会被复制到集合体中超过半数的机器上。如果少于半数的机器出现故障，则最少有一台机器会保存最新的状态，其余的副本最终也会更新到这个状态。为了实现以上功能，Zookeeper 使用了 Zab 协议，该协议包括以下两个可以无限重复的阶段。

①领导者选举：集合体中的所有机器，通过一个主从选举的过程来选出一台被称为领导者的机器，其他机器被称为跟随者。一旦半数以上（或指定数量）的跟随者已经将其状态与领导者同步，则表明这个阶段已经完成。

②原子广播：所有的写请求都会被转发给领导者，再由领导者将更新操作广播给跟随者；当半数以上的跟随者已经将修改内容持久化之后，领导者才会提交这个更新，然后客户端才会收到一个更新成功的响应；上述协议被设计成具有原子性，因此每个修改操作要么成功，要么失败。

如果领导者出现故障，其余的机器会选出另外一个领导者，并和新的领导者一起继续提供服务。随后,如果之前的领导者恢复正常,它就变成了一个跟随者。领导者选举过程非常快，根据目前的测试结果，大概只需要 200 ms，因此在领导者选举的过程中不会出现性能的明显降低。

在更新内存中的 znode 树之前，集合体中的所有机器都会先将更新内容写入磁盘。任何一台机器都可以为读请求提供服务，并且由于读请求只涉及内存检索，因此速度非常快。

5.4.3 Zookeeper 的应用场景

ZooKeeper 是一个高可用的分布式数据管理与系统协调框架，该框架可以保证分布式环境中数据的强一致性，也正是基于这样的特性，使得 Zookeeper 可以解决很多分布式问题。Zookeeper 主要的应用如下。

1. 命名服务（Name Service）

在分布式系统中，通常需要一套完整的命名规则，客户端应用能够根据指定名字来获取资源或者服务的地址等信息。被命名的实体通常可以是集群中的机器、提供的服务地址、远程对象等，这些都可以统称它们为名字（name）。Name Service 已经是 Zookeeper 内置的功能，你只要调用 Zookeeper 的 API 就能实现。其中较为常见的应用就是分布式服务框架中的服务地址列表，通过调用 Zookeeper 提供的创建节点的 API，能够很容易创建一个全局唯一的 path（即路径，访问节点的绝对路径），这个 path 就可以作为一个名称。

2. 配置管理

配置的管理在分布式应用环境中很常见，比如同一个应用系统需要多台 PC 服务器运行，但是它们运行的应用系统的某些配置项是相同的，如果要修改这些相同的配置项，那么就必须同时修改每台运行这个应用系统的 PC 服务器，这样非常麻烦而且容易出错。

像这些公共的配置信息可以交给 Zookeeper 来管理，将配置信息保存在 Zookeeper 的某个目录节点中。然后配置每台机器来监控配置信息的状态，一旦配置信息发生变化，每台应用机器就会收到 Zookeeper 的通知，然后从 Zookeeper 中获取新的配置信息应用到系统中。

3. 集群管理

在应用集群时，常常需要让集群中的每一台机器都知道集群中哪些机器是"活着"的，并且当集群中的机器遇到宕机、网络断开等状况时，能够不需要在人为介入的情况下迅速通知到每一台机器。

Zookeeper 很容易实现这个功能，例如，在 Zookeeper 服务器端有一个 znode 节点名叫 /app1,那么集群中每一台机器启动的时候都会在这个节点下创建一个临时节点，比如名为 server1 的机器会创建临时节点 /app1/server1，server2 机器会创建临时节点 /app1/server2，然后 server1 和 server2 都会监听 /app1 这个父节点。当父节点下的数据或者子节点发生变化时，就会通知监听父节点的机器。因为临时类型的节点有一个很重要的特性，就是当客户端和服务器端连接断掉或者 session 失效时，临时节点会自动消失。也就是说当集群中某一台机器挂掉或者断开的时候，其对应的临时节点就会消失，然后集群中所有对父节点 /app1 进行监听的客户端都会收到通知，最终获取父节点 /app1 下的所有子节点的最新列表，此时能知晓集群中哪些机器是活着的。

Zookeeper 不仅能够帮你维护当前的集群中机器的服务状态，而且能够帮你选出一个"总管"，让这个总管来管理集群，这就是 Zookeeper 的另一个功能——Leader Election。

它们的实现方式都是在每台服务端创建一个 EPHEMERAL_SEQUENTIAL 目录节点。之所以它是 EPHEMERAL_SEQUENTIAL 目录节点，是因为可以给每台服务端编号。比如，我们可以选择当前是最小编号的服务端为 Master，假如这个最小编号的服务端死去，由于是 EPHEMERAL 节点，死去的服务端对应的节点也被删除，所以当前的节点列表中又会出现一个新的最小编号节点，我们就选择这个节点为当前 Master。这样就实现了动态选择 Master，避免了传统意义上单 Master 容易出现单点故障的问题。

4. 共享锁

共享锁是控制分布式系统之间同步访问共享资源的一种方式。如果不同的系统或是同一个系统的不同主机之间共享一个或一组资源，那么访问这些资源的时候，往往需要通过一些互斥手段来防止彼此之间的干扰，以保证一致性，在这种情况下，需要使用共享锁。

共享锁主要基于 Zookeeper 保证了数据的强一致性。锁服务可以分为两类，一类是保持独占，另一类是控制时序。

（1）所谓保持独占，就是所有试图来获取这个锁的客户端，最终只有一个可以成功获得这把锁。通常的做法是把 Zookeeper 上的一个 znode 看作是一把锁，通过 create znode 的方式来实现。所有客户端都去创建 /distribute_lock 节点，最终成功创建节点的那个客户端就拥有了这把锁。

（2）控制时序就是所有试图来获取这个锁的客户端，最终都会被安排执行，只不过它有一个全局时序。跟保持独占类似，只是 /distribute_lock 节点已经预先存在，客户端需要在它下面创建临时有序节点。Zookeeper 的父节点（/distribute_lock) 维持一份 sequence，保证子节点创建的时序性，从而也形成了每个客户端的全局时序。

5. 队列管理

Zookeeper 可以处理两种类型的队列：同步队列和 FIFO 队列。

（1）同步队列。当一个队列的成员都聚齐时，这个队列才可用，否则一直等待所有成员到达，这种是同步队列。

（2）FIFO 队列。队列按照 FIFO 方式进行入队和出队操作，例如，实现生产者和消费者模型。

同步队列用 Zookeeper 实现的实现思路如下：

创建一个父目录 /synchronizing，每个成员都监控标志（set watch）位目录 /synchronizing/start 是否存在，然后每个成员都加入这个队列，加入队列的方式就是创建 /synchronizing/

member_i 的临时目录节点，然后每个成员获取 / synchronizing 目录的所有目录节点，也就是 member_i。判断 i 的值是否已经是成员的个数，如果小于成员个数，就等待 /synchronizing/ start 的出现，如果已经相等就创建 /synchronizing/start。

在 Zookeeper 中处理 FIFO 队列时，会先创建一个 FIFO 结点作为队列。入队操作就是在 FIFO 结点下创建编号自增的子节点，并把数据放入节点内。出队操作就是先找到 FIFO 节点 下序号最小的那个节点，取出数据，然后删除此节点。

6. 数据发布与订阅

数据发布 / 订阅系统，就是将数据发布到 Zookeeper 的一个或一系列节点上，供订阅者进 行数据订阅，从而达到动态获取数据的目的。

发布 / 订阅系统一般有两种设计模式：一种是推（push），一种是拉（pull）。Zookeeper 中 采用的是推拉结合的方式：客户端向服务端注册节点，一旦该节点数据发生变化，服务端就 会向相应的客户端发送 Watcher 事件通知，客户端收到消息后，会主动到服务端获取最新的 数据。

7. 负载均衡

Zookeeper 实现负载均衡原理其实很简单，Zookeeper 的数据存储类似于 Linux 的目录结 构。首先创建 znode 节点，并建立监听器监视 znode 子节点的状态。当每台服务器启动时，在 znode 节点下建立子节点（可以用服务器地址命名），并在对应的子节点中存入服务器的相关 信息。这样，在 Zookeeper 服务器上可以获取当前集群中的服务器列表及相关信息，可以自 定义一个负载均衡算法，在每个请求过来时从 Zookeeper 服务器中获取当前集群服务器列表， 根据算法选出其中一个服务器来处理请求，避免所有请求由一个或者少数服务器来处理，从 而实现请求的负载均衡。

8. 分布式通知与协调

Zookeeper 中持有 watcher 注册与异步通知机制，能够很好地实现分布式环境下不同系统 之间的通知与协调，实现对数据变更的实时处理。使用方法通常是不同系统都对 ZooKeeper 上同一个 znode 进行注册，并监听 znode 的变化（包括 znode 本身内容及子节点）。如果其中 一个系统更新了 znode，那么另一个系统能够收到通知并作出相应处理。

分布式通知与协调服务是分布式系统中将不同的分布式组件结合起来。通常需要一个协 调者来控制整个系统的运行流程，这个协调者便于将分布式协调的职责从应用中分离出来， 从而可以大大减少系统之间的耦合性，而且能够显著提高系统的可扩展性。

5.4.4 Zookeeper 的安装配置

Zookeeper 是一个分布式、开放源代码的分布式应用程序协调服务，大多数的分布式应用都需要 Zookeeper 的支持。Zookeeper 安装部署主要有两种模式：一种是单节点模式，另一种是分布式集群模式。下面介绍分布式集群模式的安装并启动。

（1）下载解压 Zookeeper 安装包。

下载 Zookeeper-3.4.6.tar.gz 稳定版本的安装包，选择 Client 节点，将 Zookeeper 安装包上传至 master 节点下的 /home/hadoop/app 目录下，然后解压安装，操作命令如下：

```
[hadoop@master app]$ rz                        // 选择本地下载好的 zookeeper-3.4.6.tar.gz
[hadoop@master app]$ ls
jdk1.7.0_79 zookeeper-3.4.6.tar.gz
[hadoop@master app]$ tar zxvf zookeeper-3.4.6.tar.gz   // 解压
[hadoop@master app]$ ls
jdk1.7.0_79 zookeeper-3.4.6.tar.gz  zookeeper-3.4.6
[hadoop@master app]$ rm zookeeper-3.4.6.tar.gz  // 删除 zookeeper-3.4.6.tar.gz 安装包
[hadoop@master app]$ mv zookeeper-3.4.6  zookeeper      // 重命名
```

（2）修改 Zookeeper 中的配置文件。

```
[hadoop@master app]$ cd /home/hadoop/app/zookeeper/conf
[hadoop@master conf]$ ls
configuration.xsl    log4j.properties    zoo_sample.cfg
[hadoop@master conf]$ cp zoo_sample.cfg zoo.cfg        // 复制一个 zoo.cfg 文件
[hadoop@master conf]$ vi zoo.cfg
dataDir=/home/hadoop/data/zookeeper/zkdata            // 数据文件目录
dataLogDir=/home/hadoop/data/zookeeper/zkdatalog      // 日志目录
#the port at which the clients will connect
clientPort=2181                                       // 默认端口号
#server.服务编号 = 主机名称：Zookeeper 不同节点之间同步和通信的端口：选举端口（选举 leader）
server.1=master:2888:3888
server.2=slave1:2888:3888
server.3=slave2:2888:3888
```

（3）通过远程复制脚本 deploy.sh 将 Zookeeper 安装目录复制到其他节点上。

```
[hadoop@master app]$ deploy.sh zookeeper/home/hadoop/app  slave
```

（4）通过远程执行脚本 runRemoteCmd.sh 在所有的节点上面创建目录。

```
[hadoop@master app]$ runRemoteCmd.sh "mkdir -p/home/dadoop/data/zookeeper/
zkdata" all          // 创建数据目录
[hadoop@master app]$ runRemoteCmd.sh "mkdir -p/home/dadoop/data/zookeeper/
zkdatalog" all       // 创建日志目录
```

（5）在 master、slave1、slave2 这三个节点上，分别进入 zkdata 目录下，创建文件 myid。
Myid 文件里的内容分别填为：1、2、3，这里以 master 为例填为 1，如下所示：

```
[hadoop@master app]$ cd /home/hadoop/data/zookeeper/zkdata
[hadoop@master zkdata]$ vi myid
1                              // 输入数字1
```

（6）配置 Zookeeper 环境变量。

```
[hadoop@master zkdata]$ su root
Password:
[root@master zkdata]# vi /etc/profile
JAVA_HOME=/home/hadoop/app/jdk1.7.0_79
ZOOKEEPER_HOME=/home/hadoop/app/zookeeper
CLASSPATH= :$JAVA_HOME/lib/dt.jar:$JAVA_HOME/lib/tools.jar
PATH=$JAVA_HOME/bin:$ZOOKEEPER_HOME/bin:$PATH
export JAVA_HOME CLASSPATH PATH ZOOKEEPER_HOME
[root@master zkdata]# source/etc/profile            // 使配置文件生效
```

（7）在 master 节点上启动 Zookeeper。

```
[hadoop@master zkdata]$ cd /home/hadoop/app/zookeeper/
[hadoop@master zookeeper]$ bin/zkServer.sh start
[hadoop@master zookeeper]$ jps
3633 QuorumPeerMain
[hadoop@master zookeeper]$ bin/zkServer/sh stop      // 关闭 Zookeeper
```

（8）使用 runRemoteCmd.sh 脚本，启动所有节点上的 Zookeeper。

```
runRemoteCmd.sh "/home/hadoop/app/zookeeper/bin/zkServer.sh start" zookeeper
```

（9）查看所有节点上的 QuorumPeerMain 进程是否启动。

```
runRemoteCmd.sh "jps" zookeeper
```

（10）查看所有 Zookeeper 节点状态。

```
runRemoteCmd.sh "/home/hadoop/app/zookeeper/bin/zkServer.sh status" zookeeper
```

查看结果，如果一个节点为 Leader，其他节点为 Follower，则说明 Zookeeper 安装成功。

5.5 实战：开发一个 YARN 客户端应用

1. 背景

自己从头开始开发一个 YARN 客户端应用程序是复杂的，并且往往没有必要。YARN 源码中已经自带了两个 Application 应用程序。尽管这两个示例程序非常简单，但是它们已经具有了一个应用程序具备的所有功能，其他任何应用程序均可在这两个程序基础上扩展而来。

2. 目标

开发一个 YARN 客户端应用程序，实现通过客户端发送请求给 ResourceManager 启动一个 ApplicationMaster。通过该实验后,能开发简单的 YARN 客户端应用程序,并了解其执行过程。

3. 实验前准备

本实验开始时,读者会有四台 CentOS 7 的 Linux 主机,其中三台为 master, slave1, slave2,已经配置好 Hadoop 集群环境,master 为 NameNode, slave1 与 slave2 为 DataNode。另外一台 develop-pc 为用来开发的 PC,上面已经安装好 Jdk 和 Eclipse。

4. 实验步骤 / 过程

步骤 1:使用 Eclipse 新建名称为 Distributedshell 的 Maven 项目。

打开 Eclipse 开发工具,新建名称为 Distributedshell 的 Maven 项目。

单击菜单 File → New → Maven Project 命令,如图 5-14 所示。

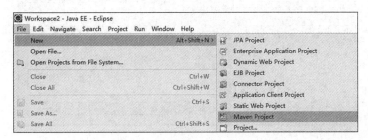

图 5-14　打开 Eclipse 开发工具

在弹出的 New Maven Project 窗口中直接单击 Next 按钮,如图 5-15 所示。

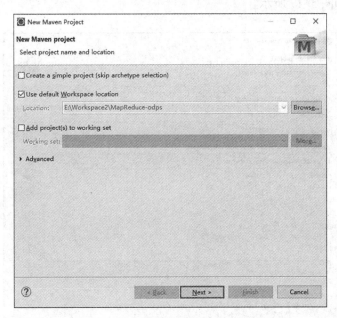

图 5-15　New Maven Project 窗口

进入如下窗口，直接单击 Next 按钮，如图 5-16 所示。

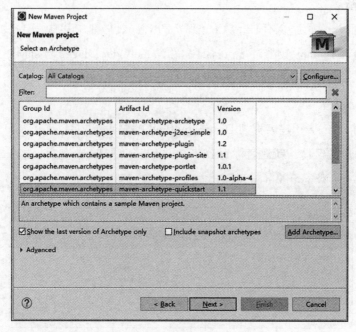

图 5-16　创建 Maven 项目

进入如下窗口，Group Id 文本框中输入：org.apache.hadoop，Artifact Id 文本框中输入：Distributedshell，如图 5-17 所示。

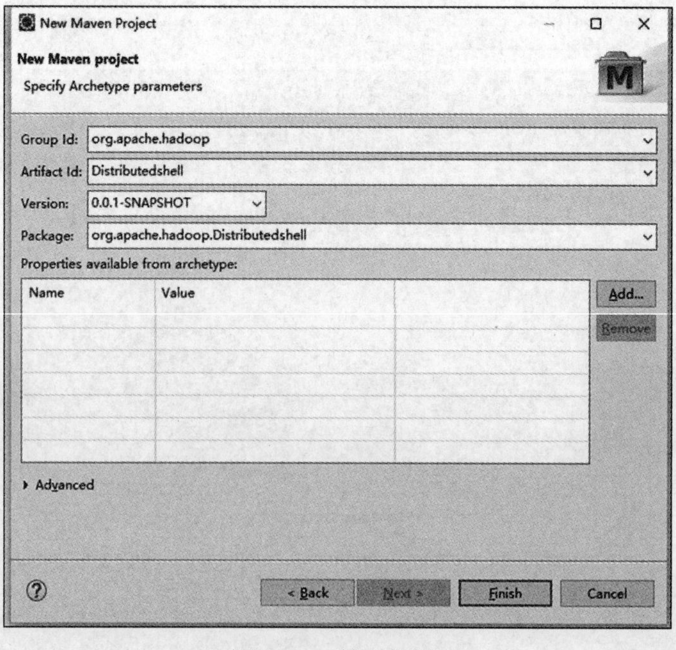

图 5-17　输入设置

单击 Finish 按钮，项目建好，效果如图 5-18 所示。

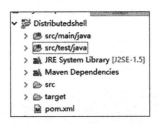

图 5-18 项目建好示意图

将 src/main/java 和 src/test/java 目录下自动创建的 package 和 package 里的内容都删除，在
package 上右击选择 Delete 命令，如图 5-19 所示。

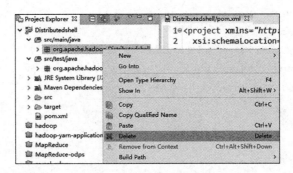

图 5-19 删除 package 和 package 里的内容

步骤 2：编辑 pom.xml 文件。

文件内容如下（编译的 jdk 版本请根据自己本地情况修改）：

```xml
<project xmlns="http://maven.apache.org/POM/4.0.0"
xmlns:xsi="http://www.w3.org/2001/XMLSchema-instance"
 xsi:schemaLocation="http://maven.apache.org/POM/4.0.0
http://maven.apache.org/xsd/maven-4.0.0.xsd">
 <modelVersion>4.0.0</modelVersion>

 <groupId>org.apache.hadoop</groupId>
 <artifactId>Distributedshell</artifactId>
 <version>0.0.1-SNAPSHOT</version>
 <packaging>jar</packaging>

 <name>Distributedshell</name>
 <url>http://maven.apache.org</url>

 <properties>
```

```xml
<project.build.sourceEncoding>UTF-8</project.build.sourceEncoding>
    <hadoop.version>3.1.3</hadoop.version>
</properties>
<dependencies>
    <dependency>
        <groupId>org.apache.hadoop</groupId>
        <artifactId>hadoop-common</artifactId>
        <version>${hadoop.version}</version>
    </dependency>
    <dependency>
        <groupId>org.apache.hadoop</groupId>
        <artifactId>hadoop-yarn-api</artifactId>
        <version>${hadoop.version}</version>
    </dependency>
    <dependency>
        <groupId>org.apache.hadoop</groupId>
        <artifactId>hadoop-yarn-client</artifactId>
        <version>${hadoop.version}</version>
    </dependency>
</dependencies>
<build>
    <plugins>
        <plugin>
            <artifactId>maven-compiler-plugin</artifactId>
            <version>3.0</version>
            <configuration>
                <source>1.8</source>
                <target>1.8</target>
            </configuration>
        </plugin>
        <plugin>
            <groupId>org.apache.maven.plugins</groupId>
            <artifactId>maven-surefire-plugin</artifactId>
            <configuration>
                <skip>true</skip>
            </configuration>
        </plugin>
    </plugins>
</build>

</project>
```

保存后会自动下载依赖 jar 包。此时项目上可能会有一个红叉，在项目上右击，在弹出的快捷菜单中选择 Maven → Update Project 命令，如图 5-20 所示。

图 5-20　选择 Maven → Update Project 命令

在弹出的窗口中直接单击 OK 按钮。

步骤 3: 下载源码。下载 distributedshell 源码保存到本地任意目录下。(该步骤已默认完成，下载的文件放在 /root/ 下载目录下)

步骤 4：导入源码。将上一步下载下来的源码导入到刚建的 Distributedshell 项目中。在 Eclipse 工具里，在 src/main/java 上右击，选择 Import 命令，如图 5-21 所示。

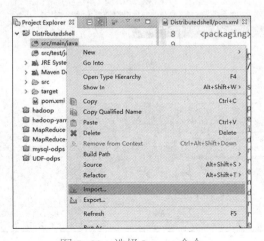

图 5-21　选择 Import 命令

在弹出的 Import 窗口中找到 Archive File 选项并选中，如图 5-22 所示。

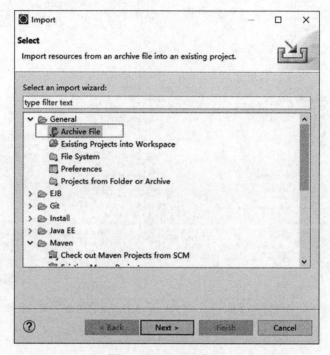

图 5-22　Import 窗口

单击 Next 按钮，进入到如下窗口，From archive file 下拉列表中选择上一步下载的源码文件，如图 5-23 所示。

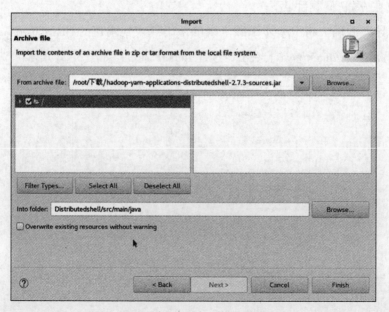

图 5-23　选择上一步下载的源码文件

单击 Finish 按钮，源码成功被导入，如图 5-24 所示。

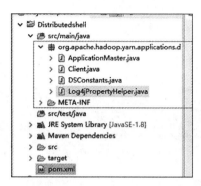

图 5-24　源码成功导入

步骤 5：生成 jar 包。将上一步中的项目打成 jar 包并命名为 Distributedshell-3.1.3.jar。在 pom.xml 文件上右击，选择 Run As → Maven install 命令，如图 5-25 所示。

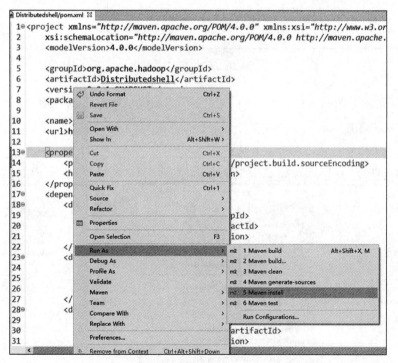

图 5-25　选择 Run As → Maven install 命令

执行成功，如图 5-26 所示。

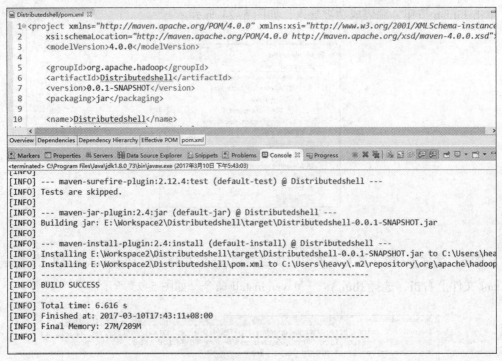

图 5-26　执行成功示意图

此时项目路径下的 target 文件夹下已经生成了 jar 包，如图 5-27 所示。将该文件重命名为 Distributedshell-3.1.3.jar。

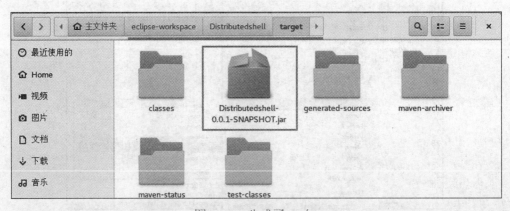

图 5-27　生成了 jar 包

步骤 6：启动 Hadoop 服务。

使用 SSH 工具登录到主服务器，进入到 /usr/local/mjusk/hadoop-3.1.3 目录下，使用命令 bin/hdfs namenode -format 格式化 namenode。再使用命令 sbin/./start-all.sh 启动 Hadoop 集群。命令如下：

```
cd /usr/local/mjusk/hadoop-3.1.3
bin/hdfs namenode -format
sbin/./start-all.sh
```

步骤 7：运行 YARN 客户端应用程序。将之前导出的 Distributedshell-3.1.3.jar 包使用 scp 命令上传到任意一台服务器上，然后执行 hadoop jar 命令，在三个容器里分别执行 date 命令。并查看每个容器运行的结果。

使用 SSH 工具登录到分配到的主服务器上。

在 /usr/local/mjusk/ 目录下新建一个文件夹：mapreduce，输入命令：mkdir /usr/local/mjusk/mapreduce，如图 5-28 所示。

图 5-28　目录下新建一个文件夹 mapreduce

将上一步中生成的 jar 包重命名为 Distributedshell-3.1.3.jar，并使用 scp 命令上传到主服务器上刚建的 /usr/local/mjusk/mapreduce 目录下，如图 5-29 所示。

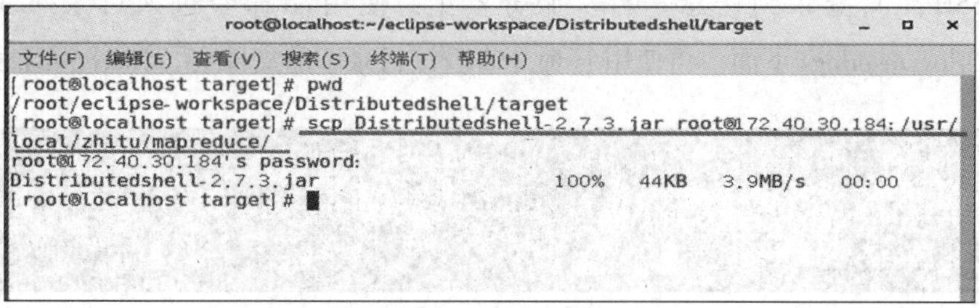

图 5-29　操作命令执行结果示意图

运行 YARN 客户端应用程序：使用 SSH 工具登录到主服务器，进入到 hadoop-3.1.3 目录下，使用命令如下：

```
bin/hadoop jar /usr/local/mjusk/mapreduce/Distributedshell-3.1.3.jar
org.apache.hadoop.yarn.applications.distributedshell.Client
--jar /usr/local/mjusk/mapreduce/Distributedshell-3.1.3.jar
--shell_command date
--num_containers 3
```

如图 5-30 所示（根据不一样的机器配置，运行时间可能会比较长）。

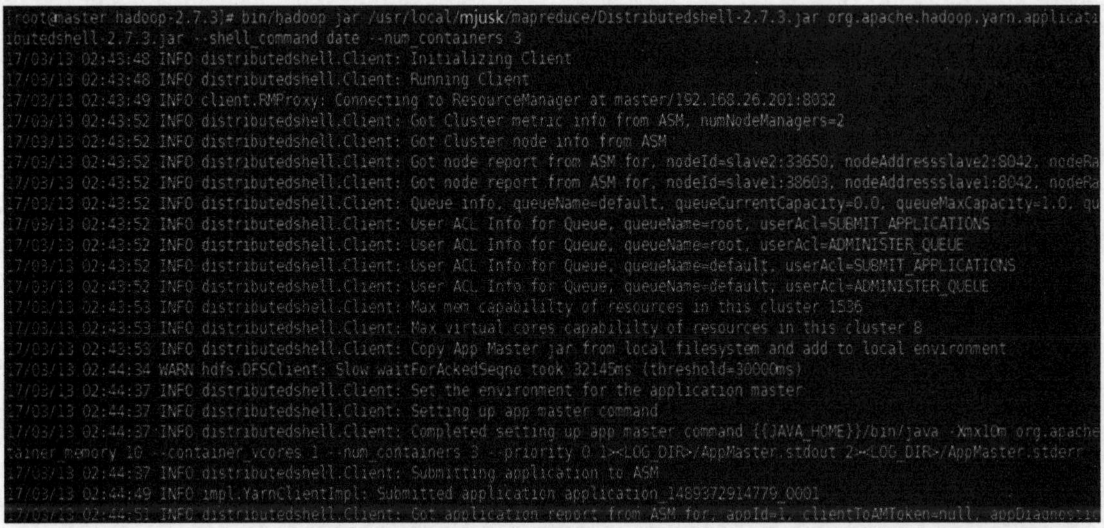

```
[root@master hadoop-2.7.3]# bin/hadoop jar /usr/local/mjusk/mapreduce/Distributedshell-2.7.3.jar org.apache.hadoop.yarn.applicati
ibutedshell-2.7.3.jar --shell_command date --num_containers 3
17/03/13 02:43:48 INFO distributedshell.Client: Initializing Client
17/03/13 02:43:48 INFO distributedshell.Client: Running Client
17/03/13 02:43:49 INFO client.RMProxy: Connecting to ResourceManager at master/192.168.26.201:8032
17/03/13 02:43:52 INFO distributedshell.Client: Got Cluster metric info from ASM, numNodeManagers=2
17/03/13 02:43:52 INFO distributedshell.Client: Got Cluster node info from ASM
17/03/13 02:43:52 INFO distributedshell.Client: Got node report from ASM for, nodeId=slave2:33650, nodeAddressslave2:8042, nodeRa
17/03/13 02:43:52 INFO distributedshell.Client: Got node report from ASM for, nodeId=slave1:38603, nodeAddressslave1:8042, nodeRa
17/03/13 02:43:52 INFO distributedshell.Client: Queue info, queueName=default, queueCurrentCapacity=0.0, queueMaxCapacity=1.0, qu
17/03/13 02:43:52 INFO distributedshell.Client: User ACL Info for Queue, queueName=root, userAcl=SUBMIT_APPLICATIONS
17/03/13 02:43:52 INFO distributedshell.Client: User ACL Info for Queue, queueName=root, userAcl=ADMINISTER_QUEUE
17/03/13 02:43:52 INFO distributedshell.Client: User ACL Info for Queue, queueName=default, userAcl=SUBMIT_APPLICATIONS
17/03/13 02:43:52 INFO distributedshell.Client: User ACL Info for Queue, queueName=default, userAcl=ADMINISTER_QUEUE
17/03/13 02:43:53 INFO distributedshell.Client: Max mem capability of resources in this cluster 1536
17/03/13 02:43:53 INFO distributedshell.Client: Max virtual cores capability of resources in this cluster 8
17/03/13 02:43:53 INFO distributedshell.Client: Copy App Master jar from local filesystem and add to local environment
17/03/13 02:44:34 WARN hdfs.DFSClient: Slow waitForAckedSeqno took 32145ms (threshold=30000ms)
17/03/13 02:44:37 INFO distributedshell.Client: Set the environment for the application master
17/03/13 02:44:37 INFO distributedshell.Client: Setting up app master command
17/03/13 02:44:37 INFO distributedshell.Client: Completed setting up app master command {{JAVA_HOME}}/bin/java -Xmx10m org.apache
tainer_memory 10 --container_vcores 1 --num_containers 3 --priority 0 1><LOG_DIR>/AppMaster.stdout 2><LOG_DIR>/AppMaster.stderr
17/03/13 02:44:37 INFO distributedshell.Client: Submitting application to ASM
17/03/13 02:44:49 INFO impl.YarnClientImpl: Submitted application application_1489372914779_0001
17/03/13 02:44:51 INFO distributedshell.Client: Got application report from ASM for, appId=1, clientToAMToken=null, appDiagnostic
```

图 5-30　执行命令运行示意图

查看运行结果。请求执行的 shell 脚本命令 date 是被分布到 DataNode 节点上执行的，所以查看结果可以到从服务器上查看（具体在哪台服务器上执行具有随机性）。

使用 SSH 工具登录到任意一台从服务器上，使用 cd 命令进入目录：/usr/local/zhitu/hadoop-3.1.3/logs/userlogs 下面，再使用 ls 命令查看该目录下的文件夹，如图 5-31 所示。

```
t@slave1 userlogs]# cd /usr/local/mjusk/hadoop-2.7.3/logs/userlo
t@slave1 userlogs]# ls
ication_1489372914779_0001
t@slave1 userlogs]#
```

图 5-31　ls 命令查看该目录下的文件夹

可以看到生成了一个文件夹，使用 cd 命令进入到该文件夹下，在使用 ll 命令查看该文件夹下的内容，如图 5-32 所示。

```
[root@slave1 userlogs]# cd application_1489372914779_0001/
[root@slave1 application_1489372914779_0001]# ll
total 0
drwx--x---. 2 root root 34 Mar 13 02:46 container_1489372914779_0001_01_000002
drwx--x---. 2 root root 34 Mar 13 02:46 container_1489372914779_0001_01_000003
drwx--x---. 2 root root 34 Mar 13 02:46 container_1489372914779_0001_01_000004
[root@slave1 application_1489372914779_0001]#
```

图 5-32　ll 命令查看该文件夹下的内容

可以看到有三个文件夹，这三个文件夹是三个容器的运行日志。分别进入每个文件夹下，查看文件夹下的 stuout 文件内容，如图 5-33 所示。

```
[root@slave1 container_1489372914779_0001_01_000004]# cd ../container_1489372914779_0001_01_000002
[root@slave1 container_1489372914779_0001_01_000002]# more stdout
Mon Mar 13 02:46:08 UTC 2017
[root@slave1 container_1489372914779_0001_01_000002]# cd ../container_1489372914779_0001_01_000003
[root@slave1 container_1489372914779_0001_01_000003]# more stdout
Mon Mar 13 02:46:10 UTC 2017
[root@slave1 container_1489372914779_0001_01_000003]# cd ../container_1489372914779_0001_01_000004
[root@slave1 container_1489372914779_0001_01_000004]# more stdout
Mon Mar 13 02:46:23 UTC 2017
[root@slave1 container_1489372914779_0001_01_000004]#
```

图 5-33　查看文件夹下的 stuout 文件内容

可以看到 data 命令三个容器均在该从服务器上运行。

此时再到另外一台从服务器上同样的路径下查看日志是没有 data 命令输出的。（请根据自己的实际情况判断，有可能三个容器分布在两台从服务器上都有运行）

小　　结

　　Hadoop 在不断完善自身核心组件性能的同时，生态系统也在不断丰富发展。本章详细介绍了 Hadoop 存在的不足之处，以及针对这些缺陷发展出来的一系列解决方案，包括 HDFS HA、HDFS 联邦、YARN 以及 Zookeeper 等，这些技术改进都为 Hadoop 的长远发展奠定了坚实的基础。作为 Hadoop 核心组件，YARN 框架被寄予了厚望，扮演为多个不同类型计算框架提供统一的资源调度服务的功能；Zookeeper 对 Hadoop 集群提供重要的分布式协调服务，其目标是封装好复杂易出错的关键服务，将简单易用的接口和性能高效、功能稳定的系统提供给用户。本章最后介绍了开发一个 YARN 客户端应用程序的实践，实现通过客户端发送请求给 ResourceManager 启动一个 ApplicationMaster。通过该实验后，读者能开发简单的 YARN 客户端应用程序，并了解其执行过程。

习　　题

1. 阐述什么是 HA。

2. 阐述为什么要有 HA 机制。

3. 阐述引入 Federation 机制的原因。

4. 简述 HDFS Federation 架构。

5. 阐述 Hadoop 的演进阶段。

6. 阐述 YARN 的作用。

7. 阐述 YARN 所具有的特性和优点。

8. 简述 YARN 的基本架构。

9. 简述 YARN 的工作流程。

10. 阐述 Zookeeper 的特点。

11. 阐述 Zookeeper 的工作原理。

思政小讲堂

从装卸工到全国著名劳模——包起帆

思政元素：学习先进人物尽职尽责、求真务实、精益求精、为事业奉献的敬业精神，培养学生勤于思考、坚持学习、奋发向上的品质修养。

全国著名劳模包起帆是一名从码头装卸工成长起来的教授级高级工程师。1968 年，17 岁的包起帆中学毕业后被分配到上海港白莲泾装卸服务站，成为码头上的一名木材装卸工人。1977 年，渴望学习的包起帆被上海业余工业大学破格录取，在半脱产学习期间，他学以致用，革新了电动吊车钢丝绳受力段的挤压和摩擦方式，大大延长了钢丝绳的使用寿命。革新后，每台吊车每 3 个月只需更换 1 根钢丝绳，大大节约了成本。

经过四年的半工半读，他成为一名精通机械的技术员。20 世纪 80 年代，他结合港口生产实际，一方面为了提高港口装卸能力和工作效率，另一方面为了提高港口装卸安全，经过三年努力，研发了中国港口第一只用来装卸木材的抓斗，开启了"抓斗大王"的创新研发之路，木材抓斗、生铁抓斗、废钢抓斗等新型设备陆续诞生，包起帆创造性地解决了一批关键技术难题，实现了装卸工具流程的根本变革，推动港口装卸从人力化迈向机械化。20 世纪 90 年代，包起帆还提出中国港口内贸标准集装箱水运工艺系统的理念，开辟了中国水运史上首条内贸标准集装箱航线。

数十年来，包起帆从普通的技术人员成长为一名行业权威。他和他的同事们先后成功完成了 130 多项科研攻关，取得一系列成果，其中的 3 项获得国家发明奖，3 项获得国家科技进步奖，43 项获得省部级科技进步奖，36 项获得巴黎、日内瓦、美国、布鲁塞尔等国际发明展览会金奖，并获得比利时王国"军官勋章"、世界工程组织联合会"阿西布·萨巴格优秀工程建设奖"。特别是，2011 年，由他领衔制定的集装箱标签系统，获得了国际标准化组织的认可，成为中国拥有自主知识产权创新成果上升为国际标准的成功探索。

回顾自己数十年来的创新历程，包起帆常说："我只是一名有出息的工人。"如今，这位劳模发明家仍继续致力于上海国际航运中心的研究。"我们的创新不能止步，一定让越来越多的中国标准走向世界，成为国际标准。"他认为，创新既不是凭空而谈的，也不是一蹴而就的，只有以社会主义核心价值观为引领，立足本职、精诚团结，才能实现一个又一个智慧的飞跃。包起帆勉励大家，在创新实践中，要不断拓宽视野，要注重跨界融合，更要谦虚谨慎、淡泊名利，真正去领会和实践社会主义核心价值观的深刻内涵。

　　包起帆成长经历为大家诠释了社会主义核心价值观与实践创新之间的"大"道理,使"高大上"的价值理论在"接地气"的故事案例中更加贴近生活、贴近实际。作为新时代的年轻人,要学习他平时勤于思考、坚持学习、奋发向上的进取精神和"在岗位尽责、为事业奉献"的敬业精神。

第 ⑥ 章
分布式数据库 HBase

学习目标
- 了解 HBase 的使用场景。
- 掌握 HBase 的架构和存储原理。
- 掌握 HBase 安装方法。
- 掌握 HBase Shell 命令管理 HBase。

HDFS 有很多的优点但是无法满足低延时的访问，且不适合存储大量的小文件。因此 HBase 应运而生，它是基于谷歌 Bigtable 架构的开源实现，是构建在 HDFS 之上的分布式、面向列的存储系统。本章首先介绍 HBase，讲述了 HBase 的安装方法；再分别介绍 HBase 架构和数据存储方法及相关的 Shell 命令，并讲解 HBase 的编程接口以及如何将 Java 数据对象（JDO）与 HBase 一起使用；最后详细地描述了 HBase 中 Shell 命令实战示例。

6.1 HBase 概述

6.1.1 HBase 简介

首先我们介绍 HBase 产生的背景，在传统业务场景下，一般都是用关系数据库来存储数据、关系数据库有很多的优点，比如存取速度快、可靠，并且还支持事务。但是在大数据场景下，关系数据库已经不能满足业务需求。关系数据库在大数据场景下，存在以下不足：首先，如果需要使用关系数据库来存储大数据，那么必须使用分区，如果使用了分区就会使主从复制复杂。因为关系数据库做主从复制主要是为了保证数据的安全性，同时实现负载均衡。另外分区不支持动态的扩展且关系数据库成本比较高，例如关系数据库，像 Oracle 和 SQL Server，都是收费的并且价格较高。

在大数据场景下，我们可以使用 HDFS 来存储数据。HDFS 有很多的优点，比如可以部署在廉价机器上且扩展性比较好。但是 HDFS 有一些不足，首先不能满足低延时的访问，也就是不能提供实时的响应。第二，不适合存储大量的小文件。HDFS 是用来存储少量的大文件的，不适合用来存储大量的小文件。第三，不支持随机的数据查找。HDFS 比较适合数据的顺序读取，不支持随机的数据查找。

为了存储海量数据，实时地响应用户请求，并且支持随机查找数据，HBase 诞生了。HBase 的架构基本上与 Bigtable 是一样的，是以 HDFS 作为存储。当然 HBase 不仅能使用 HDFS 作为存储，还可以使用一些其他的具有 Hadoop 接口的文件系统，比如亚马逊的 s3 也可以作为存储，但是绝大多数情况下我们都是以 HDFS 作为存储。HBase 是面向列的存储系统。传统的关系数据库是面向行的,存储数据的时候都是一行一行的存储,并且存储数据之前,表的结构是固定的。但是 HBase 的列并不是固定的，HBase 的表可以包含任意多的列且可能同一个表中的两行数据，它们大多数的列都不一样，这是 HBase 的一个重要特点。在 HBase 中存储数据的时候都是以 key、value 的形式来进行存储。HBase 表是一个稀疏的、分布式的、持久化存储的多维度排列映射表。HBase 中的表可以包含任意多的列，在列值为空的情况下不会占用存储空间。HBase 也是一个分布式的结构，包含主节点以及多个从节点。HBase 的数据被组织成三维行列以及时间戳持久化存储在 HDFS 中，也就是数据被持久化。这点跟关系数据库不同，关系数据库的数据是两维的，也就是行和列，通过行和列就可以找到数据。但是在 HBase 中需要加一个时间戳，由于 HBase 中每一个单元格的数据是可以存储多份的，因此要加上一个时间戳，才可以真正定位到一笔数据。

接下来看看 HBase 有哪些特点。首先是超大数据量。由于 HDFS 有很好的横向扩展性，因此 HBase 的扩展性也非常好，只需要增加节点数就可以扩大容量。第二个是无模式。什么叫无模式呢？这个无模式也就是 HBase 的列可以动态增加，同一张表中的不同行可以有截然不同的列，这个是无模式。第三个是多版本数据，HBase 中的每一个单元格的数据都可以存储多个版本，需要根据行、列以及时间戳来定位到数据。第四个特点是高并发、实时随机访问，这个就克服了 HDFS 中的缺点，HDFS 不支持实时的随机访问。第五个特点，HBase 不支持 SQL，但是可以借助第三方插件在 HBase 上使用 SQL 语句。

HBase 中涉及的概念如下：

（1）命名空间

命名空间类似于传统数据库中的 NameSpace 的概念，NameSpace 是表的逻辑分组，HBase 使用命名空间来对表进行管理，针对各个逻辑分组，也就是命名空间来限制使用配额或者是设置安全级别，是 HBase 支持多用户的基础。

（2）表。

表是 HBase 用来存储数据的基本单元，图 6-1 是 HBase 的一个表的结构。

Row key	data
08200701	base:{'name':'张三', 'age':'18'} ext:{'qq_no':'1008009', 　　　'hobby':'football'}
08200702	base:{'name':'李四', 'age':'20'} ext:{'work_years':'3', 　　　'hobby':'basketball', 　　　'marriage':'y'}

图 6-1　表结构

它包含了行键（row key），类似于关系数据库里的组件，是用来唯一区分一行数据的概念。列族（column family），里面包含了多个列。图中 base 就是一个列族，里面包含的两列，一个是 name，一个是 age。此外图中还有第二个列族 ext。ext 表示的是额外的一些信息，里面有 qq_no、hobby。列族里可以包含任意多个列。最后是单元格（cell）和版本（version number）。单元格也就是这里面的具体数据。一个单元格的数据都可以保持多个版本。要获取 HBase 中一个单元格的数据需要三个属性，第一个是行键，第二个是列名，包含了这个列族的名字，第三个是版本 version。通过这三个属性就可以获取到一个具体的值。

6.1.2　安装 HBase

下面给大家演示如何安装 HBase 集群。工作环境有三台服务器，master、slave1 和 slave2。这上面已经部署好了 Hadoop 集群。master 上面部署的是 NameNode，slave1 和 slave2 是两个从节点 DataNode。首先启动 Hadoop 集群，使用 SSH 工具登录主服务器，到 Hadoop 安装目录下执行命令：bin/HDFS namenode-format 格式化 NameNode，再执行命令 sbin/./start-all.sh 启动 Hadoop 集群。接下来按照如下步骤安装 HBase。

1. 下载并解压 HBase

首先要下载 HBase 的二进制文件，在 HBase 的官网下载。HBase 1.2.4 这个版本经过大量的时间验证，单击二进制文件复制下载地址，然后使用 SSH 工具登录到 master 服务器上，到目录 /usr/local/mjusk 下，直接使用 wget 加链接地址把 HBase 文件下载下来，并解压该文件 HBase-1.2.4-bin.tar.gz 到当前目录。

2. 设置 HBase 环境变量

在 master 服务器上使用 vi 命令编辑 /etc/profile 文件，在文件最后增加如下两行：

```
export HBase_HOME=/usr/local/zhitu/HBase-1.2.4
export PATH=$PATH:$HBase_HOME/bin
```

修改完该文件，使用如下命令使环境变量生效：

```
source /etc/profile
```

再使用如下命令查看是否配置好：

```
HBase version
```

3. 设置配置文件

（1）配置 HBase-env.sh 文件。

修改 HBase-1.2.4/conf 目录下的 HBase-env.sh 文件，增加如下配置（jdk 路径和 Hadoop 目录请根据实际情况配置）：

```
export JAVA_HOME=/usr/lib/java/jdk1.8
export HBase_CLASSPATH=/usr/local/zhitu/Hadoop-2.7.3/etc/Hadoop
export HBase_MANAGES_ZK=true
```

（2）配置 HBase-site.xml 文件。

修改 HBase-1.2.4/conf 目录下的 HBase-site.xml 文件，增加如下配置请修改自己的主机名称)：

```
<property>
    <name>HBase.rootdir</name>
    <value>HDFS://master:9000/HBase</value>
</property>
<property>
    <name>HBase.cluster.distributed</name>
    <value>true</value>
</property>
<property>
    <name>HBase.Zookeeper.quorum</name>
    <value>master</value>
</property>
```

（3）配置 RegionServers 文件。

修改 HBase-1.2.4/conf 目录下的 *RegionServers* 文件 ，删除里面的 localhost，并将其他要作为 RegionServer 的服务器加入其中，如下（请根据自己分配到的服务器名称修改）：

```
slave1
slave2
```

4. 集群分发

使用 scp 命令，将 HBase 安装目录同步到 slave1 和 slave2，如下（slave1、slave2 请换为

自己分配到的从服务器名称）：

```
scp -r /usr/local/mjusk/HBase-1.2.4 root@slave1:/usr/local/mjusk/
scp -r /usr/local/mjusk/HBase-1.2.4 root@slave2:/usr/local/mjusk/
```

5. 启动 HBase 服务

在 master 服务器上使用 HBase-1.2.4/bin/start-HBase.sh 文件启动 HBase 服务，命令如下：

```
cd /usr/local/mjusk/HBase-1.2.4
bin/./start-HBase.sh
```

为了验证 HBase 是否启动成功可使用 jps 命令查看所有服务器上的进程，master 服务器上应该有 HQuorumPeer 和 HMaster 服务，从服务器上应该有 HRegionServer 服务。也可以通过 Web 页面访问 HBase 控制台 http://192.168.26.201:16010/（192.168.26.201 是 master 服务器地址）查看各个服务器的状态，如图 6-2 所示。

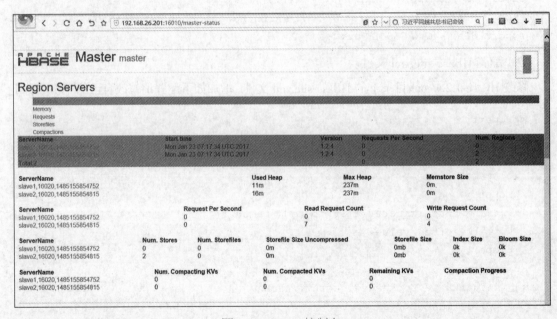

图 6-2　HBase 控制台

🗃 6.2　HBase 基础

6.2.1　HBase 架构

HBase 与 Hadoop 一样，使用的是主从的结构。如图 6-3 所示，主节点上运行的是 HMaster 服务，从节点上运行的是 HRegionServer 服务。

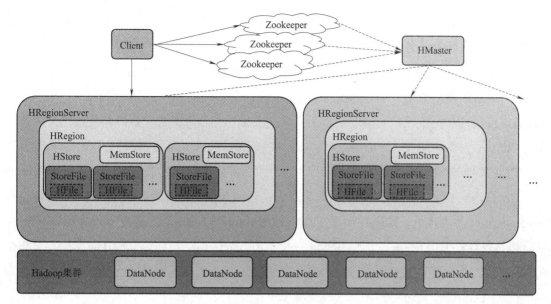

图 6-3　HBase 架构

HBase 的运行还依赖 Zookeeper，Zookeeper 在 HBase 集群中起着非常重要的作用。

首先，Zookeeper 监控集群中所有的 HRegionServer，当有 HRegionServer 下线，Zookeeper 会立即感知到，并通知 HMaster，HMaster 知道某个节点不可用了会立即进行相应的容错处理。

其次，Zookeeper 可以用来选择活动的 HMaster，时刻保证集群中只有一个活动的 HMaster，HBase 可以部署备份的 HMaster，不存在单点故障问题。HBase 中大部分元数据都保存在 Zookeeper 里，比如 Meta 表所在的服务器信息，Meta 表是 HBase 自带的一个表，它保存着 HBase 的表所在的 HRegionServer 的信息。

接下来观察 HRegionServer 的组成，HRegionServer 里包含了多个 HRegion，HRegion 是 HBase 调度的基本单位，每个 HRegion 的大小是不一样的，在 HBase 里创建一个表的时候都会生成一个 HRegion，随着表中数据不断增加，HRegion 会分裂成两个 HRegion，以保证单个 HRegion 的数据量不会太大，该 HRegion 的大小由 HBase.HRegion.max.filesize 配置项决定，配置项默认是 10 GB。

HRegion 由多个 HStore 组成，HStore 里包含了多个 StoreFile 和 MemStore，MemStore 是一块内存存储，StoreFile 是真正用来存储表数据的，表里的每个列族就存储在一 HStore 里，StoreFile 以 HFile 格式存储在 HDFS 中，上述提到的 HRegion 的大小超过 10 GB 会分裂为两个 HRegion，其实就是指 HRegion 里的所有的 HStore 的总大小超过 10 GB。需要注意的是，当所有的 StoreFile 的总和超过 10 GB，HRegion 开始分裂。其中存在一个问题，当两个列族的数据相差比较悬殊时，同一个 HRegion 里的两个 HStore 的大小也会相差悬殊，这个时候如果达到分裂条件，小的 HStore 会被分裂为更小的 HStore，这些小的 HStore 可能会分布在许多个不同的 HRegion 里，这样会降低 HBase 读取数据的效率。因此在设计 HBase 表时，尽量不要使用过多的列族，大部分情况只需要一个列族就够了。

在 HRegionServer 里还有一个 HLog，HLog 实际上是预写日志 WAL（Write Ahead Log），大部分的数据库都使用了 WAL 机制，WAL 机制可以减少磁盘 I/O，提高数据写入效率，并能保证数据持久性和完整性。它实际是将用户的变更操作先写入日志，后续再将数据持久化到磁盘。如果写入磁盘失败，可以通过日志文件来恢复数据。HBase 里也使用了 WAL 机制，用户写数据的时候首先是将数据写入到 HLog 里，然后将数据保存到对应 HStore 里的 MemStore 中，也就是内存中，这时就算是事务提交完成，返回成功。数据存储到 MemStore 时会检查 MemStore 是否存储满了，如果存储满了就将数据 flush 到 HFile，也就是持久化到 HDFS 中，HLog 也是保存在 HDFS 中的。默认情况下一个 HRegionServer 中只有一个 HLog 实例，日志是顺序写入的，为了提高写入效率，可以通过配置 HBase.wal.provider 属性的值——multiwal 来支持多个 HLog 实例。

HRegionServer 里除了会对 HRegion 做分裂操作，还会对 HFile 做合并（Compaction），MemStore 中的数据每次 flush 到磁盘的时候都会生成一个 HFile，如果 HFile 文件过多会影响数据读取的性能，因此当生成 HFile 的时候会检查 HRegion 里的 StroreFile 是否太多，如果过多会将 HFile 进行合并。StroreFile 的合并分为两种，一种是 Minor compaction，一种是 Major compaction。Minor compaction 是将部分小文件合并为一个大文件；major compaction 是将 HRegion 里的所有 StroreFile 合并为一个。Major compaction 是非常消耗系统资源的，因此常常是禁止系统自动 Major compaction，在系统空闲的时候进行手动 Major compaction。

从这个架构中可以看到 HBase 中 HRegionServer 是最繁忙的，大部分的工作都是由 HRegionServer 这个服务来完成的。数据的读/写客户端也是直接连接 HRegionServer 进行读/写。因此通常 HRegionServer 服务运行时对内存要求比较高，一般要求在 16 GB 以上，但也不能太大，如果太大，Java 虚拟机在做垃圾回收时会长时间停止服务，这也是无法接受的。

另外 HRegionServer 里的 HLog 与 HFile 都要写入 HDFS 中，此时 HRegionServer 是 HDFS 客户端，如果可以把 HRegionServer 与 DataNode 部署在同一个节点上，可以达到最大的读/写性能。通常把 HRegionServer、DataNode、NodeManager 部署在一起，以达到最佳的局部读/写和计算性能。

6.2.2 HBase 数据存储

结合 HBase 的数据架构，介绍 HBase 的读/写数据流程：

客户端在写数据时首先会从 Zookeeper 里读取 meta 表所在的 RegionServer 信息，然后从 meta 表中查找需要写入数据所对应的 region 信息，找到对应的 RegionServer，直接与

RegionServer 通信，将数据写入到 RegionServer 里的 HLog 中，写入 HLog 成功后，会将数据 put 到 MemStore 里，此时对于客户端来说写入数据完成。数据写入到 MemStore 会检查 MemStore 是否写满，如果写满会将数据 flush 到 StroreFile，并会检查 StroreFile 数据是否过多，过多的话会触发 Minor compaction，将多个小的 StoreFile 进行合并。当 StoreFile 的大小超过 10 GB HRegionServer 会将 HRegion 一分为二。其中的 HStore 也会一分为二。

客户端在读数据时首先从 Zookeeper 里读取 meta 表所在的 RegionServer 信息，然后从 meta 表中查找需要读取数据所对应的 region 信息，找到对应的 RegionServer，直接与 RegionServer 通信，首先会从 MemStore 中读取数据，如果 MemStore 中没有，则从 StoreFile 里读取数据。

在读 / 写数据时，HBase 里的 HMaster 与 HRegionServer 的作用各不相同。HMaster 的作用，首先是处理表 schema 的修改请求，上述客户端在查询数据时是不经过 HMaster 的，但修改表的结构是要经过 HMaster 来完成的。

第二个作用是为 HRegionServer 分配 HRegion，客户端创建一个表时，HMaster 会要求某个 HRegionServer 为这个表创建一个 HRegion。

第三个作用是管理 HRegionServer 的负载均衡，调整 HRegion 的分布。如果一个 HRegionServer 上的 HRegion 过多会导致该节点承担过多的读 / 写请求，在高并发的情况下可能会造成服务器过载而宕机。HMaster 负责对 HRegionServer 间的 HRegion 动态负载均衡，让它们均匀地分布在 HRegionServer 上。

第四个作用是负责失效的 HRegionServer 上的 HRegion 的迁移 . 当某个 HRegionServer 宕机，HMaster 会立刻感知到，当然这个是通过 Zookeeper 感知到的。HMaster 会立刻将失效的 HRegionServer 上的 HRegion 分配到其他正常的 HRegionServer 中，再通过 HLOG 恢复 HRegion 中的数据。数据的恢复是由 HRegionServer 来完成的。HMaster 只负责将 HRegion 从新分配到其他的 HRegionServer 中。

HRegionServer 的作用首先是支持客户端读写数据请求，客户端读写数据是直接与 HRegionServer 通信，来读写数据的。再次，HRegionServer 管理着其上的 HRegion，包括 HRegion 的分裂和 Storefile 的合并。

6.3　HBase Shell 命令行方式

HBase 是典型的 NoSQL 数据库，不支持 SQL 查询语言，不过 HBase 提供 HQL 语言，可以在 HBase 的 Shell 中使用该语言进行查询操作。通过 HBase 的 Shell 工具可以对 HBase 数据库进行增、删、改、查等各种操作。该 Shell 工具具有两种常用的模式：交互式模式和命令批处理模式。交互式模式用于实时随机访问，而命令批处理模式通过使用 Shell 编程来批量、流程化处理访问命令，常用于 HBase 集群运维和监控中的定时执行任务。本节主要介绍 Shell 简单的交互模式。

HBase Shell 提供了很多操作命令，并且按组进行管理，主要分为以下几个组：general、DDL、namespace、LML、tools、replication、snapshots、security、visibility lables，如果不知如何使用命令，可以使用 help 命令进行查询。下面对 namespace、ddl、dml 这三个常用组的命令进行讲解。

6.3.1 NameSpace 操作

NameSpace 操作主要是以命名空间为对象进行的操作，如创建命名空间、删除命名空间等。

（1）显示系统中所有的命名空间。

```
list_namespace
```

（2）创建命名空间。

```
create_namespace '<spacename>'
```

（3）显示命名空间下的所有表。

```
list_namespace_tables '<spacename>'
```

（4）删除命名空间。

```
drop_namespace '<spacename>'
```

6.3.2 DDL 操作

DDL 操作主要是以表为对象进行的操作，如创建表、修改表、删除表等。

（1）创建表，两个列族分别是 f1、f2。

```
create 'tablename', {NAME=> 'f1'}, {NAME=> 'f2'}
```

（2）查看表结构。

```
describe 'tablename'
```

（3）增加或删除列族 f2。

```
alter 'tablename', {NAME=>'f2'}
alter 'tablename', NAME=>'f2', METHOD=>'delete'
```

（4）删除表，删除一个表必须先使用 disable 命令禁用表。

```
disable 'tablename'
drop 'tablename'
```

6.3.3　DML 操作

DML 操作主要以表的记录为对象进行的操作，如插入记录、删除数据、查询记录等。

（1）添加记录。

```
put 'tablename', 'rowkey', 'columnFamily:column', 'value'
```

（2）查询记录。

```
get 'tablename', 'rowkey'
get 'tablename', 'rowkey', {COLUMN=> 'columnFamily:column'}
```

（3）删除数据。

```
delete 'tablename', 'rowkey', 'columnFamily:column'
delete_all 'tablename', 'rowkey'
truncate 'tablename'
```

6.4　HBase API 编程方式

本节主要介绍基于 Java 编程接口的 HBase API 编程方式。通过 Java 客户端编程接口，用户可以便捷地操作 HBase 数据库，相关的类都在 org.apache.hadoop.hbase.client 包中，涵盖增、删、改、查等所有 API。其中主要包含 HTable、HBaseAdmin、Put、Get、Scan、Increment 和 Delete 等。下面将介绍常用的 API 编程方式并展示相应的代码。

6.4.1　客户端配置

使用原生 Java 客户端之前首先要配置客户端，需要创建配置类、创建 Connection 类、定义 Zookeeper 端口、定义 Zookeeper 队列名称以及需要操作的表的名称。相应的代码如下：

```
public class HBaseClientDemo{
private Configuration configuration;
private Connection conn;
public HBaseClientDemo(){
    try {
        configuration = HBaseConfiguration. create(new Configuration());
        configuration.set("hbase.zookeeper.property.clientPort", "2181");
        configuration.set("hbase.zookeeper.quorum",
            "192.168.100.103,192.168.100.104,192.168.100.105"); .
        System.setProperty("HADOOP_USER_NAME", "root" );
        conn = ConnectionFactory.createConnection(configuration);
    } catch (IOException e) {
        e.printStackTrace();
    }
```

```
    }

public void close() {
    if (conn!= null) {
        try {
            conn.close();
        } catch (IOException e) {
            e.printStackTrace();
        }
    }
}
}
```

在构造方法 HBaseClientDemo() 中，Configuration 是用于客户端的配置类，设置 hbase.
zookeeper.quorum、hbase.zookeeper.property.clientPort 分别表示 Zookeeper 队列名和 Zookeeper 端
口。Connection 用于连接 HBase。close( ) 方法用于释放 HBase 数据库连接。

6.4.2 创建表

接下来尝试使用原生 Java 客户端的方式创建 HBase 表，下面的代码中将通过 createTable( )
方法创建 HBase 表。

```
/**
* 创建表
* @param namespace
* @param table
* @param columnFamily
*/
public void createTable(String namespace, string table,
        String[] columnFamily, byte[][] generator) {
    try{
        Admin admin = conn.getAdmin();
        ByteBuffer ns = ByteBuffer.wrap(namespace.getBytes("utf-8"));
        ByteBuffer tn = ByteBuffer.wrap(table.getBytes("utf-8"));
        TableName tableName = TableName.valueof(ns, tn);
        HTableDescriptor td = new HTableDescriptor(tableName);
        // 设置分区规则
        for (String sf : columnFamily) {
            td.addFamily(new HColumnDescriptor(sf));
        }
        if (generator != null) {
            admin.createTable(td, generator);
        } else {
```

```
            admin.createTable(td);
        }
        Log.Log("created!");
        } catch (IOException e) {
        e.printStackTrace();
        }
    }
    public static void main(String[] args) {
        HBaseClientDemo client = new HBaseClientDemo();
        byte[][] generator = new byte[][]{Bytes.toBytes("100"),
Bytes.toBytes("200"),                Bytes.toBytes("300")};
        client.createTable("demo", "user2", new string[]{"f1"}, generator);
        client.lose();
    }
```

6.4.3 删除表

使用原生 Java 客户端删除表与创建表的操作不同，删除一张表需要分两步进行：第一步通过 disableTable( ) 方法下线表；第二步通过 deleteTable( ) 方法删除表。

```
/**
 * 删除表
 * @param namespace
 * @param table
 */
public void deleteTable(String namespace, String table){
    try {
        Admin admin = conn.getAdmin();
        ByteBuffer ns = ByteBuffer.wrap(namespace.getBytes("utf-8"));
        ByteBuffer tn = ByteBuffer.wrap(table.getBytes("utf-8"));
        TableName tableName.TableName.valueof(ns, tn);
        admin.disableTable(tableName);
        admin.deleteTable(tableName);
        Log.Log("deleted!");
    } catch (IOException e) {
        e.printStackTrace();
    }
}
```

6.4.4 插入数据

通过 put() 方法向该表中插入数据，代码如下所示：

```
/**
```

```
 *  添加一个单元格记录
 *  @param namespace
 *  @param table :
 *  @param family
 *  @param column
 *  @param rowKey
 *  @param value
 */
public void addRecord(string namespace, string table, string family,
string column, string rowKey, string value){
    try{
        ByteBuffer ns.ByteBuffer.wrap(namespace, getBytes("utf-8"));
        ByteBuffer tn.ByteBuffer.wrap(table.getBytes("utf-8"));
        TableName tableName = TableName, valueof(ns, tn);
        Put put = new Put(bytes.tobytes(roiukey));
        put.addColumn(Bytes.toBytes(family), Bytes.toBytes(column),
        Bytes.toBytes (value));
        conn.getTable(tableName). put(put);
        Log.log("added!");
    } catch (IOException e) {
        e.printStackTrace();
    }
}
```

6.4.5　查询数据

原生 Java 客户端有两种查询数据的方式：单行读和扫描读。其中，单行读使用 Table 类的 get(Get) 方法，参数 Get 是实体类。

```
/**
 *  查询某行记录
 *  @param namespace
 *  @param table
 *  @param rowkey
 */
public Result getRow(String namespace, String table, String rowkey) {
    try {
        ByteBuffer ns = ByteBuffer.wrap(namespace.getBytes("utf-8"));
        ByteBuffer tn = ByteBuffer.wrap(table.getBytes("utf-8"));
        TableName tableName = TableName.valueOf(ns, tn);
        Get get = new Get(Bytes. toBytes(rouikey));
        return conn.getTable(tableName).get(get);
    } catch (IOException e) {
```

```
        e.printStackTrace();
    }
    return null;
}
```

6.4.6　删除数据

删除操作也是原生 Java 客户端所支持的 CRUD（Create: 增加，Retrieve: 查询，Update：更新，Delete: 删除）操作之一，下面将介绍如何使用 Table 类实现删除数据，具体代码如下：

```
/**
 * 删除记录
 * @param namespace
 * @param table
 * @param row
 */
public void deleteRow(String namespace, String table, String row){
    try {
        ByteBuffer ns = ByteBuffer.wrap(namespace.getBytes("utf-8"));
        ByteBuffer tn = ByteBuffer.wrap(table.getBytes("utf-8"));
        TableName tableName = TableName.valueof(ns, tn);
        Delete delete = new Delete(Bytes.toBytes(row));
        conn.getTable(tableName).delete(delete);
        Log.Log("deleted!");
    } catch (IOException e) {
        e.printStackTrace();
    }
}
```

6.5　实战：HBase Shell 操作

1. 实验目标

在已有 Hadoop 集群基础上利用 MapReduce 程序存储，操作并处理 HBase 数据。

2. 实验背景

员工销售业绩表（employee）中一个员工的销售业绩有多笔记录，公司现在希望将每个员工的总销售额计算出来并存储到 TotalSale 表中。本实验环境中已经配置好 Hadoop 与 HBase 集群环境，只需要在主服务器（NameNode）上执行 hdfs namenode -format 格式化命令后启动 Hadoop 集群，再在 HBase 目录下启动 HBase 服务。

本实验开始时，读者会有三台 CentOS 7 的 linux 主机，其中三台 master、slave1、slave2 已经配置好 Hadoop 与 HBase 集群环境，master 为 NameNode，slave1 与 slave2 为 DataNode。

另外一台 develop-pc 为用来开发的 PC，上面已经安装好 JDK 和 Eclipse。

3. 实验步骤

步骤 1：开发 TotalSale 程序。在 develop-pc 主机中，打开 Eclipse 开发工具，使用 Eclipse 新建 Maven 项目 MapReduce，并配置 buildpath（主要是将 JDK 设置为 1.8 版本的）。

新建完 Maven 项目后，编辑 pom.xml 文件内容如下：

```xml
<project xmlns="http://maven.apache.org/POM/4.0.0"
xmlns:xsi="http://www.w3.org/2001/XMLSchema-instance"
xsi:schemaLocation="http://maven.apache.org/POM/4.0.0
http://maven.apache.org/xsd/maven-4.0.0.xsd">
  <modelVersion>4.0.0</modelVersion>
  <groupId>learning</groupId>
  <artifactId>MapReduce</artifactId>
  <version>0.0.1-SNAPSHOT</version>

  <properties>
        <hadoop.version>2.7.3</hadoop.version>
  </properties>
   <dependencies>
        <dependency>
          <groupId>org.apache.hadoop</groupId>
          <artifactId>hadoop-client</artifactId>
          <version>${hadoop.version}</version>
        </dependency>
<dependency>
            <groupId>org.apache.hbase</groupId>
            <artifactId>hbase-server</artifactId>
            <version>1.2.4</version>
        </dependency>
  </dependencies>
  <build>
        <plugins>
          <plugin>
            <artifactId>maven-compiler-plugin</artifactId>
            <version>3.0</version>
            <configuration>
                <source>1.8</source>
                <target>1.8</target>
            </configuration>
          </plugin>
          <plugin>
```

```
                    <groupId>org.apache.maven.plugins</groupId>
                    <artifactId>maven-surefire-plugin</artifactId>
                    <configuration>
                        <skip>true</skip>
                    </configuration>
                </plugin>
            </plugins>
    </build>
</project>
```

保存后 Eclipse 会自动下载所需要的 jar 包，如果没有自动下载就在项目上右击，选择 Maven → Update Project 命令。

在 MapReduce 项目中新建 package:com.learning.mapreduce 并在此包下新建 TotalSale 类文件，如图 6-4 所示。

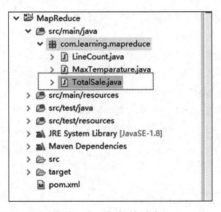

图 6-4　类文件路径

TotalSale.java 内容如下（其中 192.168.26.201 是 master 服务器地址，请根据自己实际情况修改）：

```
package com.learning.mapreduce;
import java.io.IOException;
import org.apache.hadoop.conf.Configuration;
import org.apache.hadoop.hbase.HBaseConfiguration;
import org.apache.hadoop.hbase.client.Put;
import org.apache.hadoop.hbase.client.Result;
import org.apache.hadoop.hbase.client.Scan;
import org.apache.hadoop.hbase.io.ImmutableBytesWritable;
import org.apache.hadoop.hbase.mapreduce.TableMapReduceUtil;
import org.apache.hadoop.hbase.mapreduce.TableMapper;
import org.apache.hadoop.hbase.mapreduce.TableReducer;
```

```
import org.apache.hadoop.hbase.util.Bytes;
import org.apache.hadoop.io.IntWritable;
import org.apache.hadoop.io.Text;
import org.apache.hadoop.mapreduce.Job;

public class TotalSale {

    private static class Map extends TableMapper<Text, IntWritable> {

        String userId = "";
        int sale = 0;

        public void map(ImmutableBytesWritable rowKey, Result columns,
Context context)
                throws IOException, InterruptedException {
            String inkey = Bytes.toString(rowKey.get()); // 读取 HBase 用户表 rowkey
            userId = inkey.split("#")[0];
            byte[] bsale = columns.getValue(Bytes.toBytes("cf1"),
Bytes.toBytes("sales"));
            String sales = new String(bsale);
            sale = Integer.valueOf(sales);
            context.write(new Text(Bytes.toBytes(userId)), new
IntWritable(sale));

        }
    }

    private static class Reducer extends TableReducer<Text, IntWritable,
ImmutableBytesWritable> {

        public void reduce(Text key, Iterable<IntWritable> values, Context
context)
                throws IOException, InterruptedException {
            int total = 0;
            for (IntWritable v : values) {
                total += v.get();
            }
            Put put = new Put(Bytes.toBytes(key.toString()));
            put.addColumn(Bytes.toBytes("cf1"), Bytes.toBytes("Total
sales"), Bytes.toBytes(total));
            context.write(null, put);
```

```
        }
    }

    public static void main(String[] args) throws IOException,
ClassNotFoundException, InterruptedException{
        Configuration conf = HBaseConfiguration.create(new
Configuration());
        conf.set("hbase.zookeeper.property.clientPort", "2181");
        conf.set("hbase.zookeeper.quorum", "192.168.26.201");
        conf.set("hbase.master", "192.168.26.201:600000");

        Job job = Job.getInstance(conf, "Total sale");

        job.setJarByClass(TotalSale.class);

        Scan scan = new Scan();
        scan.setCaching(500);
        scan.setCacheBlocks(false);

        TableMapReduceUtil.initTableMapperJob(
            "Employee",        // input table
            scan,              // Scan instance to control CF and attribute
selection
            Map.class,    // mapper class
            Text.class,                   // mapper output key
            IntWritable.class,                 // mapper output value
            job);
        TableMapReduceUtil.initTableReducerJob(
            "TotalSale",       // output table
            Reducer.class,                // reducer class
            job);
        job.setNumReduceTasks(1);
        System.exit(job.waitForCompletion(true) ? 0 : 1);
    }
}
```

步骤 2：导出 jar 文件。

步骤 3：将 jar 文件上传到 master 服务器上。

步骤 4：添加运行所需要的 jar 包。需要将运行 TotalSale 所需要的 jar 包加入到 Hadoop 运行环境中，登录 master 服务器，在 /usr/local/zhitu/hadoop-2.7.3 目录下新建目录 /contrib/ capacity-scheduler，并将需要的 jar 包上传到该目录下：

创建目录命令：mkdir-p /usr/local/mjusk/hadoop-2.7.3/contrib/capacity-scheduler

需要的 jar 包有如下八个：

（1）hadoop-common-2.7.3.jar（在 /usr/local/mjusk/hadoop-2.7.3/share/hadoop/common/ 目录下可以找到）。

（2）hbase-client-1.2.4.jar。

（3）hbase-common-1.2.4.jar。

（4）hbase-hadoop-compat-1.2.4.jar。

（5）hbase-procedure-1.2.4.jar。

（6）hbase-protocol-1.2.4.jar。

（7）hbase-server-1.2.4.jar。

（8）metrics-core-2.2.0.jar（以上 7 个 jar 文件在 /usr/local/mjusk/hbase-1.2.4/lib 目录下可以找到）。

并使用 scp 命令将该 contrib 文件夹以及文件夹下的所有内容复制到其他服务器上。参考命令（slave1、slave2 请换成自己从服务器名称或者 ip）：

```
scp -r /usr/local/mjusk/hadoop-2.7.3/contrib
root@slave1:/usr/local/mjusk/hadoop-2.7.3/
scp -r /usr/local/mjusk/hadoop-2.7.3/contrib
 root@slave2:/usr/local/mjusk/hadoop-2.7.3/
```

步骤 5：启动 Hadoop 服务。Hadoop 的 start-all.sh 启动的服务包括 HDFS 和 YARN 服务，这里除了启动 Hadoop 的 HDFS 和 YARN 服务外还需要启动 Hadoop 的 jobhistory 服务。

启动完成后使用 jps 命令在各个服务器查看服务是否启动成功。jobhistory 服务启动成功在主服务器上会看到 JobHistoryServer 服务。

参考命令如下：

```
cd /usr/local/mjusk/hadoop-2.7.3
bin/hdfs namenode -format
sbin/./start-all.sh
sbin/./mr-jobhistory-daemon.sh start historyserver
sbin/./yarn-daemon.sh start timelineserver
```

步骤 6：启动 HBase 服务。启动 HBase 服务只需要在主服务器上的 hbase-1.2.4 目录下执行 bin/./start-hbase.sh 即可。启动成功后，也可以使用 jps 命令验证服务是否启动成功。主服务器上会有 HQuorumPeer 服务和 HMaster 服务，从服务器上会有 HRegionServer 服务。参考命令如下：

```
cd /usr/local/mjusk/hbase-1.2.4
bin/./start-hbase.sh
```

```
/usr/lib/java/jdk1.8/bin/jps
```

步骤 7：准备测试数据。通过 hbase shell 命令，创建表 Employee，包含一个列族 cf1 和保存结果的表 TotalSale，包含一个列族 cf1。

再向表 Employee 中添加如下四条记录：

行键：'2014101#1','cf1:sales','150'

行键：'2014101#2','cf1:sales','250'

行键：'2014102#1','cf1:sales','350'

行键：'2014102#2','cf1:sales','750'

最后查询表中的所有记录，确定数据都已经添加到表 Employee 中。使用 exit 命令可退出 hbase shell 命令行。

参考命令：

```
hbase shell
create 'Employee','cf1'
create 'TotalSale','cf1'
put 'Employee','2014101#1','cf1:sales','150'
put 'Employee','2014101#2','cf1:sales','250'
put 'Employee','2014102#1','cf1:sales','350'
put 'Employee','2014102#2','cf1:sales','750'
scan 'Employee'
```

步骤 8：运行 TotalSale。进入到 hadoop-2.7.3 目录下使用命令 bin/hadoop jar 来运行 TotalSale 程序，命令如下：

```
bin/hadoop jar /usr/local/zhitu/mapreduce/MapReduce.jar
com.learning.mapreduce.TotalSale
```

步骤 9：查看运行结果。进入到 hbase shell 命令行，查看表 TotalSale 里是否有已经生成的数据了。在 HBase 中整型数据存储为字节码，如果要以整型查看需要使用 org.apache.hadoop. hbase.util.Bytes 工具类将其转换为整型。

参考命令如下：

```
cd /usr/local/zhitu/hbase-1.2.4
hbase shell
scan 'TotalSale'
org.apache.hadoop.hbase.util.Bytes.toInt("\x00\x00\x01\x90".to_java_bytes)
org.apache.hadoop.hbase.util.Bytes.toInt("\x00\x00\x04L".to_java_bytes)
```

小　结

本章介绍了 HBase 数据库的知识。为了满足存储海量数据，实时地响应用户请求，并且支持随机查找数据的需求，基于谷歌 Bigtable 架构的开源实现 HBase。它是构建在 HDFS 之上的分布式、面向列的存储系统，HBase 的架构基本上与 Bigtable 一样，是以 HDFS 作为存储。本章还介绍了 HBase 的表视图及物理存储模型，并介绍了 HBase 的基本服务、数据处理流程和底层数据结构，之后介绍了 HBase 的安装、HBase Shell 以及 API 编程方式的基本操作。

通过本章的学习，读者可以了解 HBase 的基本原理、HBase 的表结构以及一些底层相关细节，并能够安装和简单使用 HBase。

习　题

1. 试述在 Hadoop 体系架构中 HBase 与其他组成部分的相互关系。

2. 请阐述 HBase 和 BigTable 的底层技术的对应关系。

3. 请阐述 HBase 和传统关系数据库的区别。

4. HBase 的一张表在物理上的结构是什么？

5. HBase 的表由多个列族构成，所以记录也分散在多个列族中，那么在完全分布式的 HBase 中，一条记录是存储在一个节点中吗？一个列族呢？

6. 分别解释 HBase 中行键、列键和时间戳的概念。

7. 当一台 Region 服务器意外终止时，Master 如何发现这种意外终止情况？为了恢复这台发生意外的 Region 服务器上的 Region，Master 应该做出哪些处理（包括如何使用 HLog 进行恢复）？

8. 请列举几个 HBase 常用命令，并说明其使用方法。

9. HBase 中对删除的记录是如何处理的？

10. 在 Hadoop 集群中安装 HBase，然后自己设计一个表，并在 HBase 中执行创建表，添加、修改数据等操作。

思政小讲堂

国产数据库的崛起

思政元素：培养学生爱国情怀，激发青年学生的爱国情、强国志和报国行。

　　数据库国产化是一项关系到国家安全和自主可控的重要措施。现在，经过大量人员和企业的努力，国产数据库已经开始全面发展。

　　数据库国产化是国家安全保障的必要手段，国家安全至关重要。20 世纪 90 年代初，中软总公司牵头，研制了国产基础软件平台 COSA，其中就包括了数据库系统。1999 年，国内第一家数据库公司人大金仓成立。除了人大金仓，武汉达梦诞生于华中科技大学，南大通用由南开大学支持，神舟通用则是中国航天和浙江大学支持的项目。国产数据库的这"四朵金花"，通过学校办企业的方式把科研成果产业化。

　　数据库国产化需要依赖技术自主创新。这就需要技术人员具有创新意识、创新能力和创新精神。例如，华为公司依靠自主研发，成功开发了鸿蒙操作系统，并在全球范围内推广。这一创新的技术体现了华为的创新精神，也是中国科技人员在自主创新方面的一次成功尝试。在云数据库领域，终于迎来国产数据库的赶超机会。阿里云自 2010 年左右开始"去IOE"，2016 年起逐步推出多种云原生数据库。2021 年 5 月，阿里云峰会正式发布面向合作伙伴的云数据库加速器计划，并成立"云数据库生态委员会"。同时，阿里云正式对外宣布开源云原生数据库能力。资料显示，阿里云已与用友、中电金信、中国电子云、江苏红网、数云、金蝶、上海、朗新、蓝凌、云和恩墨等企业达成合作，共建云数据库生态。国产数据库市场已形成"1+4+5+N"的基本格局。1 是指科技领军公司，4 是指阿里、腾讯、海量、中兴四家上市公司，5 是指达梦、人大金仓、南大通用、神舟通用、瀚高五家老牌数据库厂商。

　　数据库国产化标志着中国在高科技领域取得了重要的成就。这是全国人民的自豪，这也激励着更多的年轻人投身科技创新，提高国家的科技实力。OceanBase 是阿里云自主研发的国产数据库，OceanBase 首席架构师杨志丰在"OceanBase 4.0：单机分布式一体化的技术演进"的主题演讲中表示，从 2014 年 OceanBase 0.5 版本开始，经过多年多版本的更新，OceanBase越来越成熟，并在 TPC-C 国际权威的 OLTP 评测中表现突出，具有很好的扩展性。随后阿里云又发布了通用数据库 PolarDB，并且在第二年成功进入 Gartner 数据库魔力象限，这是该榜单首次出现中国公司，并随后入选领导者象限。OceanBase 4.0 作为单机分布式一体化数据库，实现了单机部署并兼顾分布式架构的扩展性与集中式架构的性能优势，不仅突破了分布式数据库单机性能的瓶颈，还实现了单机性能赶超集中式数据库的跨越，可以更好支持不同规模的企业应用。

　　数据库国产化企业应具有社会责任感，需要确保数据的安全、可靠和合法。这就需要企业具有责任感和良好的道德风尚，以保护用户的利益和国家的安全。例如，阿里云公司，为了保障数据安全，采用了可信计算等技术手段，为用户提供更加安全的云计算服务。这是企业履行社会责任的一种具体体现，也是企业道德建设的重要组成部分。

第 (7) 章

数据仓库 Hive

学习目标
- 掌握 Hive 的运行原理。
- 掌握 Hive 的数据类型与 HiveQL 语句的使用。
- 掌握 Hive 中的分区和分桶的使用。
- 掌握 Hive 自定义函数的开发。

　　Hive 是一个使用 HDFS 作为底层存储的数据仓库，可为非 Java 编程人员提供友好的 MapReduce 支持。本章首先介绍 Hive，讲述了 Hive 的数据类型及命令行；再分别介绍 Hive 的两种数据类型 DDL 和 DML，并讲解 Hive 的高级技术包括复杂数据类型和索引的使用，以及如何优化 Hive 执行，使用分区以及使用桶，最后详解 Java 编程接口以及 Hive 中自定义函数的创建和应用。

7.1 初识 Hive

7.1.1 Hive 简介

　　Hive 是一个数据仓库，用来处理结构化数据，它也是以表的形式来组织数据，它使用 HDFS 作为底层存储。它提供基于 SQL 语法的查询语句 HiveQL 供用户处理，分析数据，这些 HiveQL 语句最终转换为 MapReduce 程序执行。Hive 就是为了方便用户可以快速执行一些常用的查询统计任务，为非 Java 编程人员提供友好的 MapReduce 支持。

　　Hive 具有以下特点：

　　（1）首先它是用来处理结构化数据的，Hive 也是使用二维表的形式来组织数据的。

　　（2）HiveQL 语句不完全兼容 SQL 标准。虽然说 HiveQL 语句与大部分 SQL 语句的语法类似，但是它并不完全兼容 SQL 标准。

（3）Hive 不支持实时的查询。因为 HiveQL 语句最终会被转换为 MapReduce 程序来执行。MapReduce 只能做离线的计算分析，因此 Hive 不支持实时的查询。

（4）Hive 不是一个数据库，不支持事务、更新、逐行插入等操作。

7.1.2　Hive 的数据类型

Hive 中的数据类型按大类来分，可以分为两大类，基础数据类型和复杂数据类型。其中基础数据类型包含了数值类型、字符类型、时间类型以及其他，如表 7-1 所示。

表 7-1　Hive 基本数据类型

类型	描述
TINYINT	1 字节整型
SMALLINT	2 字节整型
INT	4 字节整型
BIGINT	8 字节整型
FLOAT	4 字节单精度浮点型
DOUBLE	8 字节双精度浮点型
DECIMAL	0.11.0 固定精确到 38 位数字，0.13.0 开始用户可以自定义精度
STRING	字符串
BOOLEAN	TRUE/FALSE

Hive 的复杂数据类型是以结构化方式组织一个或者多个基础数据类型的集合，如表 7-2 所示。

表 7-2　Hive 复杂数据类型

类型	描述
Array	数组类型，一组有序字段。字段的类型必须相同
Map	映射类型，一组无序的键 / 值对。键的类型必须是原子的，值可以是任何类型，同一个映射的键的类型必须相同，值的类型必须相同
Struct	结构体类型，一组命名的字段，字段类型可以不同

7.2　Hive 的原理及架构

Hive 的架构与组成如图 7-1 所示，最底层是 Hadoop，Hive 是以 Hadoop 为基础，以 HDFS 为存储；然后 HiveQL 会被转换为 MapReduce 程序来执行，因此 Hive 是运行在 Hadoop

基础之上的。图左侧是客户端，Hive 支持的客户端多种多样，有命令行、Web 界面、Thrift Client 和 JDBC。中间则是 Hive 服务端的架构，处在最右边的是 MetaStore。MetaStore 中存储了 Hive 中的元数据信息，也就是 Hive 中表的 schema 信息、表的结构、数据类型等，以及表中的数据在 HDFS 中存储的位置信息，MetaStore 可以是任意的关系型数据库，比如 MySQL、Oracle 等，默认情况下使用的是内存数据库 derby，我们可以配置成 MySQL 或者其他的数据库。

再看 Driver 层，Driver 层包含了编译器、优化器和执行器，是 Hive 的核心部分，编译器和优化器将 HiveQL 语句进行编译和优化成 MapReduce 程序，再由执行器来执行 MapReduce 任务，执行器不仅仅是执行 MapReduce 任务，也有可能是执行 HDFS 命令，或者元数据的操作。有些简单的 HiveQL 查询语句会被转换为 HDFS 命令，直接去 HDFS 中读取数据，并不会执行 MapReduce 任务。

图上层是用户接口层，负责接收用户的操作指令，接收到指令后会将这些指令发送给 Driver 层进行处理。接口层包含了与客户端对应的组件。有 ODBC、JDBC、命令行接口、Web 接口和 Thrift Server。

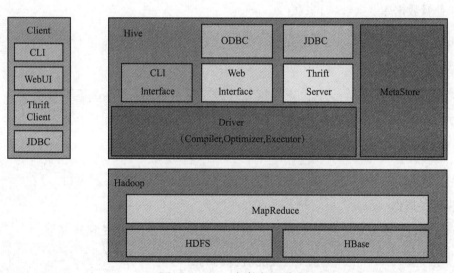

图 7-1　Hive 架构与组成

7.3　Hive 的数据操作和查询语言

7.3.1　Hive Shell 命令行形式

Hive Shell 运行在 Hadoop 集群环境上，是 Hive 提供的命令行接口（CLI），在 Hive 提示符输入 HiveQL 命令，Hive Shell 把 HiveQL 查询转换为一系列 MapReduce 作业对任务进行并行处理，然后返回处理结果。Hive Shell 下的大多数操作与 MySQL 命令一致，熟悉 MySQL 的使用者会发现两者的语法操作基本一样，通过 $HIVE_HOME/bin/hive 进入 Hive 命令行。需要注意的是运行 shell 命令须在命令前加入感叹号，命令必须以分号结束。例如

```
hive> !pwd;
```

运行指令后系统则输出：/home/hadoop/hive-2.3.5。

7.3.2 Hive DDL 操作

Hive 数据定义语言（Data Definition Language）包括创建、修改、删除数据库、表以及视图等内容。

1. 数据库相关操作

（1）创建数据库。使用 create 指令创建数据库，其中 WITH DBPROPERTIES 为数据库提供描述信息，如创建人为 jacky，公司为 ALI.LTD。

```
CREATE  DATABASE  [IF NOT EXISTS ]  my_database
[WITH DBPROPERTIES ('owner'='jacky ', 'company' = 'ALI.LTD');]
```

（2）查看数据库。

```
DESC  DATABASE  my_database;
```

（3）删除数据库。

```
DROP  DATABASE  IF  EXISTS   my_database; -- 数据库里有表将无法删除
DROP DATABASE my_database CASCADE;   -- 删除数据库中所有的表和数据文件
```

（4）修改数据库

```
ALTER DATABASE my_database SET DBPROPERTIES ('owner' ='John ');
```

2. 表相关操作

（1）创建表。在 school 数据库中创建 student 表的完整 Hive 语法格式如下：

```
CREATE TABLE IF NOT EXISTS school.student (
name STRING COMMENT 'Student Name',
rank int COMMENT 'rank',
grade STRING COMMENT 'Grade')
COMMENT 'This is a student table'
TBLPROPERTIES ('owner' = 'Chen', 'created_at' = ' 1/19/2019')
ROW FORMAT DELIMITED
FIELDS TERMINATED BY '\t'
LINES TERMINATED BY '\n'
[LOCATION '/user/hive/warehouse/school.db/student']
STORED AS TEXTFILE;
```

其中在创建表时可以指定数据列分隔符（FIELDS TERMINATED BY 子句）、数据记录行分隔符（LINES TERMINATED BY 子句）。ROW FORMAT 指定 Hive 行对象（Row Object）数据与 HDFS 数据之间进行传输的转换方式为 ROW FORMAT DELIMITED，将使用内部默认的序列化工具。STORED AS 指定 Hive 表数据在 HDFS 上存储方式，TEXTFILE 指的是普通文本文件。

（2）使用 like 关键字，创建一个与已存在表结构相同的表。

```
CREATE TABLE school.student_copy   LIKE   school.student;
```

（3）使用 as 关键字，创建一个与已存在表相同数据相同的表。

```
CREATE TABLE logs AS SELECT url, ip, day FROM logs_raw;
```

（4）查看表结构。

```
DESCRIBE   school.student   或者   DESC school.student;
```

（5）查看表中某一列的具体信息。

```
DESCRIBE school.student.name;
```

（6）删除表。

```
DROP TABLE IF EXISTS student;
```

如果是一个内部（internal）表，所有的数据文件也将会被删除；而如果是一个外部（external）表，则只会删除表的元数据信息，并不会删除源数据文件。

（7）修改表名。

```
ALTER TABLE student RENAME TO student_old;
```

（8）修改列名、列的数据类型、列的顺序以及列的注释。

```
ALTER TABLE student CHANGE  old_name  new_name  STRING
COMMENT 'Student Name';
```

（9）新增列。

```
ALTER TABLE  student  ADD  COLUMNS (school_name  STRING
COMMENT 'Name of School');
```

（10）修改表属性。

```
ALTER TABLE  student  SET  TBLPROPERTIES  ('modifies_by'='Mark');
```

7.3.3　Hive DML 操作

本节介绍的数据操作语言（data manipulation language）包括将文件中的数据导入（load）

到 Hive 表中、Select 操作、将 select 查询结果插入 Hive 表中、将 select 查询结果写入文件等内容。

1.HiveQL 查询语句

HiveQL 查询语句中的 select 查询与 ANSI SQL 语法一样，支持关联查询、嵌套查询。

（1）查询表属性。

```
SELECT id, name  FROM  demo.stu_info;
```

（2）关联查询。

```
SELECT a.id, a.name, b.course, b.score FROM demo.stu_info a inner join
demo.stu_exam b ON a.id=b.id;
```

（3）嵌套查询。

```
SELECT a.* FROM demo.stu_exam a where a.score > (select avg(score) from
demo.stu_exam a);
```

（4）使用 limit，限制查询结果记录数。

```
SELECT id, name, a* FROM  demo.stu_info  LIMIT 10;
```

（5）模糊查询。使用 like 与 rlike 来匹配记录中的字符串或者子字符串。like 使用通配符，与 MySQL 中类似；rlike 使用正则表达式，与 Java 中语法一样。

```
SELECT * FROM student_info WHERE name LIKE '%lu%';
SELECT * FROM student_info WHERE name RLIKE '.*(lu)+.*';
```

（6）分组查询。group by 通常和聚合函数一起使用，常常使用在需要对结果集进行分组的复杂的查询场景。例如，需要计算各个班学生的平均分：

```
SELECT class, avg(marks) FROM student_info GROUP BY class;
```

（7）Having 子句。可为 group by 的查询结果提供限制条件。

```
SELECT class, avg(marks) FROM student _info  GROUP BY class
HAVING class = 'V' OR class = 'VI';
```

（8）order by 子句。order by 子句可以将结果集按照升序或者降序排列，使用此排序语句将耗费较长的时间，因为所有的数据都要从一个 reducer 输出。

```
SELECT * FROM students_info ORDER BY marks DESC;
SELECT * FROM students_info ORDER BY marks ASC;
```

（9）case 语句。Hive 允许使用 case 语句，能够根据各种输入对记录进行分类。例如：

```
SELECT name,
CASE
```

```
WHEN marks >= 80 THEN 'Good'
WHEN marks < 80 AND marks >= 60 THEN 'Pass'
ELSE 'FAIL'
END AS class FROM student_info;
```

（10）union all 语句。union all 用于将两个具有相同结构的表的记录联合显示出来。union all 与 union 的区别：union 会将两个表中相同的记录只显示一个，union all 会将所有的记录都显示出来，不会检测数据是否重复。union all 的使用示例如下：

```
SELECT name, roll_no FROM student_1
UNION ALL
SELECT name, roll_no FROM student_2
```

2. 数据导入相关操作

（1）从 HDFS 系统导入数据。

```
LOAD DATA INPATH '/user/hiveusr/logs' OVERWRITE INTO TABLE logs;
```

（2）也可以在创建表的时候导入。

```
CREATE TABLE logs (url STRING, ip STRING) LOCATION
'/user/hiveuser/logs';
```

（3）从本地系统文件导入数据。

```
LOAD DATA LOCAL INPATH '/usr/local/logs/' OVERWRITE INTO TABLE logs;
```

（4）insert 插入语句。假如有两个表 logs 和 logs_raw，使用 insert 命令，将表 logs_raw 中的 url 字段的数据复制到 logs 表中，代码示例如下：

```
INSERT OVERWRITE TABLE logs SELECT url FROM logs_raw;
```

这里使用 OVERWRITE 会将原来表中的数据都删除，如果想保留原来的数据则需要使用下面的命令。

```
INSERT INTO TABLE logs SELECT url FROM logs_raw;
```

（5）将数据导出到本地。

```
INSERT  OVERWRITE  LOCAL  DIRECTORY  '/usr/loca/logs_samples'
SELECT * FROM logs;
```

🎁 7.4 Hive 的高级技术

7.4.1 Hive 复杂数据类型

本节讲解如何使用 Hive 中的复杂数据类型。Hive 中的复杂数据类型有四种：array 数组、

key-value 形式的列表 map、结构体 struct 和多种类型的集合 union。这里主要介绍三种类型 array、map 和 struct 的使用。

```
1003159,张小雪,
Swimming#Badminton,CET4@2016#NCRE@2017,CN#ShangDong#QingDao
```

这是一个数据集中的一行数据，它的第一个字段是学生的学号，第二个字段是学生的姓名，它们之间用逗号隔开。第三个字段是学生的兴趣，一个学生的兴趣可能有多个，它们之间用 # 号隔开，比如这个同学有两个兴趣，一个是游泳，一个是羽毛球。第四个字段是这个学生获得的证书以及在哪一年获得的，比如 CET4，是在 2016 年获得的，NCRE 证书是在 2017 年获得的。每个证书之间用 # 号隔开，证书与获得的年之间用 @ 符号隔开。第五个字段表示这个学生的地址信息，第一个是国家，第二个是省份，第三个是市，中间也是用 # 号隔开。

那对于这样的数据，我们如何把它存储到 Hive 表中呢？用什么样的数据类型来存储每一个字段呢？第一个字段可以用 int，第二个字段用 string，第三个字段可使用复杂数据类型里面的 array，因为兴趣可能有多个那就使用一个 array 把这些兴趣存储起来，第四个字段可以使用 map，每个证书作为 key，获取的年份作为 value，第五个字段可使用结构体，因为它的格式是固定的。因此该数据集可用如下语句创建 Hive 数据表。

```
create table stu_info(id bigint, name string, hobby array<string>,
cert map<string,int>, address
struct<contry:string,province:string,city:string>)
ROW FORMAT  DELIMITED
FIELDS  TERMINATED BY ','
COLLECTION  ITEMS  TERMINATED BY '#'
MAP  KEYS  TERMINATED  BY '@';
```

其中 create table 语句中第一个字段 id 也就是学生的学号 bigint 类型；第二个字段 name 是学生姓名 string 类型；第三个字段 hobby 是兴趣，用 array 类型，里面包含的是 string 类型的兴趣名；第四个字段是 cert，表示获取的证书，它是 map 类型的，map 的 key 是获得证书名称 string 类型，value 是获得证书的年份 int 类型；第五个字段 address，表示这个学生的地址或者籍贯，它的类型是 struct 结构体，结构体里面包含 country，国家用 string，province，省份用 string，然后 city，城市用 string。这样在创建数据表的时候就使用到了 array、map 和 struct 这三种复杂数据类型。除了定义字段的类型后面还有关键的几条语句，由于这三个复杂数据类型，array、map 和 struct 都有多个元素，因此需要约定元素 COLLECTION ITEMS 之间使用 '#' 分割，以及 map 类型数据以 '@' 符号分割。

创建表的时候定义复杂数据类型，那它是如何来使用呢？举三个例子进行说明。

（1）读取 array 数据：列名与序号，类似于 Java 里的访问数组元素。

```
hobby[0]
```

（2）读取 map 数据：列名与 key，类似于 Java 里的访问 map。

```
cert['CET4']
```

（3）读取 struct 数据：列名与属性名称。

```
address.contry
```

7.4.2 Hive 索引

Hive 中的索引与关系型数据库中的索引一样，它们都是用来提高查询效率的。然而 Hive 是一个数据仓库工具，而数据仓库中存放的是静态数据，所以，Hive 不像传统的关系型数据库那样有键的概念，它只能提供有限的索引功能，使使用户可以在某些列上创建索引，从而加速一些查询操作，Hive 中给一个表创建的索引数据，会被保存在另外的表中。下面将展示索引相关操作语句。

（1）创建索引，例如在 students 表的 user_id 字段上创建索引。

```
create index stu_index on table students(user_id)
as 'COMPACT'
with deferred rebuild;
```

其中在创建索引的语法使用 create index 关键字，此处在 students 表的 user_id 列建立索引。

as 'COMPACT' 是指定这个索引的类型为 compact。在 Hive 中索引的类型有两种，一种是 compact，另一种是 bitmap 位图索引。在大多数情况下，都是使用这个 compact。当要创建索引的字段，它的值比较少的时候，就使用 bitmap。比如像表示种类的字段，像表示性别的，它是男和女两种值，这种字段就比较适合用 bitmap 类型的索引。

with deferred rebuild，是指创建一个空的索引，当执行这一条语句之后，只是生成了一个空的索引，但是它里面是没有数据的。

（2）重建索引，表中如果有数据新增或者删除，则需要重建索引。

```
alter index stu_index on students rebuild;
```

（3）设置自动使用索引。

```
SET hive.optimize.index.filter=true;
```

（4）查看表上已经建立的索引。

```
SHOW  [FORMATTED]  INDEX ON  students;
```

（5）删除索引。

```
DROP INDEX IF EXISTS stu_index  ON   students;
```

7.4.3　优化 Hive 执行

在 Hive 的执行过程中，数据倾斜、job 数分配的不合理、磁盘或网络 I/O 过高、MapReduce 配置的不合理等都会影响执行性能。除了对 Hive 语句本身的优化，也要考虑 Hive 配置项以及 MapReduce 相关的优化。本节将介绍如何从底层思考如何优化性能的常用方法。

1.explain 命令

在 Hive 中，Hive 在执行任务时，通常会将 Hive SQL 转化为 MapReduce job 进行处理。因此对 Hive 的调优，可使用 explain 命令查看 HiveQL 语句执行计划。explain 命令的输出包含三个阶段，分别是抽象语法树、不同的阶段依赖和每个阶段的描述。通过 explain 命令可以查看涉及的抽象语法树，不同阶段的依赖。Hive 中的任务可能包含多个阶段，每个阶段之间会有依赖关系，还可以显示每个阶段的描述。explain 命令有以下两个选项：

（1）EXTENDED：给出更多执行计划相关信息。

（2）DEPENDENCY：仅显示依赖的表和分区。

它的使用方法如下：

```
explain extended select count(*) from students;
```

2.本地模式

Hive 可以通过本地模式在单台机器上处理所有的任务。对于小数据集，执行时间会明显被缩短。当数据量比较小，就可以使用本地模式，通过设置参数 hive.exec.mode.local.auto 为 true 让 Hive 决定是否启用本地模式，并且启用本地模式的执行条件需要满足以下三点：

（1）job 的输入数据大小必须小于参数：hive.exec.mode.local.auto.inputbytes.max（默认 128 MB）。

（2）job 的 map 数必须小于参数：hive.exec.mode.local.auto.tasks.max（默认 4）。

（3）job 的 reduce 数必须为 0 或者 1。

当满足以上三个条件时，Hive 就会以本地模式执行，这将明显减短小数据集的 Hive 语句运行时间。

3.并行模式

Hive 执行还存在并行模式，前面我们使用 explain 命令查看过 Hive 查询语句的执行计划，可发现 Hive 将任务分成 stage 来执行，这些 stage 可以是 MapReduce，也可以是读取，修改文件，默认情况下，这些任务是串行化执行的，假定它们之间是有依赖关系的。但 stage 之间没有依赖关系时，我们可以让这些 stage 并行化执行。通过设置 hive-site.xml 文件里的 hive.exec.parallel 参数值为 true 来实现。

7.4.4　使用分区

分区（partition）的概念来自于关系型数据库，在关系型数据库中，我们使用分区，将数据均匀地存储到不同的磁盘，以提高查询的效率。在逻辑上，这些数据依然在一张表中。Hive 中分区与关系型数据库中的分区一样，也是将数据存储到不同的块，在查询的时候可以避免全表扫描，以提高查询的效率。

Hive 在查询普通表的时候都是全表扫描，这在大多数情况下是没必要的，因此分区的概念应运而生，Hive 中分区的概念与关系型数据库中的分区概念一样，都是将数据分块存储，但逻辑上，所有数据都是在一个表中。以下将介绍分区创建、导入和删除等语句。

1. 创建分区表

创建带有分区的 student 表的语句如下：

```
CREATE TABLE student(
name STRING,
class STRING,
marks FLOAT)
PARTITIONED BY (grade STRING);
```

其中 create table 创建表跟前面创建表的语法是一样的，括号里是字段的名称。需要注意的是创建分区的字段是没有写在这个括号里面的，创建分区的字段是单独使用 partition by 语句后面跟着分区的字段，当然此处省略了字段的分隔符、行的分隔符等信息。也可以设置多个分区列，语句如下：

```
CREATE TABLE student(
name STRING,
marks FLOAT)
PARTITIONED BY (class STRING, grade STRING);
```

2. 添加或删除分区

添加分区语句如下：

```
ALTER  TABLE  student   ADD
PARTITION (year_of_joining = 2013)  LOCATION  '/student/2013/'
PARTITION (year_of_joining = 2014)  LOCATION  '/student/2014/'
```

删除表的分区语句如下：

```
ALTER TABLE  student DROP IF EXISTS PARTITION(year_of_joining = 2013);
```

3. 分区导入

向分区中导入数据有两种方法，一种是静态分区导入，还有一种是动态分区导入。

静态分区导入。执行导入语句时指定了分区值 "MONDAY"，语句如下：

```
INSERT OVERWRITE TABLE logs PARTITION (day = "MONDAY")
SELECT url FROM logs_raw;
```

动态分区导入。执行导入语句时指定了分区值，根据查询的数据自动分区，语句如下：

```
INSERT OVERWRITE TABLE logs PARTITION (day)
SELECT url, day FROM logs_raw;
```

此外动态分区导入依赖于一些属性的配置，其中几个重要的配置如表 7-3 所示。

表 7-3　动态分区配置表

hive.exec.dynamic.partition	要启动动态分区，该值设置为 true
hive.exec.dynamic.partition.mode	要启动动态分区，该值设置为 nonstrict，默认是 strict
hive.exec.max.dynamic.partitions.pernode	每个 Mapper 或者 Reducer 允许动态创建的最大分区数，默认是 100
hive.exec.max.dynamic.partitions	一个 DML 操作允许创建的最大分区数，默认是 1 000
hive.exec.max.created.files	所有的 Mapper 和 Reducer 允许创建的最大文件数，默认是 100 000

7.4.5　使用桶

接下来介绍 Hive 中的桶（bucket），在上述分区使用时，一个表中用来分区的列，其数据值往往是有限的。如图 7-2 所示，在这个数据集中有三个字段。第一个是学生的 id，第二个是姓名，第三个是班级。在这个表中适用于分区的列，应该是这个班级。那 id 适不适合做分区呢？它是不适合做分区的，因为这里面每一个 id 都是不一样的。如果把这个 id 作为分区列的话，那么每一个分区里面只有一笔数据，这样的分区是没有任何意义的。那假如想要根据这个 id 来查找学生信息时，如何能够提高效率？

id	name	class
10001	Jacky	0201
10002	Lucy	0201
10003	Smith	0202
...		
11000	Ailen	0202

图 7-2　学生数据集

桶就适合在这种场景下使用，它是将某一列的值进行哈希散列之后，将它们均匀地存储在不同的块中。比如在这个表中，将 id 这一列对十取模做计算，这一列经过运算之后，它们的值只会是从零到九的十个数字。如果把取模计算之后的值，相同的数据放在同一个方块中，那么整个数据集就可以存储在十个块中。这时当查找某一个数据的时候，可以计算这一个数据的哈希值之后，然后去对应的块中来查找数据，从而可以提高查询效率。

这里要注意桶与分区的区别，什么情况下该使用分区，什么情况下使用桶？在 Hive 中创建一个带桶的表，使用 create table 创建表的语句。此处还设置一个分区，这个分区的语法使用 partition by 某个列名和它的类型。第三行则是桶 bucket 的语法，它使用 clustered by 命令，跟着列名，后面接着 into 10 个桶。在创建带桶的表时，首先要指定分多少个桶，因此需要对分桶的这一列数据非常了解，知道它的分布情况。

```
CREATE TABLE stu_info(id bigint , name string)
PARTITIONED BY(class int)
CLUSTERED BY (id)  INTO 10  BUCKETS;
```

7.4.6　Hive Java 编程接口

本节主要介绍 Hive 的 Java 编程接口及如何使用 Java 程序来操作 Hive 数据库。使用 Java 来操作 Hive 数据库与使用 Java 来操作 MySQL 或者是 Oracle 数据库是一模一样的。

（1）加载驱动程序，语句如下：

```
Class.forName("org.apache.hive.jdbc.HiveDriver");
Connection conn = DriverManager.getConnection(
    "jdbc:hive2://172.20.6.112:10000/default", "hadoop", "123456");
```

第一步需要加载驱动程序，用 Class.forName 加载驱动程序，这个驱动程序根据不一样的数据库会加载不一样的驱动程序。此处使用的是 Hive 数据库，因此要加载这个 Hive 的驱动程序。接着使用 DriverManager.getConnection，第一个参数是数据库连接的地址，第二个和第三个参数分别是连接数据库的用户名和密码。获取到连接之后，就可以创建表或者是查询、插入数据等。

（2）创建表，语句如下：

```
String create_sql = "create table ....";
PreparedStatement stmt = conn.prepareStatement(create_sql);
stmt.execute(create_sql);
```

使用连接的 prepareStatement 方法将创建表语句传进来创建一个预处理的对象。从而用 execute 指令执行创建表。

（3）加载数据，语句如下：

```
String load_sql = "load data ....";
PreparedStatement stmt = conn.createStatement();
stmt.execute(load_sql);
```

（4）读取表数据，语句如下：

```
String query_sql = "select * from ....";
Statement stmt = conn.createStatement(query_sql);
ResultSet rs = stmt.executeQuery(query_sql);
while(rs.next()) { a = rs.getString(1); b= rs.getInt(2) }
```

使用连接的 prepareStatement 方法将查询语句传进来创建一个 Statement 对象，从而用 executeQuery 指令执行查询语句实现表数据的读取。

7.4.7　Hive 自定义函数

Hive 中内置了非常丰富的函数，然而内置函数无法满足用户的需要时，由于 Hive 具有较强的扩展性，用户可以按照自己的逻辑来创建函数即用户可以自定义函数。Hive 中有三种自定义函数，udf 类是其中的一种自定义函数，还有一种是 udaf，是用来实现类似于聚合函数、求和、求平均等这样一些函数的自定义函数，以及 udtf，它适用于输入一行，返回多行的场景，这里介绍最简单的 udf 类。

在 Hive 中创建自定义函数，语句如下：

```
public class GenderUDF extends UDF{
    public Text evaluate(Integer value){
        Text result = new Text();
        if(value==1){
            result.set("male");
        }else if(value==2){
            result.set("female");
        }
        return result;
} }
```

创建自定义函数首先要开发一个类并继承 udf 这个类，继承这个类之后，要实现一个方法，这个方法它的输入参数就是字段的某一个数值，通过这个函数，它返回 Text 类型数据。这个函数实现的是将学生信息表中性别进行语义转换，从而查询性别信息时不是 1 和 2 而是男性和女性。

创建好这个自定义函数后还需添加自定义函数后才能使用，其语句如下：

```
hive> add jar /usr/local/zhitu/hiveudf.jar ;
hive> create temporary function gender_f as
'com.mjusk.learning.GenderUDF';
hive> create  function gender_f as'com.mjusk.learning.GenderUDF' using jar
'hdfs:/hive/udfs/hiveudf.jar' ;
```

创建好这个类之后，要把这个类导出 jar 包，导出 jar 包之后，要在 Hive 命令行使用 add jar 命令，把 jar 包添加到 Hive 中，作为 Hive 的资源。jar 包添加好之后要使用 create temporary function 指定自定义函数的名称，然后指定自定义函数的完整路径以及包名。这是一个临时函数，当退出 Hive 命令行时它就失效了。如果要创建永久的自定义函数，那需要将 jar 包上传到 hdfs 上，之后再使用 create function 命令即可。

接着是使用自定义函数的方法，语句如下：

```
hive> select name, gender_f(gender)  from  stu_info;
```

7.5　实战：Hive 综合实例

1. 实验目标

在已有 Hadoop 集群基础上学习如何使用 HiveQL 语句将数据导入 HDFS 中。

2. 实验背景

咨询公司 InSights 正在处理股票的一些数据，并需要运行一套大数据标准查询，以准备一些报告。他们不想写 MapReduce 代码来得到结果，于是决定使用 Hive，这使得他们可以写类似 SQL 的可以在大数据上使用的查询语句。他们先以 CSV 文件格式处理数据，并以序列格式保存。在这次实验练习中，将要编写所需的 HQL 查询语句，以首先导入名为 Sample1.txt 的文本文件中给出的数据导入到 HDFS 第一张 CSV 类型表 stock_data 中，然后复制到 sequence 类型的表 stock_data2 中。本实验开始时，读者会有三台 CentOS 7 的 Linux 主机，其中三台 master，slave1，slave2 已经配置好 Hadoop 集群环境，master 为 NameNode，slave1 与 slave2 为 DataNode，并具备如下环境 JDK 版本 1.8，Hadoop 版本 2.6.5，Hive 版本 2.1.0。

3. 实验步骤

步骤 1：启动 Hadoop。在 master 服务器上，进入 /usr/local/zhitu/hadoop-2.7.3 目录下启动 Hadoop 服务。参考命令：

```
cd /usr/local/mjusk/hadoop-2.7.3
bin/hdfs namenode -format
sbin/./start-all.sh
```

步骤 2：启动 mysqld 服务。本实验中 Hive 使用 MySQL 数据库作为元数据库，需要启动 mysqld 服务。maste 主机上已经安装好 MySQL，只用启动 mysqld 服务即可。参考命令：

```
systemctl start mysqld
```

步骤 3：开启 Hive 的 metastore 服务。在命令行中输入命令：

```
hive --service metastore &
```

注：& 表示后台运行该服务，撤销后 metastore 服务依然在后台运行，如果不加 & 则撤销后 metastore 服务也随之关闭。

步骤 4：开启 Hive 的命令行，直接在命令行中输入命令：hive。

步骤 5：查看数据库。如果你想查看 Hive 下所有的数据库，可以使用：show databases，效果如图 7-3 所示。

```
hive> show databases;
OK
default
Time taken: 1.841 seconds, Fetched: 1 row(s)
hive>
```

图 7-3　查看数据库

步骤 6：创建数据库。输入如下语句创建数据库，效果如图 7-4 所示。

```
create database IF NOT EXISTS demo;
```

```
hive> create database IF NOT EXISTS demo;
OK
Time taken: 2.23 seconds
hive> show databases;
OK
default
demo
Time taken: 0.066 seconds, Fetched: 2 row(s)
hive>
```

图 7-4　创建数据库

步骤 7：指定使用数据库。输入 use demo 指定当前使用的数据库为 demo，效果如图 7-5 所示。

```
hive> use demo;
OK
Time taken: 0.045 seconds
hive>
```

图 7-5　指定使用数据库

步骤 8：创建一张 csv 文件类型的表。参考命令：

```
create table stock_data(Datel string, Open float, High float, Low
float, Close float, Volume int, AdjClose float)row format delimited fields
terminated by ',' stored as textfile;
```

步骤 9：创建一张 sequence 文件类型的表。参考命令：

```
create table stock_data2(Datel string, Open float, High float, Low
float, Close float, Volume int, AdjClose float) stored as sequencefile;
```

步骤 10：查看表结构。参考命令：

```
describe stock_data;
```

查看 stock_data 的表结构如图 7–6 所示。

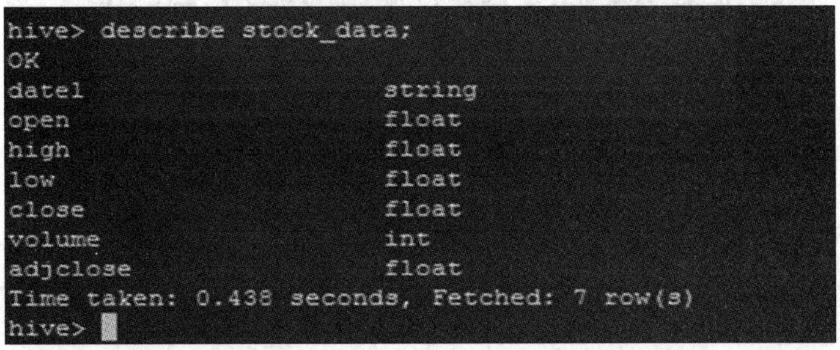

```
hive> describe stock_data;
OK
date1                    string
open                     float
high                     float
low                      float
close                    float
volume                   int
adjclose                 float
Time taken: 0.438 seconds, Fetched: 7 row(s)
hive>
```

图 7–6　表结构

步骤 11：将数据载入表中。参考命令：

```
load data local inpath '/usr/local/mjusk/sample/sample1.txt' into table
stock_data;
```

插入完毕后取前 10 条记录查看：

```
select * from stock_data limit 10;
```

效果如图 7–7 所示。

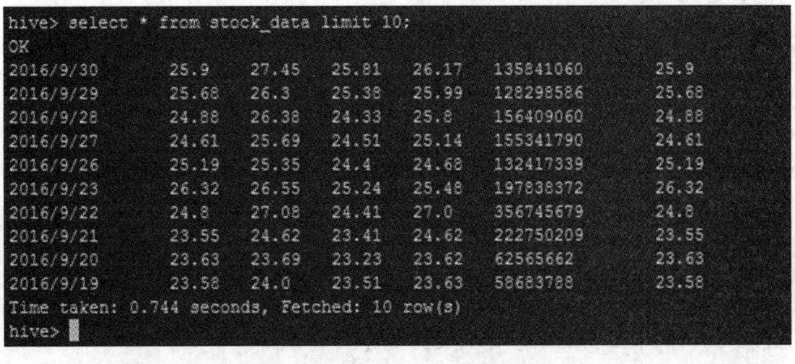

```
hive> select * from stock_data limit 10;
OK
2016/9/30       25.9    27.45   25.81   26.17   135841060       25.9
2016/9/29       25.68   26.3    25.38   25.99   128298586       25.68
2016/9/28       24.88   26.38   24.33   25.8    156409060       24.88
2016/9/27       24.61   25.69   24.51   25.14   155341790       24.61
2016/9/26       25.19   25.35   24.4    24.68   132417339       25.19
2016/9/23       26.32   26.55   25.24   25.48   197838372       26.32
2016/9/22       24.8    27.08   24.41   27.0    356745679       24.8
2016/9/21       23.55   24.62   23.41   24.62   222750209       23.55
2016/9/20       23.63   23.69   23.23   23.62   62565662        23.63
2016/9/19       23.58   24.0    23.51   23.63   58683788        23.58
Time taken: 0.744 seconds, Fetched: 10 row(s)
hive>
```

图 7–7　展示前 10 条记录

步骤 12：向表插入数据。参考命令：

```
insert overwrite table stock_data2 select * from stock_data;
```

即将 stock_data 表中数据插入到 stock_data2 表中，然后查询 stock_data2 表中 10 条纪录：

```
select * from stock_data2 limit 10;
```

结果如图 7–8 所示。

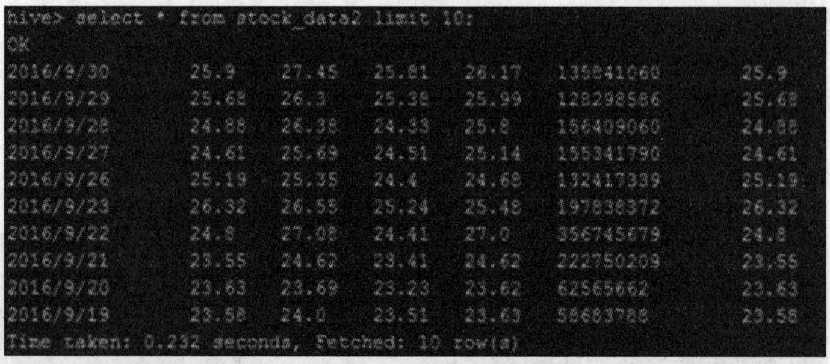

图 7-8　stock_data2 表中 10 条纪录

小　结

本章介绍了 Hive 数据仓库的知识。针对 MapReduce 程序的开发成本高，为了方便用户可以快速执行一些常用的查询统计任务且为非 Java 编程人员提供友好的 MapReduce 支持，Hive 使用 HDFS 作为底层的存储，提供了查询语句 HiveQL 供用户处理。本章还介绍了 Hive 的数据类型以及相应的数据操作和查询语言，并阐述了一些 Hive 的高级技术应用，例如 Hive 的优化执行、桶和分区的应用，最后通过实战学习在已有 Hadoop 集群基础上使用 HiveQL 语句将数据导入 HDFS 中。

习　题

1. 简述 Hive 产生背景。

2. 简述 Hive 的服务结构组成及其对应的功能。

3. Hive 是如何操作和管理数据的，其管理数据的方式有哪些？

4. 试述在 Hadoop 生态系统中 Hive 与其他组件之间的相互关系。

5. 比较 Hive 数据仓库和普通关系型数据库的异同。

6. 请简述 Hive 的几种访问方式。

7. 请分别对 Hive 的几个主要组成模块进行简要介绍。

8. 请列举 Hive 所支持的三种集合数据类型。

9. 请列举几个 Hive 的常用操作及基本语法。

10. 简述 ORDER BY 语句和 SORT BY 语句在使用上的区别和联系。

思政小讲堂

职业伦理

思政元素：增强学生的职业伦理意识，树立正确的职业伦理观念，积极引导学生加强自身的职业道德修养，提升个人综合素质。

职业活动是社会分工体系中的重要方面，是特殊的社会角色活动。根据在社会大系统中的角色及其功能性要求，职业活动获得具体社会角色及其社会权利与义务、责任的规定。职业活动体现了特定的价值理念，职业关系是特殊的伦理关系。

2012 年 6 月的一天，某公司外派维修的售后服务工程师陈某来电话，要求工厂售后服务部门为其在安徽某地的维修现场发送一个配件。按规定要求，陈某应当书面传真具体规格型号，由售后服务部门检查后再发货，以保证准确性。结果陈某以自己多年的工作经验为由，且声称要节省传真费用，客户很急，要求电话口头报告型号。相关售后服务人员鉴于这种情况，就相信了陈某，按陈某说的型号发去了配件，结果发到现场后发现型号错误又要重发，造成出差费用、运输费用等的增加，更重要的是影响了客户生产。事后处理此事，陈某一口咬定自己当初报告的就是第二次发的正确型号，而相关售后服务人员则坚持陈某当初报告的就是第一次错误的型号。由于没有书面函件，无法判断究竟是谁的失误。最后因为双方都在明知公司规定的情况下而违反了书面沟通程序的规定，从而对造成的损失均负有责任，并分别得到了相应的处理。

无论是企业的内部部门之间互相协调、支持、沟通，还是企业和供应商、客户等外部部门之间互相协调、支持、沟通，都应当有书面沟通函件。但是在许多管理工作和生产工作实践中，一些人往往习惯于电话交谈之后就完事，或过分相信口头沟通的功能，结果往往耽误事情，造成损失，上述案例就是这种情况。

工程技术人员的职业伦理是极其重要的，他们必须遵守职业道德规范，做到把社会道德价值放在首要位置，自觉地担负起对人类健康、安全和福利的责任，不断学习和提高自己的专业技能。只有这样，工程技术人员才能为社会做出更大的贡献，为人类的发展和进步做出更大的贡献。比如：青藏铁路是世界上海拔最高、线路最长的高原铁路。青藏铁路为了保护当地生态环境，采取以桥代路等措施，建立了野生动物专用通道、打造人造湿地以及践行地面和列车污染物零排放等理念，青藏铁路从设计、修建和运营维护全过程都体现了绿色发展、生态整体主义的工程环境伦理思想。

作为社会主义建设者的大学生要自觉接受职业伦理教育，不断加强自身的职业道德修养，提升个人综合素质，做到更好地适应社会需求。

第 8 章

基于内存的分布式计算框架 Spark

学习目标

- 了解 Spark 相关背景知识。
- 了解 Spark 的生态系统。
- 了解 Spark 架构及运行原理。
- 了解 Spark 的部署模式及集群安装方法。
- 了解 Spark 应用场景。

前面章节中介绍了分布式大数据处理工具 Hadoop，虽然其已经成为大数据技术的事实标准，但其分布式计算模型 MapReduce 仍存在许多缺点，而 Spark 不仅具备 Hadoop 计算的优点，还解决了 Hadoop 计算中的缺陷。

本章首先简单介绍了 Spark 的相关背景，从分析 Spark 与 Hadoop 的区别中，认识到 Spark 相对于 Hadoop 的优势及特点；然后介绍了 Spark 生态系统，即 Spark 核心库 Spark Core 和 Spark SQL、Spark streaming、MLlib、GraphX 等组件；再次，本章介绍了 Spark 的运行架构及运行原理、部署模式和应用场景；最后介绍了 Spark 集群安装与基本使用。

8.1 Spark 概述

8.1.1 Spark 的发展

Spark 是一种快速、通用、可扩展的大数据分析引擎，2009 年诞生于加州大学伯克利分校的 AMP（algorithms，machines and people）实验室。2010 年开始开源，并与 2013 年 6 月成为 Apache 孵化项目，2014 年 2 月成为 Apache 顶级项目。2016 年 7 月，Spark 发布 2.0 版本，Spark 2.x 版本在设计、编程接口、性能优化方面都有了非常大的进步。2019 年，Spark 3.x 问世，在人工智能和机器学习领域开始发力。目前，Spark 生态系统已经发展成为一个包含多个子组件的集合，其中包含 SparkSQL、Spark Streaming、GraphX、MLlib 等。

Spark 是基于内存计算的大数据并行计算框架。基于内存计算，提高了在大数据环境下数据处理的实时性，同时保证了高容错性和高可伸缩性，允许用户将 Spark 部署在大量廉价硬件之上，形成集群。

目前，Spark 得到了众多大数据公司的支持，这些公司包括 Hortonworks、IBM、Intel、Cloudera、MapR、Pivotal、百度、阿里、腾讯、京东、携程。当前百度的 Spark 已应用于凤巢、大搜索、直达号、百度大数据、百度知道、云安全等业务；阿里利用 GraphX 构建了大规模的图计算和图挖掘系统，实现了很多生产系统的推荐算法；腾讯 Spark 集群达到 8 000 台的规模，是当前已知的世界上最大的 Spark 集群。

8.1.2 Spark 与 Hadoop 的比较

Hadoop 是一个分布式的基础架构，发展到现在，已成为一个很庞大的一个生态体系。虽然 Hadoop 已经在大数据行业得到广泛应用，但本身还存在诸多缺陷，最主要的缺陷是其 MapReduce 计算模型延时过高，无法胜任实时的、快速的计算需求，因而只能适用于离线批处理的应用场景。下面分析 Hadoop 技术存在的一些问题：

（1）表达能力有限。计算都必须要转化成 Map 和 Reduce 两个操作，虽然能满足大多数场景的需求，但难以描述一些复杂的场景。

（2）Hadoop 不适用于低延迟的数据访问。它所有的数据都是存在磁盘上的，要对海量的数据进行读取计算的时候，I/O 开销比较大。所以，如果说数据量本来就不多，那根本就没必要在 Hadoop 集群上进行处理，这样反而是对集群资源的一种浪费。

（3）Hadoop 不适用于高迭代计算。这里的高迭代计算实际上是它有较多 Map、Reduce 计算，在进行 Map、Reduce 计算的过程中会频繁地去读 / 写磁盘，而磁盘的读写速度通常都不会很高，因此，高迭代计算效率将大打折扣。

（4）Hadoop 不能高效地存储大量的小文件。Hadoop 2.x 之后，HDFS 文件块的默认值是 128 MB，此时如果频繁地使用大量的小文件，实际上会占用 NameNode 里面大量的内存。因为所有的文件都需要 NameNode 进行原数据的存储，NameNode 会负责每一个小文件在数据节点上的一个存储位置指向。所以当这个小文件太多的时候，会严重影响 NameNode 的性能。而且当你在找这些很多小文件的时候，查找过程也会很麻烦。

（5）Hadoop 不支持多用户写入和任意修改文件。Hadoop 的文件默认只能进行追加，不能进行修改。

那么 Hadoop 和 Spark 它们之间有什么关系呢？首先解决问题不一样，Hadoop 提供了分布式数据基础设施，包括 HDFS 和 YARN。Spark 则用来专门对大数据进行处理。其实它们并不是严格意义上的竞争关系，因为 Spark 并不负责这个数据的存储，只是负责数据的处理。而 Hadoop 提供了存储，同时它还提供了资源管理。Spark 与 Hadoop 的搜索趋势对比如图 8-1 所示，从图中可以看出，从 2014 年 Spark 开源后，其搜索热度在不断增加，Hadoop 则相对变化不大。近两年来受全球经济环境的影响，热度有所下降。

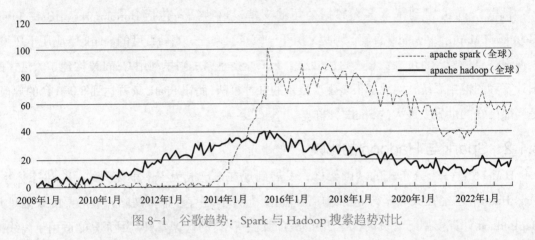

图 8-1　谷歌趋势：Spark 与 Hadoop 搜索趋势对比

对于 Spark 本身，如果是独立模式，它具备资源管理功能。如果是非独立模式，它实际上可以使用其他资源管理器，如 YARN。Spark 也可以和 Hadoop 同时存在。虽然 Hadoop 提供了 Map 和 Reduce 做数据处理，但是它的性能比较低。而 Spark 也不是非要依附在 Hadoop 上才能生存。但是更多的时候 Spark 会用到 Hadoop 的 HDFS 和资源管理器 YARN。

8.1.3　Spark 的特点

Hadoop 的 Map、Reduce 在运行完工作之后，将中间数据放到磁盘中，这涉及磁盘的读 / 写，速度是非常慢的。而 Spark 则采用了完全不同的方案，它是基于内存计算的，即中间各种过程数据都使用内存进行存储。这样就能基于服务器内存做数据的计算分析，所以它的速度会明显比 Hadoop 的 Map、Reduce 快。Spark 在存储器内存运行程序时，它的运算速度会比 Hadoop 的 Map、Reduce 快上一百倍。即使是这个程序运行于磁盘，Spark 的速度也会比 Map、Reduce 快上十倍。

Spark 允许用户将数据加载到集群的内存中，并且多次对其进行查询，也就是迭代式处理，所以它非常适用于机器学习算法。机器学习是目前非常火的一个研究方向及应用领域。总之，Spark 用于大规模数据处理和统一分析引擎，主要有下面几个特点：

第一，快速计算。由于 Spark 使用了最先进的 DAG（Directed Acyclic Graph, 有向无环图）执行引擎，同时它还使用查询优化器以及物理执行引擎来实现批处理和流数据的高性能。Spark 的计算效率要远远高于 Hadoop，特别是 Hadoop 的 Map、Reduce。

第二，易用性。可以使用 Java、Python、R 编程语言以及 Scala 编程语言。提供简洁的高级 API，可以轻松构建应用程序，同时还可以通过 Spark Shell 进行交互式编程。

第三，通用性，它整合了 SQL 流式计算和复杂的数据分析、机器学习、图计算以及流式处理 Streaming，并且可以将它们无缝地进行组合。

第四，支持多平台。可以构建独立的集群，也就是独立模式或者在 Kubernetes、Amazon EC2 等云环境中运行。同时它可以访问多种数据源，包括 HDFS、Cassandra、HBase、Hive 以及其他数以百计的数据源。

尽管与 Hadoop 相比，Spark 有较大优势，但是并不能够取代 Hadoop。 Hadoop 适合于数据量特别大、对实时性要求不高的场合，Hadoop 可以使用廉价的通用服务器来搭建集群，而 Spark 对硬件要求相对比较高，特别是对内存和 CPU 有更高的要求。Spark 和 Hadoop 生态系统共存共荣，Spark 借助于 Hadoop 的 HDFS、HBase 等来完成数据的分布式存储，然后由 Spark 完成数据的计算。

8.2 Spark 架构设计

Spark 的设计遵循"一个软件栈满足不同应用场景"的理念，已经形成了一套完整的生态系统，可以应用于大数据实际应用中的批量数据处理、交互式查询、实时数据流处理不同场景。图 8-2 展示了 Spark 的整体架构，下面从 Spark 支持的语言、组件、核心库、数据源等几个部分简要介绍。

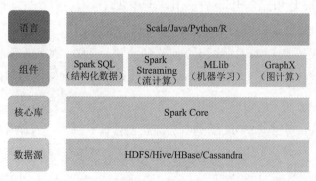

图 8-2 Spark 整体架构

首先，Spark 支持 Scala、Java、Python 和 R 多种编程语言。考虑到最优性能，在后面的章节中，主要使用 Scala 作为 Spark 程序的主要编程语言。

其次，Spark 包含 Spark SQL、Spark Streaming、MLlib、GraphX 等组件，形成了一个较为

完整的大数据处理生态系统。

（1）Spark SQL 是在 Spark 1.0 中被引入的，是 Spark 用来操作结构化数据的程序包。通过 Spark SQL，可以使用 SQL 或者 Apache Hive 版本的 SQL 方言（HQL）来查询数据。Spark SQL 支持多种数据源，如 Hive 表、Parquet 以及 JSON 等。Spark SQL 还支持开发者将 SQL 和传统的 RDD 编程的数据操作方式相结合，不论是使用 Python、Java、R 还是 Scala，开发者都可以在单个的应用中同时使用 SQL 和复杂的数据分析。Spark SQL 在 Spark Core 上构建出名为 SchemaRDD 的数据抽象化概念，提供结构化和半结构化数据相关的支持。在 Spark 1.3 版本，SchemaRDD 被重命名为 DataFrame。

（2）Spark Streaming 是 Spark 提供的对实时数据进行流式计算的组件，比如生产环境中的网页服务器日志，或是网络服务中用户提交的状态更新组成的消息队列，都是数据流。其处理的数据并不是一块整体的、批量的数据，而是源源不断的数据流，并对数据流进行实时的、不断地计算。Spark Streaming 充分利用 Spark Core 的快速调度能力来运行流分析。它截取小批量的数据并对之运行 RDD 转换。这种设计使流分析可在同一个引擎内使用同一组为批量分析编写而撰写的应用程序代码。

（3）Structured Streaming 是建立在 Spark SQL 引擎上的可扩展和容错流处理引擎。可以用对静态数据表示批处理计算的相同方式来表示流计算。Spark SQL 引擎将负责增量和持续地运行它，并在流数据不断到达时更新最终结果。Structured Streaming 处理的数据跟 Spark Streaming 一样，也是源源不断的数据流，区别在于，Spark Streaming 采用的数据抽象是 DStream（本质上就是一系列 RDD），而 Structured Streaming 采用的数据抽象是 DataFrame。

（4）MLlib 是 Spark 上分布式机器学习框架。Spark 分布式存储器式的架构比 Hadoop 磁盘式的 Apache Mahout 快上 10 倍。MLlib 可使用许多常见的机器学习和统计算法，包括聚类、分类、回归、协同过滤等，降低了机器学习门槛。

（5）GraphX 是用来操作图（比如社交网络的朋友关系图）的程序库，可以进行并行的图计算。与 Spark Streaming 和 Spark SQL 类似，GraphX 也扩展了 Spark 的 RDD API，能用来创建一个顶点和边都包含任意属性的有向图。

核心库 Spark Core 实现了 Spark 的基本功能，包含任务调度、内存管理、错误恢复、与存储系统交互等模块。所有的上面的四个模块其实都是基于这个核心模块而进行处理的。Spark Core 中还包含了对弹性分布式数据集（resilient distributed dataset，RDD) 的 API 定义。

RDD 是一个可以并行操作的，并且有容错机制的一个数据集合，它是 Spark 的编程主要数据模型的一个抽象。它提供了创建和操作这些集合的多个 API。也就是说 Spark 最主要的操作对象其实就是对 RDD 进行各种各样的操作。RDD 可以基于外部存储系统的数据集创建（如共享文件系统、HDFS、HBase 等），也可以通过现有的 RDD 进行转换，也就是说它可以从一个旧的 RDD 转换成一个新的 RDD。

Spark 默认也是需要基于从其他数据源进行加载数据，其本身不提供这个数据源，但是可以利用其他的组件来进行这个数据源的获取。比如说 Hadoop 的 HDFS，以及 Hadoop 下面的 Hive 数据仓库，更多数据源及简介见表 8-1，当然还存在数以百计的其他数据源，包括本地文件系统，在这里不一一列出。

表 8-1　Spark 数据源

数据源	说明
HDFS	HDFS 是 Hadoop 项目的核心子项目，负责分布式计算中数据存储
Cassandra	Apache Cassandra 是一个高可扩展的高性能分布式数据库，可处理大量服务器上的大量数据，高可用性，无单点故障
HBase	Apache HBase 是建立在 Hadoop 文件系统之上的分布式面向列的数据库。它是横向扩展的
Hive	Apache Hive 是一个数据仓库工具，在 Hadoop 中用来处理结构化数据，可以将 SQL 语句转换为 MapReduce 任务进行运行
Alluxio	Alluxio（原名 Tachyon）是基于内存为中心的分布式存储系统，使得数据的访问速度能比其他方案快几个数量级

8.3　Spark 运行架构及运行原理

Spark 的运行架构如图 8-3 所示，采用主从架构，即一个 Master（即每个应用的任务控制节点 Driver）和若干个 Worker Node（运行作业任务的工作节点）。另外，该架构还包括集群资源管理器（cluster manager）以及每个工作节点上负责具体任务的执行进程（executor）。其中，Cluster Manager 负责所有 Executor 的资源管理和调度，根据底层资源管理和调度平台的不同，Cluster Manager 可以有多种选择资源管理器，可以是 Spark 自带的资源管理器，也可以是 YARN 或 Mesos 等第三方资源管理框架。

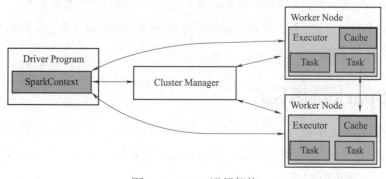

图 8-3　Spark 运行架构

Spark 程序的入口是 Driver 中的 SparkContext，其作用是连接用户编写的代码与运行作业调度和任务分发的代码。当用户启动一个 Driver 程序时，会通过 SparkContext 向集群发出命令，Executor 会遵照指令执行任务。一旦整个执行过程完成，Driver 结束整个作业。Spark 运行的基本流程见图 8-4，流程具体描述如下：

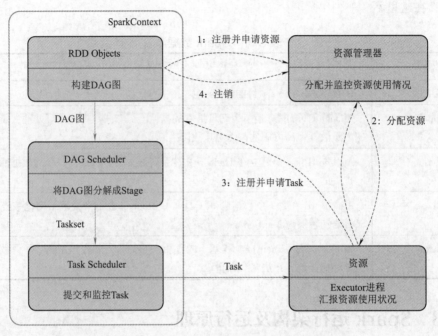

图 8-4　Spark 执行流程

（1）首先为应用构建起基本的运行环境，即由 Driver 创建一个 SparkContext，进行资源的申请、任务的分配和监控。

（2）资源管理器为 Executor 分配资源，并启动 Executor 进程。

（3）SparkContext 根据 RDD 的依赖关系构建 DAG 图，DAG 图提交给 DAGScheduler 解析成 Stage，然后把一个个 TaskSet 提交给底层调度器 Task Scheduler 处理；Executor 向 SparkContext 申请任务，Task Scheduler 将任务发放给 Executor 运行，并提供应用程序代码。

（4）任务在 Executor 上运行，把执行结果反馈给 Task Scheduler，然后反馈给 DAGScheduler，运行完毕后写入数据并释放所有资源。

8.4　Spark 部署模式

Spark 部署模式总体来说分成两个大类，如图 8-5 所示，一个是 local 模式，也就是本地模式，该模式就是运行在一台计算机上的模式，通常就是用于在本机上练手和测试。另外一个是 cluster 模式，也就是集群模式。

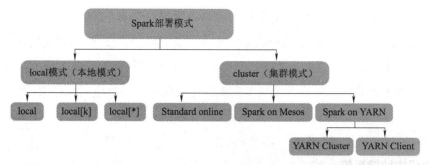

图 8-5　Spark 部署模式

本地模式又分 local，local[k]、local[*] 几种模式：

local：所有的计算都是在一个线程当中，并没有任何的并行计算。通常在本地执行的一些测试代码练手，就可以使用这个模式。

local[k]：用于本地并行计算，k 是线程的数量，比如 local[4]，就是使用四个 worker 线程。

local[*]：根据 CPU 核心数自动设定，即按照 CPU 最大核心数来设置线程数。

本地模式实际上就是单机模式，只能让你在一台机器上进行部署。一般都用于测试。更多的时候，需要部署真正的模拟，这时候就必须使用集群模式。集群模式包括 Standard online、Spark on Mesos、Spark on YARN。

Standard online：即独立模式，其实就是表示不依赖于其他的第三方组件独立运行。所以，在这种模式下，Spark 会自己负责资源的管理调度。

Spark on Mesos：Mesos 是一种资源调度管理框架，可以为运行在它上面的 Spark 程序提供服务。

Spark on YARN：分成 YARN Cluster 和 YARN Client 两种模式。YARN Cluster 模式一般用于生产环境中所有的资源调度，其计算都在集群环境上进行。YARN Client 模式下，Spark 的驱动以及这个应用程序的管理者均在本机进行，而计算的任务则是在集群上进行。所以这两者的区别是 YARN Cluster 是真正意义上分布式模式。

8.5　Spark 的应用场景

目前大数据的应用非常广泛，大数据应用场景的普遍特点是计算量大、效率高。而 Spark 正好满足这些要求，下面主要介绍 Spark 在数据处理和数据科学任务两个方面的一些应用场景。

8.5.1　数据处理应用

Spark 的一个主要使用对象是开发生产环境中数据处理应用软件的开发者，即工程师。开发者一般有基本的软件工程概念，拥有计算机专业的一些背景，并且能够设计和搭建软件系统，实现基本业务。而 Spark 为工程师提供了一条捷径，通过封装，开发者不需要关注如何在这个分布式系统上怎么编程这样复杂的问题，也无须过多关注网络通信和程序的容错性。所以说Spark提供了很大的便利，让普通开发者不需要太过关注这个框架里面是如何实现、数据交互、网络通信这些比较复杂的问题，而专注于程序、软件的开发本身上面去。Spark已经为工程师提供了足够多的接口，来快速实现常见的任务，并对应用程序进行监视、审查和性能调优。

接下来列举数据应用的几个常见的案例。

1. 实时日志监控系统

系统上线运行时经常会出现一些错误，还有一些恶意的攻击者，如果不能进行有效地实时监控，那么往往会带来很大的经济损失。为了保证异常的及时处理，就需要设计一套系统，对产生的日志进行实时监控。当出现异常或者指定信息时，给对应的工作人员发送邮件或者短信提醒，同时还能记录异常的信息，这样就可以对系统做到异常的实时监控。

2. 爬虫系统

爬虫系统也是近几年比较火的一个项目，尤其是基于Python的网络爬虫。因为很多时候要做数据分析，但我们实际上没有数据，没有数据怎么办呢？只能自己写爬虫去爬取数据。网络爬虫它可以自动地从网络中获取各种各样的资源。同样可以基于Spark做网络爬虫，它可以并发地从一个网站爬取数据，这样的爬取效率会比较高。

3. 旅游大数据的分析系统

比如以一个省的旅游数据为例，可以分析出很多指标，如一个省的旅游收入的分析，包括金额增长率与全国收入的增长率对比等，以及这个省内旅游的情况分析，如星级饭店的总数、国内游客数、旅游消费水平等一系列的参数分析。通过以上的分析，我们就可以得出一个省在下一阶段在旅游方面应该去重点关注哪些地方，给当地规划提供一些判断依据。

4. 垃圾邮件的过滤系统

我们经常会收到各种各样的垃圾邮件，垃圾邮件的内容包括一些商业个人网站、电子杂志等。垃圾邮件可以分成良性的、恶性的。良性的垃圾邮件是各种宣传、广告，对收件人影响不大的一些信息邮件。恶性的是具有破坏性的电子邮件，通过Spark系统，可以对垃圾邮件进行过滤。

8.5.2 数据科学任务

数据科学关注的是数据分析领域，跟机器学习、人工智能领域相关，如数据科学任务统计、预测、建模等。Spark提供了一些快速的、简单的API都可以在数据科学的场景里发挥其能量。

1. 信用评估

大家经常接触到的芝麻信用实际上就是一个基于大数据的信用评估，可以实现智能化的这个征信以及审批，通过多渠道来获取多维度的数据，包括一些通话记录、个人的短信、一些购买历史、电商数据，以及社交网络上面的留言、留存的信息，可以提取出很多的数据。进入大数据模型，可以对个人的信用进行评估，从而得出一个人是否可以进行抵押借贷，是否可以进行担保，比如说个人以及中小企业的一些信用情况，也可以通过大数据征信来解决他们的借款以及融资困难的问题。

2. 精准营销

互联网平台最大的不同之处就在于互联网平台有网络效应，用户规模越大，获取的成本就越低，但是金融有效客户的甄别和获取成本并不会降低，所以要通过一些技术手段来解决这个问题。通过用户的画像以及大规模的数据模型，可以找到精准的用户实现精准的营销。也就是说哪些用户缺什么东西，可以通过之前已经准备好的模型来进行识别，只针对这些用户推销产品，从而实现精准营销，通过精准营销也可以降低一部分恶性广告，从而提升一些用户体验。

3. 智能客服

智能客服其实存在于我们的日常生活。当你要问问题的时候，一般来说都会由机器人来帮你解决，要想使用这个机器人来解决，首先必须掌握自然语言的处理。用户输入自然语言，机器人要识别自然语言的语义，然后找寻到相应的已经存在的一些解决方案。通过对话还可以识别用户的一些需求、给客户提供解释和推荐产品，同样来带动商品销售的一些转化。

4. 图像识别

图像识别也是非常广泛的一个使用场景，利用计算机对图像进行识别、分析和理解，可以识别不同模式的目标。比如说一些场景是车牌识别，像现在很多小区车辆进入时都是自动进行图像识别的。

8.6　Spark 集群安装与启动

前面介绍了 Spark 的部署方式，由于 local 模式安装比较简单，本节主要介绍基于 Hadoop 的 Spark 集群环境的搭建，并且假设已经配置好 Hadoop 集群环境和 Spark on YARN 的运行环境，只需要在主服务器上执行 hdfs namenode-format 格式化命令后启动 Hadoop 集群。

本次搭建的 Spark 将使用 Hadoop YARN 作为集群的资源管理器，所以其需要基于 Hadoop 集群环境，其架构如图 8-6 所示。本文以服务器名称为 master 的服务器为 NameNode，其余两个服务器 slave1，slave2 为 DataNode。实际实验中请依据具体情况而定。

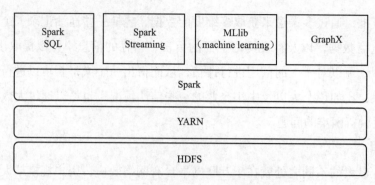

图 8-6　Spark+Hadoop+YARN 架构

8.6.1　集群的安装

步骤 1：启动 Hadoop 集群。

使用 SSH 工具登录到主服务器上，使用 cd 命令进入到 /usr/local/mjusk/hadoop 目录下，执行命令：

```
bin/hdfs namenode -format
```

然后再执行命令：

```
sbin/./start-all.sh
```

启动 Hadoop 集群。启动完成后可以在主服务器上输入 jps 看到 NameNode 和 ResourceManager 等服务，在两台从服务器上输入 jps 看到 NodeManager 和 DataNode 等服务。

步骤 2：下载 Spark。

建议从官网下载，进入后有两个选项：Spark 版本和包类型（Hadoop 版本），这里 Spark 版本选择 3.2.4，而 Hadoop 选择 3.2.4，选择之后下载内容会自动变动，然后单击"下载"按钮即可。下载好后并进行解压，目录为：/usr/local/mjusk/spark-3.2.4。

步骤 3：配置 Spark 集群。

注意，该实验步骤配置操作需要在集群的每台机器上全部执行。首先配置 Spark 的环境变量文件 spark-env.sh，位于 Spark 安装目录的 conf 目录下。默认没有这个文件，只有 spark-env.sh.template，它是配置参考模板。我们将其修改为 spark-env.sh：

```
mv /usr/local/mjusk/spark-3.2.4/conf/spark-env.sh.template
| /usr/local/mjusk/spark-3.2.4/conf/spark-env.sh
```

然后编辑 spark-env.sh：

```
vi /usr/local/mjusk/spark-3.2.4/conf/spark-env.sh
```

里面有很多注释掉的参数，并有参数说明，只要修改其中一部分即可，增加如下内容：

```
export JAVA_HOME=/usr/local/mjusk/jdk1.8
export SPARK_HOME=/usr/local/mjusk/spark-3.2.4
export HADOOP_CONF_DIR=/usr/local/mjusk/hadoop/etc/hadoop
export SPARK_LOCAL_DIRS=/usr/local/mjusk/spark-3.2.4/tmp
```

分别是 Spark 的依赖的 Java 目录、Spark 根目录、Hadoop 配置目录和 Spark 本地的数据存储目录，加完后保存。

接下来指定 Spark 集群的从节点，通过指定 Spark 的环境变量文件 slaves，它的方式和 Hadoop 集群一致，但默认不存在这个文件，只有 slaves.template，所以同样将其重命名为 slaves：

```
mv /usr/local/mjusk/spark-3.2.4/conf/workers.template
 | /usr/local/mjusk/spark-3.2.4/conf/workers
```

这里将三台服务器都作为子节点，即 Worker 节点。

```
vi /usr/local/mjusk/spark-3.2.4/conf/workers
```

默认下面有 localhost，如图 8-7 所示，需要将其去掉，然后将三台服务器的 host 或者各自的 IP 放进去即可，host 参考 /etc/hosts 文件。这里我们直接放三个 IP，如图 8-8 所示。

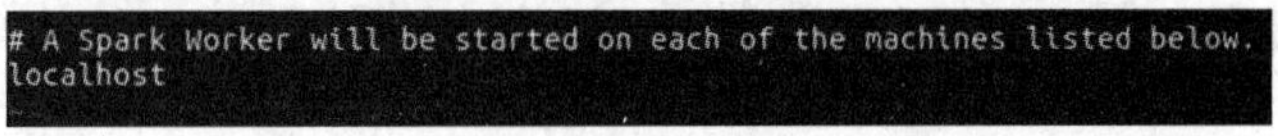

图 8-7　workers.template 默认内容

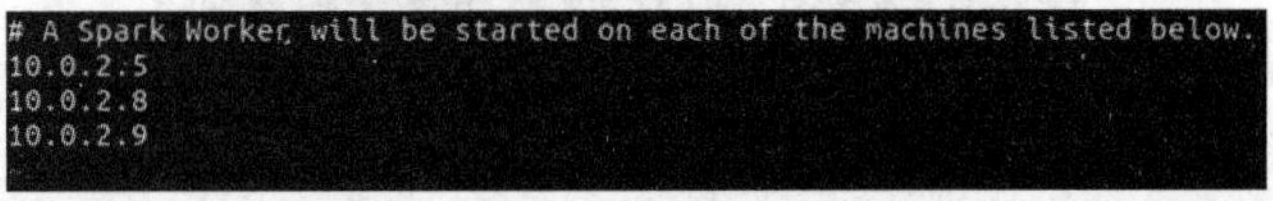

图 8-8　Workers 修改后的内容

接下指定 Spark 集群的默认配置，通过指定 Spark 的环境变量文件 spark-defaults.conf，位于 Spark 安装目录下的 conf 文件夹内，同样默认不存在这个文件，只有 spark-defaults.conf.template。所以同样将其重命名为 spark-defaults.conf：

```
mv /usr/local/mjusk/spark-3.2.4/conf/spark-defaults.conf.template
 | /usr/local/mjusk/spark-3.2.4/conf/spark-defaults.conf
```

然后编辑 spark-defaults.conf：

```
vi /usr/local/mjusk/spark-3.2.4/conf/spark-defaults.conf
```

末尾增加参数：

```
spark.yarn.historyServer.address    10.0.2.5:18080
spark.eventLog.enabled              true
spark.eventLog.dir                  hdfs://10.0.2.5:9000/spark/eventLog
spark.serializer                    org.apache.spark.serializer.KryoSerializer
```

注意 IP 为主服务器的实际 IP，注意替换。

步骤 4：启动 Spark。

进入主服务器命令行，启动 Spark 之前需要在 HDFS 文件系统里建立 Spark 的 eventLog 目录，使用 cd 命令进入到 hadoop 目录下，然后在 HDFS 新建目录 /spark/eventLog（此目录路径是在 spark-3.2.4/conf/spark-default.conf 里配置的），命令：

```
cd /usr/local/mjusk/hadoop
bin/hdfs dfs -mkdir -p /spark/eventLog
```

在主服务器上，进入到 /usr/local/mjusk/spark-3.2.4 目录：

```
cd /usr/local/mjusk/spark-3.2.4
```

使用命令，启动 spark 集群服务：

```
./sbin/start-all.sh
```

这时候可以从启动日志上看到启动了三个 Worker 节点，并可以通过 jps 命令查看每个节点上的集群的启动进程，图 8-9 为主服务器 master 节点进程。

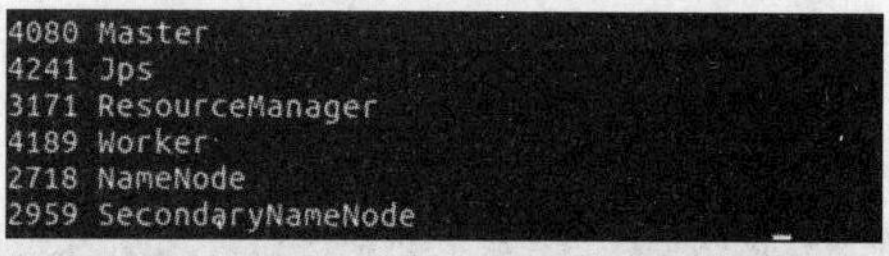

图 8-9　主服务器 master 节点进程

三台服务器上都启动了 Worker 进程，而主服务器上还启动了 Master。至此 Spark 分布式集群启动完成，如果用户项配置伪分布式 Spark 也很简单，只要不配置 slave，直接 start-all.sh 即可。如果用户想关闭 Spark 集群，则直接在主服务器上执行 stop-all.sh 即可：

```
./sbin/stop-all.sh
```

8.6.2　Spark Shell

在主服务器上执行，Spark 的 Shell 提供了一个学习 API 的简单方法，也是一个交互式分析数据的强大工具。Spark 提供几种语言的交互式编程，包括 Scala、Python、R 等，启动入口为 Spark 根目录的 bin 目录下，启动 spark-shell 是 Scala 语言的交互式编程入口。启动很简单，直接执行如下命令即可：

```
/usr/local/zhitu/spark-3.2.4/bin/spark-shell
```

执行后界面显示如图 8-10 所示.

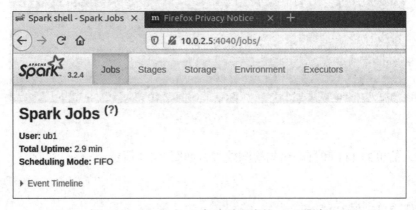

图 8-10　Spark-shell 启动界面

启动过程需要一点时间，启动完成可以看到 Scala 语言的输入命令行，如图 8-10 所示，它默认内置了 SparkContext 和 SparkSession 对象，不需要初始化。另外还可以通过日志看到 Scala 和 Java 的版本，以及 Spark 的版本。可以看到 Spark context Web UI available at http://10.0.2.5:4040，表示 Spark shell 在启动后会生成一个 Web 服务，用户可以访问地址来查看执行情况，如图 8-11 所示。

图 8-11　Spark shell 启动后生成的 Web 服务

另外看到 master = local[*] 字样，表示 spark-shell 使用的伪分布式，也是只会在单机执行程序。访问上面的 Web 页面，单击 Executors 选项，可以发现只有一个驱动程序，如图 8-12 所示。

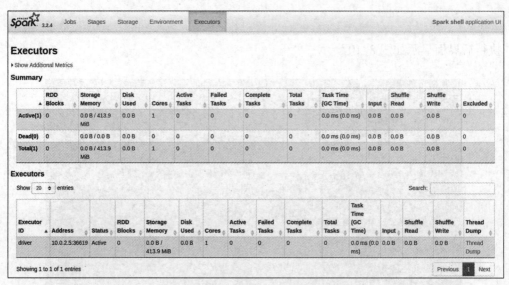

图 8-12　通过 Web 服务查看 Executors

如果不知道使用 Spark Shell 可以参考 help，命令如下，结果如图 8-13 所示。

```
:help
```

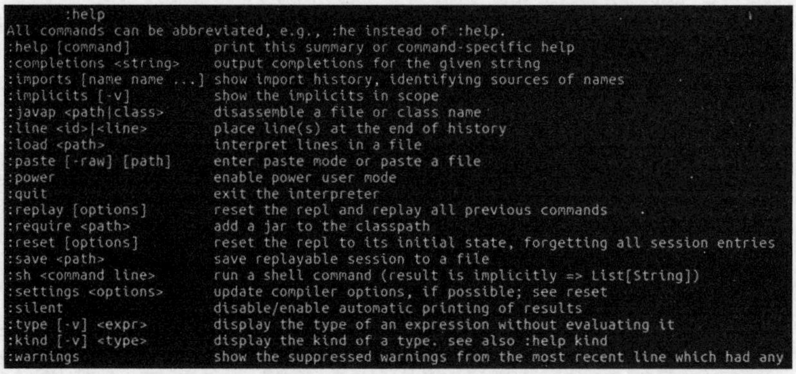

图 8-13　help 命令

可以输入简单的 1+1 和打印语句检测效果，如图 8-14 所示。

```
1+1
print("hello spark")
```

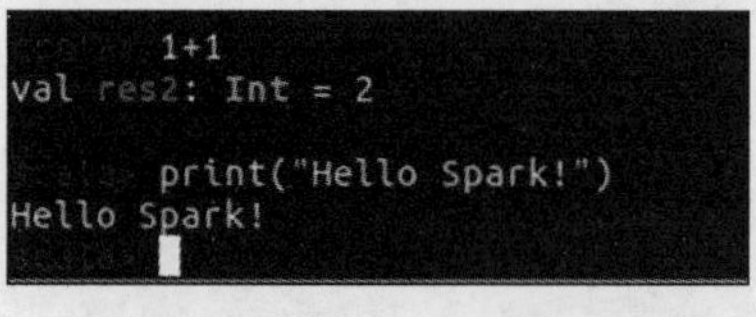

图 8-14　Spark shell 使用示例

之后可以退出 Spark Shell，使用 :quit，如下：

```
:quit
```

下面将以集群的方式启动 spark-shell，可以 --master 参数实现：

```
/usr/local/mjusk/spark-3.2.4/bin/spark-shell --master spark://10.0.2.5:7077
```

spark://10.0.2.5:7077 中 IP 为主服务器 IP，实际实验中需要进行修改，端口默认为 7077，如图 8-15 所示。

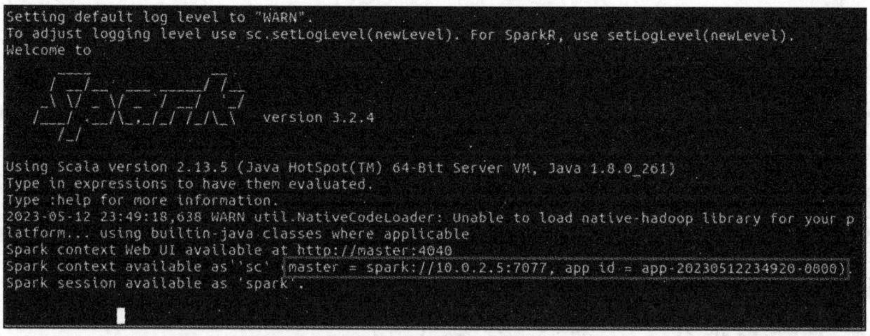

图 8-15　Spark shell 启动界面

可以发现，master 不是 local[*] 而是 spark://10.0.2.5:7077，再次访问 Web 页面，如图 8-16 所示。

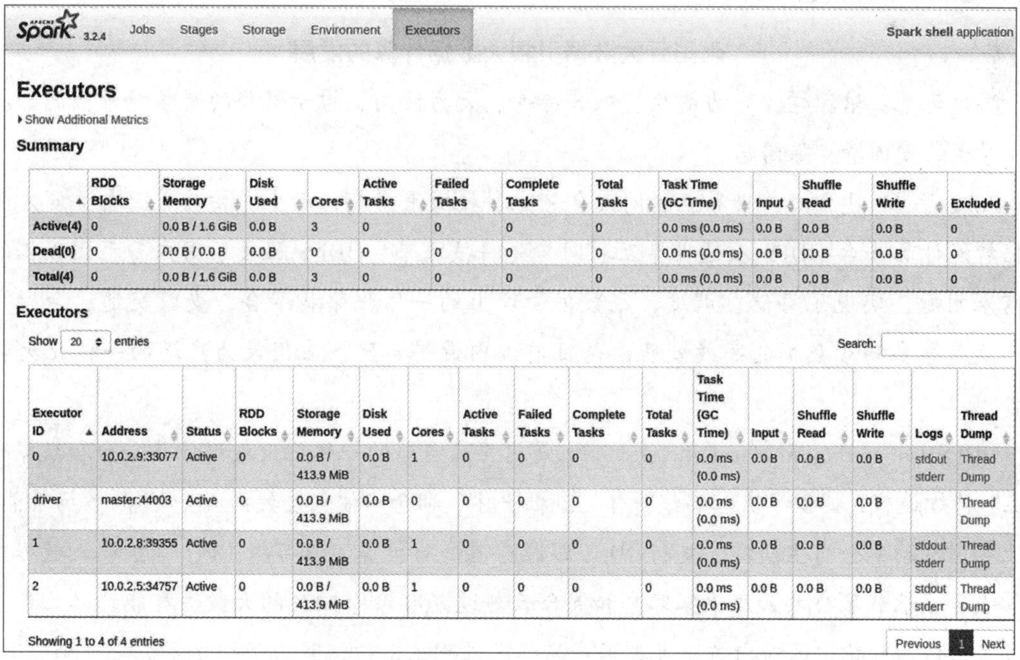

	RDD Blocks	Storage Memory	Disk Used	Cores	Active Tasks	Failed Tasks	Complete Tasks	Total Tasks	Task Time (GC Time)	Input	Shuffle Read	Shuffle Write	Excluded
Active(4)	0	0.0 B / 1.6 GiB	0.0 B	3	0	0	0	0	0.0 ms (0.0 ms)	0.0 B	0.0 B	0.0 B	0
Dead(0)	0	0.0 B / 0.0 B	0.0 B	0	0	0	0	0	0.0 ms (0.0 ms)	0.0 B	0.0 B	0.0 B	0
Total(4)	0	0.0 B / 1.6 GiB	0.0 B	3	0	0	0	0	0.0 ms (0.0 ms)	0.0 B	0.0 B	0.0 B	0

Executor ID	Address	Status	RDD Blocks	Storage Memory	Disk Used	Cores	Active Tasks	Failed Tasks	Complete Tasks	Total Tasks	Task Time (GC Time)	Input	Shuffle Read	Shuffle Write	Logs	Thread Dump
0	10.0.2.9:33077	Active	0	0.0 B / 413.9 MiB	0.0 B	1	0	0	0	0	0.0 ms (0.0 ms)	0.0 B	0.0 B	0.0 B	stdout stderr	Thread Dump
driver	master:44003	Active	0	0.0 B / 413.9 MiB	0.0 B	0	0	0	0	0	0.0 ms (0.0 ms)	0.0 B	0.0 B	0.0 B		Thread Dump
1	10.0.2.8:39355	Active	0	0.0 B / 413.9 MiB	0.0 B	1	0	0	0	0	0.0 ms (0.0 ms)	0.0 B	0.0 B	0.0 B	stdout stderr	Thread Dump
2	10.0.2.5:34757	Active	0	0.0 B / 413.9 MiB	0.0 B	1	0	0	0	0	0.0 ms (0.0 ms)	0.0 B	0.0 B	0.0 B	stdout stderr	Thread Dump

图 8-16　通过 Web 服务查看 Executors

可以发现有一个驱动执行器和三个执行器，即一个 Master 和三个 Worker。

小　结

本章首先介绍了 Spark 的起源与发展，分析了 Hadoop 与 Spark 的优缺点，突出体现了 Spark 在大数据处理过程中的优势。接着介绍了 Spark 的生态系统、运行架构、运行原理。本章最后介绍了 Spark 基本编程实践，包括 Spark 的安装和 Spark Shell 的基本操作。Spark Shell 提供了丰富的 API，让开发人员可以用简单的方式处理大数据各场景的任务，降低了大数据分析的门槛。

习　题

1. Spark 作为大数据计算平台，试述 Spark 的主要特点。

2. 描述 Spark 的生态系统。

3. 简述 Hadoop 与 Spark 的优缺点。

4. 思考：Spark 会取代 Hadoop 吗？为什么？

5. 简述 Spark 运行原理。

6. Spark 有哪些实际应用。

思政小讲堂

阿里云大数据引领大数据计算的发展

思政元素：培养学生自力更生、艰苦奋斗、大力协同、勇于攀登的科学精神，同时激发青年学生的爱国情、强国志。

2022 年 11 月 9 日，世界互联网大会领先科技成果发布活动上，由阿里云自主研发的大数据智能计算平台 ODPS 入选世界互联网领先科技成果，ODPS 解决了用户多元化数据的计算需求问题，实现了存储、调度、元数据管理上的一体化架构融合，支撑交通、金融、科研、政府等多场景数据的高效处理，是目前国内最早自研、应用最为广泛的一体化大数据平台。

ODPS（open data platform and service）是阿里云自研的一体化大数据计算平台和数据仓库产品，持续迭代，提供了实时离线一体、流批一体、湖仓一体、大数据 AI 一体的多场景能力，是业界少有的完全自主研发，支持 10 万级服务器并行计算、百万级 CPU 可扩展大数据智能计算平台，承载了公共云几千家客户和混合云超过 700 余个项目的大数据智能计算业务，并通过了由信通院推出的业内首个大数据产品稳定性测试，被证明为坚韧性系统。

从 2009 年开始自研的 ODPS 平台也是目前中国应用最为广泛的一体化大数据平台。

ODPS 拥有全球领先的技术实力,打破过多项世界纪录。从 2013 年单集群突破 5K 服务器进行并行计算,到 2017 年开始 ODPS 大规模批量计算引擎 MaxCompute 连续 6 年登顶国际 TPCx-BB 榜单,保持性能和性价比第一。由国际事务处理性能委员会发布的 TPC-H 30 000 GB 标准测试结果,ODPS 实时交互式计算引擎 Hologres 以 QphH 超 2 786 万分的性能结果斩获全球冠军,领先第二名23%。目前,ODPS 单日最大数据处理规模2.79 EB,同时还拥有 300 多项海内外专利。

在数据底座的可靠性上,ODPS 支撑 EB 级数据的全球部署扩展能力,拥有金融级别的数据可靠性和安全性;在计算规模和利用率上,ODPS 采用深度计算和存储引擎优化,实现了 10 万级服务器、十余个数据中心、每天千万级高性能数据计算作业;通过一体化架构与丰富的计算引擎支撑了关系型数据、非结构化数据、机器学习等一系列场景以及数据湖和数据仓库一体化架构……

目前,ODPS 已经广泛服务于工业、能源、医疗、城市治理、科研探索等诸多重要领域。例如,友邦人寿就基于阿里云 ODPS 建设云上数据平台,实现内部数据统一的开发、服务、治理,数据处理效率提升 20 倍,整体成本优化数百万元。依托云的弹性扩展能力平滑应对“开门红”等业务流量高峰,保障高峰期的实时分析决策。

另外,自发布大数据 +AI 一体化产品体系“阿里灵杰”以来,阿里云不断推动数据智能在产业中广泛应用。机器学习平台 PAI 持续夯实 AI 工程能力,实现深度学习框架和计算硬件的多样化兼容,以弹性且稳定的云原生 AI 平台服务,支撑自动驾驶、生命科学、金融等领域创新。此外,达摩院基于阿里灵杰,推出模型开放生态 ModelScope 和 AI 开放服务平台 OpenMind,进一步推动 AI 普惠。例如,小鹏汽车与阿里云合作,建设了大数据 AI 一体化平台,实现从海量路采数据的传输存储分析、到 AI 模型训练推理的全流程提效。此外,基于软硬件协同优化技术,小鹏汽车自动驾驶核心模型训练提速近 170 倍,训练性能较开源方案提升 30%。

第 9 章
Spark 核心编程

学习目标

- 了解 RDD 编程基础及相关概念，如 RDD 操作、持久化、分区、容错机制等。
- 了解 Spark DAG、Stage。
- 了解 RDD 编程 API。

Spark 核心编程其实就是 Spark Core，包括 Spark Streaming、MLlib、GraphX 等这些模块的底层上都是由 Spark Core 延展出来的。所以作为一个 Spark 开发工程师，掌握 Spark Core 是重中之重。

本章首先介绍了 RDD 基础，包括 RDD 概念、RDD 创建、RDD 的行动操作和转换操作、持久化、分区、容错机制等，然后详细介绍了 Spark DAG 和 Spark Stage，对 Spark 进一步了解，最后介绍 RDD 编程相关操作。

9.1 RDD 编程基础

9.1.1 RDD 概述

在大数据应用中，许多迭代式算法（比如机器学习、图算法等）和交互式数据挖掘工具的共同之处是，不同计算阶段之间会重用中间结果。MapReduce 框架都是把中间结果写入 HDFS 中，带来了大量的数据复制、磁盘 I/O 和序列化开销。RDD 就是为了满足这种需求而出现的，它提供了一个抽象的数据架构，我们不必担心底层数据的分布式特性，只需将具体的应用逻辑表达为一系列转换处理，不同 RDD 之间的转换操作形成依赖关系，可以实现管道化，避免中间数据存储。

RDD 是 Spark 提供的一个核心抽象，也就是一个数据结构，或者说是 Spark Core 一个核心的数据结构。RDD 是可以弹性的，是可以进行伸缩的，同时它又是分布式的，它的数据并不在单个机器上。

RDD 是一个不可变的元素集合，什么叫不可变的元素集合呢？就是说这个 RDD 一旦构建完成，它就不可被修改。就是说它不能被增加和减少，所以它一旦定义好了，它就被固定了。另外，它是可以分为多个分区，每个分区分布在集群的不同节点上，从而让 RDD 的数据被并行操作。

RDD 通常可以基于多种数据源进行创建，可以是 Hadoop 上面的 HDFS 文件，或者 Hive 表，或者一些其他的基于 Hadoop 的数据源，有时也可以通过应用程序中的集合来创建。

同 RDD 最重要的特性就是，提供了容错性。如果节点的数据丢失，可以进行重新计算。它可以从这个节点失败中恢复过来。即如果某个节点上的 RDD 分区，因为节点故障丢失，那么 RDD 会自动通过自己的数据来从它的源头重新核算这个分区的数据。

另外，RDD 的数据默认情况下是放在内存中的，即多台机器集群的内存共建出一个完整的 RDD。但是如果内存的资源不足，Spark 也会将这个 RDD 的数据写到磁盘。这是可以通过一些参数进行配置的。

9.1.2　RDD 创建

Spark 核心编程首要的就是创建一个初始的 RDD。创建 RDD 需要基于 SparkContext 类来实现。Spark Core 提供了三种创建 RDD 的方式，包括使用并行集合创建 RDD、使用本地文件创建 RDD 和使用 HDFS 文件创建 RDD。第一种最方便简单，主要用于测试。第二种一般用于临时性地处理。第三种则是最常用的生产环境处理方式。

1. 基于并行集合创建 RDD

从一个已经存在的集合中创建分布式数据集 RDD，SparkContext 类中提供了两种方法：parallelize 和 makeRDD，其定义接口分别为：

```
def parallelize[T: ClassTag](
    seq: Seq[T],
    numSlices: Int = defaultParallelism)
def makeRDD[T: ClassTag](
    seq: Seq[T],
    numSlices: Int = defaultParallelism)
def makeRDD[T: ClassTag](seq: Seq[(T, Seq[String])])
```

其中，Seq 是一种序列，所谓序列，指的是一类具有一定长度的可迭代访问对象，其中每个元素均带有一个从 0 开始计数的固定索引位置。numSlices 为分区数设置参数。

第一种 makeRDD 和 parallelize 一致，接收一个 Seq 类型和分区数量。如果未指定分区数量，默认根据 spark.default.parallelism 和执行器的核心数自行设置，创建好 RDD 后，可以用 getNumPartitions 方法获取分区数。使用列表创建 RDD，执行命令如下：

```
// 使用 parallelize 和第一种 makeRDD 创建 RDD，使用默认分区数
scala>val list =List("s", "p", "a", "r", "k" )
scala>rdd_par=sc.parallelize(list)
scala>val rdd_make = sc.makeRDD(list)
scala>println("rdd_par partition number:"+rdd_par.getNumPartitions)
scala>println("rdd_make partition number:"+rdd_make.getNumPartitions)
```

或者，也可以从数组 Array 创建，并设置 RDD 分区数为 3，命令如下：

```
scala>val array = Array(1, 2, 3, 4, 5, 6)
scala>rdd_par1=sc.parallelize(array, 3)
scala>val rdd_make1 = sc.makeRDD(array, 3)
scala>println("rdd_par1 partition number:"+rdd_par1.getNumPartitions)
scala>println("rdd_make1 partition number:"+rdd_make1.getNumPartitions)
```

第二种 makeRDD 只有一个参数，接受一个嵌套的 Seq[(T, Seq[String])] 类型。该方法生成的 RDD 种保存的是 T 的值，但是 Seq[String] 部分的数据会按照 Seq[(T, Seq[String])] 的顺序放到各个分区中，一个 Seq[String] 对应存到一个分区，为数据提供位置信息。通过 preferredLocations 可以根据位置信息查看每一个分区的值。这种创建 RDD 的方法不可以自己指定 RDD 的分区数量，内置分区数量规则：seq.size 和 1 取最大。执行命令如下：

```
// 使用第二种 makeRDD 创建 RDD
scala>val list2 =List((1, List("a", "b", "c")), (2, List("d", "e", "f")),
(3, List("g", "h", "i")))
scala>rdd_make2 =sc.makeRDD(list2)
scala>println("rdd_make2 partition number:"+rdd_make2.getNumPartitions)
```

2. 使用本地文件创建 RDD

从本地文件中创建 RDD，SparkContext 类中提供 textFile 方法，其他方法可以参考表 9-1，该方法有两个参数，一个参数是指定数据文件的路径，并在路径前面添加 "file://" 标识从本地文件系统读取数据；第二个参数就是设置分区数。在 IntelliJ IDEA 开发环境中可以直接读取本地文件，但在 spark-shell 模式下，要求在所有节点的相同位置保存该文件才可以被读取。如读取本地文件 "/usr/local/mjusk/data.txt"，执行命令如下：

```
scala>val rdd = sc.textFile("file:///usr/local/mjusk/data.txt")
```

表 9-1　SparkContext 从本地创建 RDD 方法

方法	说明
SparkContext.textFile()	加载文本文件
SparkContext.wholeTextFiles()	可以加载一个目录中的文件
SparkContext.sequenceFile[K, V]	可以针对 SequenceFile 创建 RDD
SparkContext.objectFile()	可以基于对象序列化的文件，创建一个 RDD

3. 基于其他数据源来创建 RDD

Spark 可以从许多其他数据源创建 RDD，如 HDFS、HBase、MySQL、Elasticsearch 等，这里主要演示从 HDFS 系统 textFile，这种方式最为简单也最为常用。使用的时候，直接通过 HDFS 文件的位置路径就可以读取数据，并在路径前面添加 "hdfs://" 标识，该标识通常也可以省略。如在 HDFS 系统读取文件 "/root/mjusk/data.txt"，执行命令如下：

```scala
scala>val rdd = sc.textFile("hdfs://master:9000/root/mjusk/data.txt")
```

或

```scala
scala>val rdd = sc.textFile("/root/mjusk/data.txt")
```

如果在 HDFS 中已经创建了与当前用户对应的用户目录 "/root/mjusk/"，也可以使用下面命令加载 HDFS 系统中文件 data.txt：

```scala
scala>val rdd = sc.textFile("data.txt")
```

9.1.3　RDD 操作

RDD 操作分成转换操作（transformation）和行动操作（action）两种。转换操作返回一个新的 RDD，也就是说一个 RDD 经过转化操作之后，它会生成一个新的 RDD。前面已经介绍过，RDD 一旦构建出来就不可修改，所以进行各种各样的操作就是由一个 RDD 生成一个新的 RDD。行动操作是向驱动器程序返回结果，或者把结果写入外部系统的操作。即行动操作则是直接返回结果或者把结果输出。需要注意的是行动操作会触发实际的计算，也就是说所有的转化操作它都有一个懒处理的机制，调用的转化操作不会立即执行，整个转化过程只是记录了转换的轨迹。只有在执行到行动操作时候，才会触发从读取数据到结果展示输出的真正计算。即调用行动操作的代码之后前面所有的转化操作才会被立即调用执行。

1. 转换操作

转换操作有 20 多种，主要负责改变 RDD 中的数据、切分 RDD 中的数据、过滤数据等，常见的 RDD 普通转换操作如表 9-2 所示。

表 9-2　常用的 RDD 转换操作

转换操作	解释
map(func)	数据集中的每个元素经过用户自定义的函数转换形成一个新的 RDD，新的 RDD 叫作 MappedRDD
flatMap(func)	与 map 类似，每个元素输入项都可以被映射到 0 个或多个的输出项，最终结果"扁平化"后输出
mapPartitions(func)	类似与 map，map 作用于分区的每个元素，但 mapPartitions 作用于每个分区中
sample(withReplacement,fraction,seed)	指定的随机种子的随机抽样数据
union(ortherDataset)	将两个 RDD 中的数据集进行合并，最终返回两个 RDD 的并集，相同的元素不会去重
intersection(otherDataset)	返回两个 RDD 的交集
distinct([numTasks])	对 RDD 中的元素进行去重
cartesian(otherDataset)	对两个 RDD 中的所有元素进行笛卡儿积操作
coalesce(numPartitions，shuffle)	对 RDD 的分区进行重新分区
repartition(numPartition)	是函数 coalesce(numPartition,true) 的实现

另外，还有一类键值对 RDD，键值对 RDD 其实和这个普通的 RDD 基本上比较类似。不同之处在于键值对 RDD 的每一个子元素，它是一个键值对类型，即每个元素以（key,value）形式定义。表 9-3 列出了常用的键值对 RDD 转换操作。

表 9-3　键值对 RDD 转换操作

键值对转换操作	解释
reduceByKey(func)	按照函数合并具有相同键的值
groupBykey()	对具有相同键的值进行分组
combineByKey(createCombiner, mergeValue, mergeCombiners, partitioner)	使用不同的返回类型合并具有相同键的值
mapValues(func)	对 pair RDD 中的每个值传递给函数而不改变键
flatMapValues(func)	对 pair RDD 中的每个值应用一个返回迭代器的函数，然后对返回的每个元素都生成一个对应原键的键值对记录，通常用于符号化
keys()	返回一个仅包含键的 RDD
values()	返回一个仅包含值的 RDD
sortedByKey()	返回一个根据键排序的 RDD

2. 行动操作

行动操作会触发真正的计算，Spark 程序只有执行到行动操作时，才会开始计算，从数据加载，完成一次次的转换操作，最后完成行动操作并得到结果。常见的行动操作见表 9-4。

表 9-4　常用的 RDD 行动操作

行动操作	解释
collect()	以数组形式返回 RDD 中所有元素
count()	返回 RDD 中元素个数
countByValue()	各元素在 RDD 中出现的个数
take(n)	以数组形式返回 RDD 中前 n 个元素
first()	返回 RDD 中的第一个元素，相当于 take(1)
reduce(func)	通过 func 聚合数据集中的元素，对数据集中的元素两两规约，直到最后一个值
takeOrdered(n)	从 RDD 中按照提供的顺序返回最前面的 n 个元素
fold(value)(func)	和 reduce() 一样，但需要提供初始值 value
foreach(func)	将数据集中的每个元素传递到 func 执行

和转化操作一样，所有基础 RDD 支持的传统行动操作也都在键值对 RDD 上可用。键值对 RDD 提供了一些额外的行动操作，可以让我们充分利用数据的键值对特性。表 9-5 列出了常用的键值对 RDD 行动操作。

表 9-5　常用的键值对 RDD 行动操作

键值对行动操作	解释
countBykey()	对每个键对应的元素分别计数
collectAsMap()	将结果以映射表的形式返回，以便查询
lookup(key)	返回给定键对应的所有值

3.RDD 执行过程

RDD 的一般执行过程如下：首先读入外部的数据源或者集合，然后将原始的 RDD 经过一系列的转换操作，每次操作都会产生不同的 RDD，供下一个转换操作使用。经过一系列的转换操作后，直到最后一个 RDD 经过行动操作进行处理，并输出到外部数据源或其他数据结构。在执行过程中，只有遇到行动操作，才会真正地出发、执行，然后输出到外部数据源或者其他数据结构。

下面通过实例介绍 RDD 执行典型过程，如图 9-1 所示，在图中，从数据读取逻辑上创建 A 和 C 两个 RDD，经过一系列的转换操作，逻辑上生成了一个新的 RDD F，之所以说是逻辑上，是因为这时候并没有执行真正的计算，Spark 只是记录了 RDD 之间的生成和依赖关系。当 F 要进行输出的时候，即当 F 进行行动操作时，Spark 才会根据 RDD 的依赖关系生成 DAG 图，并从起点开始计算，并将结果输出到外部数据源。

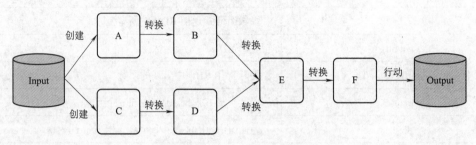

图 9-1　RDD 执行过程实例

可以发现 RDD 在不断地转换操作后会生成多个 RDD，但没有真正进行计算，即所有的转换操作都是惰性执行。惰性计算相当于对 RDD 调用转化操作时，比如 map 操作，不会立即执行，相反它会在内部记录下所有要求执行的操作的相关信息，直到执行的行动操作，比如 counter 才会触发执行从头到尾的计算。

上述惰性机制的设计可以避免无谓的计算开销、提高可管理性、方便保存计算结果并提升执行速度、降低复杂度等：

（1）提高可管理性：用户可以将 Spark 程序编写成较小的操作。它通过分组操作减少了数据传递次数。

（2）方便保存计算结果并提升执行速度：它节省了驱动程序和集群之间的交互次数，从而加快了执行。

（3）降低复杂度：由于不执行每个操作，因此节省了时间。仅在需要数据时才会触发操作，从而减少开销。

9.1.4　RDD 持久化

持久化就是将 RDD 的内容独立保存到一段内存或者一个磁盘中去，其目的是为了后面的重复使用以及这个数据不易丢失。绝大部分时候持久化会用到缓存，虽然在缓存里面，但是极易丢失，有可能执行完了之后就在不用的时候就会被系统的 JVM 进行垃圾回收了，那么我们需要单独把它进行缓存，才能方便我们后面的重复使用。由于 RDD 的惰性机制，有时候希望多次使用同一个 RDD，如果简单的对 RDD 进行调用、行动操作，Spark 每一次重新计算 RDD，这在迭代的算法中消耗就格外大，因为迭代算法经常会多次使用同一组数据。下面就是多次计算同一个 RDD 的简单例子：

```
scala> val list = List("s", "p", "a", "r", "k" )
scala> val rdd = sc.parallelize(list)
scala> println(rdd.count())    // 行动操作,返回值5,触发一次真正从头到尾的计算
scala> println(rdd.collect())   // 行动操作,触发一次真正从头到尾的计算,返回一个数组
```

那么为了避免多次计算同一个 RDD,可以让 Spark 对数据进行持久化。当我们让 Spark 持久化存储一个 RDD,那么计算出来的 RDD 节点会分别保存在它们所求出的分区的数据,如果持久化的数据它的节点发生了故障,Spark 会需要用到缓存的数据,重新计算丢失的数据分区。如果希望节点在故障的情况下不会拖累执行的速度,所以需要把数据备份到多个节点。

Spark RDD 提供了两个函数,catch 和 persist。cache 不带参数,内部直接调用存储级别为 MEMORY-ONLY,所以实际上它是一个特殊的 persist,就是只使用内存。persist 就可以自行指定这个存储的级别,表 9-6 列出了 persist 的存储级别及说明。默认设置 persist 或者设置 cache 时,它默认是不会马上生效的。只有当在执行这个行动操作,它才会认真地触发这个持久化的设置。针对上面同一个实例,增加持久化后执行过程如下:

```
scala> val list = List("s", "p", "a", "r", "k" )
scala> val  rdd = sc.parallelize(list)
scala> rdd.cache() // 持久化设置
scala> println(rdd.count()) // 第一次行动操作
scala> println(rdd.collect()) // 第二次行动操作
```

表 9-6　persist 存储级别

存储级别	说明
DISK_ONLY	只使用磁盘存储
DISK_ONLY_2	只使用磁盘存储,并且有一个备份
MEMORY_ONLY	只使用内存存储
MEMORY_ONLY_2	只使用内存存储,并有一个备份
MEMORY_ONLY_SER	只使用内存存储序列化数据
MEMORY_ONLY_SER_2	只使用内存存储序列化数据,并有一个备份
MEMORY_AND_DISK	优先内存存储,内存不足则使用磁盘
MEMORY_AND_DISK_2	优先内存存储,内存不足则使用磁盘,并有一个备份
MEMORY_AND_DISK_SER	优先内存存储序列化数据,内存不足则使用磁盘
MEMORY_AND_DISK_SER_2	优先内存存储序列化数据,内存不足则使用磁盘,并有一个备份
OFF_HEAP	使用堆外存储

rdd.cache() 会调用 persist(MEMORY_ONLY),但是,语句执行到这里,并不会缓存 rdd,因为这时 rdd 还没有被计算生成。println(rdd.count()) 为第一次行动操作,会触发一次真正从头

到尾的计算，这时上面的 rdd.cache() 才会被执行，把这个 rdd 放到缓存中。println(rdd.collect()) 为第二次行动操作，不需要触发从头到尾的计算，只需要重复使用上面缓存中的 rdd 即可。

持久化 RDD 会占用内存空间，当不再需要一个 RDD 时，就可以调用 unpersist() 方法手动地把持久化 RDD 所占的内存空间释放。

9.1.5 RDD 分区

前面介绍创建 RDD 的时候，有简单设置分区的数，初步了解到分区的概念。这节将介绍分区的作用以及怎么分区。

Spark 的 partitioner，又称分区器，用于 Spark 数据的分区。分区器直接决定了 RDD 中的分区个数，分区的个数也决定了 RDD 中每一条数据在经过 server 的过程属于哪个分区，由此也就决定了 reduce 的个数、redis 的个数。Spark 分区器其实主要有两类：一个是 HashPartitioner，一个是 RangePartition。

HashPartitioner 是默认的分区器，这个分区器的原理很简单，对于给定的 key，计算其 hashCode，并除以分区的个数取余，如果余数小于 0，则用余数加分区的个数，最后返回的值就是这个 key 所属的分区 ID。简单来说就是根据这个哈希码的对应值来设置它的分区，分配它的分值。

RangePartitioner，是根据键值进行排序，使用 sortByKey。相比这个 Hashpartitioner，它的分区会尽量保证每一个分区中的数量均匀，减少数据倾斜的问题。

如果上面两种分区都满足不了要求，可以自己定义分区类。Spark 提供了相应的接口，只需要扩展 Partitioner 抽象类，覆写 numPartitions 变量和 getPartition 函数。

1. 分区的作用

RDD 是弹性分布式数据集，通常是很大的，会被分成很多个分区，rdd1 和 rdd2 分别保存在不同的节点上。所有对 RDD 进行分区的第一个功能就是增加并行度，如图 9-2 所示，两个 RDD 被保存在不同的节点上，rdd2 的 3 个分区 p6、p7 和 p8，分别存储在不同的工作节点 WorkerNode2、WorkerNode3 和 WorkerNode4 上，就可以在这三个工作节点上分别启动三个线程对这三个分区数据进行并行处理，从而增加了任务的并行度。

RDD 分区的另一个功能就是减少通信开销。在分布式集群里，网络通信的代价很大，减少网络传输可以极大提升性能。下面通过实例说明 RDD 使用分区来减少网络通信的开销。

假设需要对两个表进行连接操作，第一张表是一个很大的用户信息表 userData(UserID, UserInfo)，表中包含两个字段 UserID 和 UserInfo，分别对应用户及用户信息。第二张表是事件 events(UserID,LinkInfo)，这个表比较小，只记录了用户过去 5 分组内用户点击的链接。为了对用户访问情况进行分析。需要周期性地对 userData 和 events 这两个表进行连接操作，获得三元组 (UserID,UserInfo,LinkInfo) 形式的结果，然后对数据进行统计分析。

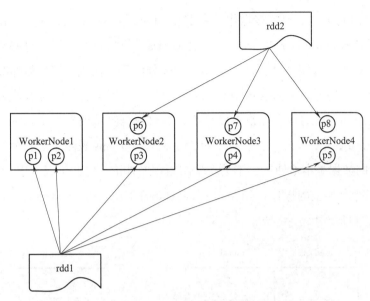

图 9-2　RDD 分区被保存到不同节点上

在创建 RDD 时，如果未对 userData 进行分区，在执行连接操作时，连接操作会对 userData 和 events 两个数据集中所有 key 的哈希值求出来，将哈希值相同的记录传到同一台机器上，之后在该机器上对所有 key 相同的记录进行连接操作。如图 9-3 所示，对于 userData，它在节点 u1 上的所有 RDD 元素，就需要根据 key 的值进行哈希，然后，根据哈希值再分发到 j_1，j_2，…，j_k 这些节点上，同理，u_2，u_3，…，u_m 等节点上的 RDD 元素，都需要同样的操作。对应 events 而言，也需要执行同样的操作。可以看出，在这种情况下，每次进行连接操作都会有过多的数据分发，造成了很大的网络传说开销。

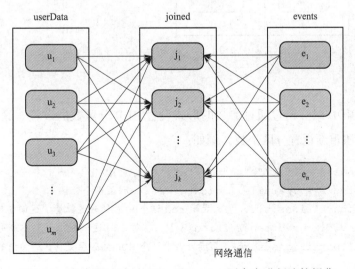

图 9-3　未分区时对 userData 和 events 两个表进行连接操作

现在对 RDD 进行分区后再连接操作，由于 userData 比 events 大很多，所以对 userData 进行分区（如采用 HashPartitioner 进行分区），把 userData 分成 m 个分区，这些分区分布在节点 u_1，u_2，u_3，...，u_m 上，如图 9-4 所示。对 userData 分区后，在执行连接操作时，就不会产生上面所述数据分发的情况，不需要再把 userData 中的每个元素进行哈希求值后再分发到其他节点上，只需要对 events 的每个元素求哈希值，然后根据哈希值把每个 events 中的元素分发到对应的节点 u_1，u_2，u_3，...，u_m 上。这个过程中，只有 events 发生了数据分发，产生网络通信，而 userData 的数据是本地使用，不会产生网络传输开销。由此可以看出，Spark 通过数据分区，对于一些特定类型的操作，如 joint()、leftOuterJoin()、groupByKey()、reduceByKey() 等，可以大大地降低网络开销。

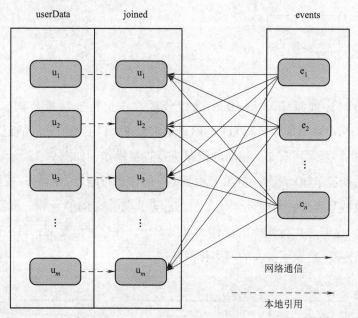

图 9-4 采用分区以后对 userData 和 Events 两个表进行连接操作

2. 分区设置

前面在创建 RDD 时介绍过通过参数的形式设置 RDD 分区数的设置，除此之外，还可以通过 reparition 方法重新设置分区个数，例如：

```scala
scala> val data = List("s", "p", "a", "r", "k" )
Scala>val rdd = sc.parallelize(data, 2) //设置两个分区
scala> rdd.partitions.size  // 显示 rdd 这个 RDD 的分区数量，返回值为 2
scala> val rdd1 = rdd.repartition(3)  // 对 rdd 这个 RDD 进行重新分区
scala> rdd1.partitions.size// 显示 rdd1 这个 RDD 的分区数量，返回值为 3
```

9.1.6 RDD 容错机制

Spark 采用 Lineage（血统）和 CheckPoint 两种方式来解决分布式数据集中的容错问题。Lineage 本质上类似于数据库的重做日志（redo log），只不过这个日志粒度很大，是对整个 RDD 分区做重做进而恢复数据的。

在容错机制中，如果集群中一个节点死机了，而且运算窄依赖，则只需要把丢失的父 RDD 分区重算即可，不依赖于其他节点。但对宽依赖，则需要父 RDD 的所有分区都重算，这个代价就很昂贵了。

因此，Spark 提供设置检查点的方式来保存 Shuffle 前的祖先 RDD 数据，将依赖关系删除。当数据丢失时，直接从检查点中恢复数据。为了确保检查点不会因为节点死机而丢失，检查点数据保存在磁盘中，通常是 hdfs 文件。

9.2 Spark DAG 工作原理

9.2.1 Lineage 概述

Lineage 也称血统图或者血缘关系图，Spark 创建一个新的 RDD 时，带有一个指向 Spark 中父 RDD 的指针，即依赖。多个 RDD 之间的依赖关系相同，就是我们所说的血统图。Spark 的 RDD 提供了 ToDebugString 方法可以查看 RDD 的血缘关系图。假设有如下代码：

```
val rdd1 = sc.parallelize(Array(("A","1"),("B","2"),("C","3")),2)
val rdd2 = sc.parallelize(Array(("A","a"),("C","c"),("D","d")),2)
val rdd3 = rdd1.map(x=>(x._1, x._2))
val rdd4 = rdd1.map(x=>(x._1, x._2))
val rdd5 = rdd3.join(rdd4)
val rdd6 = sc.parallelize(Array(("E","e"),("F","f"),("G","g")),2)
val rdd7 = rdd5.cogroup(rdd6)
```

图 9-5 展示了上述 RDD 依赖关系。如果使用 println(rdd7.toDebugString) 就可以查看 RDD 的血缘关系，如图 9-6 所示，最前面的（2）表示分区数，中括号 [num] 中数字为执行顺序，可看出 RDD 的执行顺序。

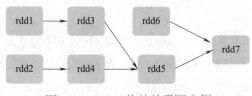

图 9-5　RDD 依赖关系图实例

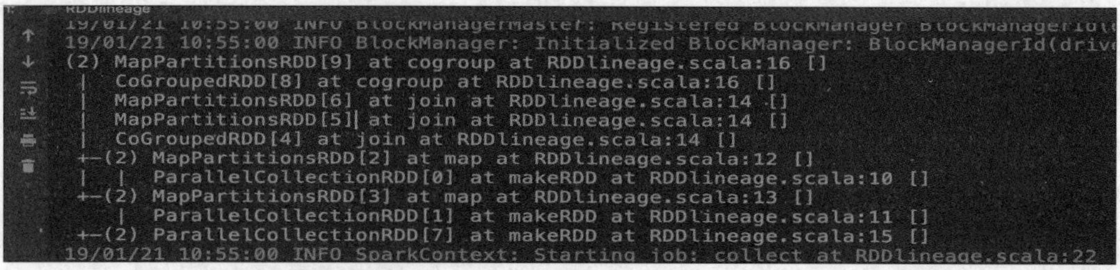

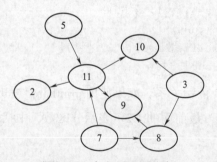

图 9-6　RDD 血缘关系实例

Spark 的主要区别在于它采用血统来实现分布式运算环境下的数据容错性（节点失效、数据丢失）问题。RDD Lineage 被称为 RDD 运算图或 RDD 依赖关系图，是 RDD 所有父 RDD 的图。它是在 RDD 上执行 transformations 函数并创建逻辑执行计划（logical execution plan）的结果，是 RDD 的逻辑执行计划。相比其他系统的细颗粒度的内存数据更新级别的备份或者 LOG 机制，RDD 的 Lineage 记录的是粗颗粒度的特定数据转换（transformation）操作（filter, map, join etc.）行为。当这个 RDD 的部分分区数据丢失时，它可以通过 Lineage 找到丢失的父 RDD 的分区进行局部计算来恢复丢失的数据，这样可以节省资源提高运行效率。这种粗颗粒的数据模型，限制了 Spark 的运用场合，但同时相比细颗粒度的数据模型，也带来了性能的提升。

9.2.2　Spark DAG 概述

在图论中，如果一个有向图从任意顶点出发无法经过若干条边回到该点，则这个图是一个有向无环图，如图 9-7 所示。

图 9-7　有向无环图实例

Spark 中的 DAG 是一组点和边，其中点代表多个 RDD，边代表 RDD 上施加的操作。边是有指向的，从旧的 RDD 指向新的 RDD。在调用 Action 时，创建的 DAG 提交给 DAG Scheduler，后者进一步将图拆分为任务的各个阶段（阶段后面介绍），如图 9-8 所示。

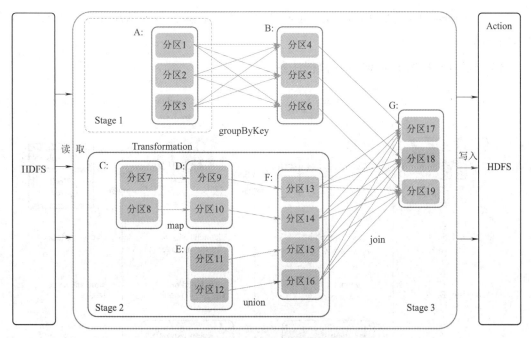

图 9-8 根据 RDD 分区的依赖关系划分 Stage

与其他系统（如 MapReduce）相比，DAG 操作可以实现更好的全局优化。Spark DAG 的机制具有很多优势：

（1）DAG 可以恢复丢失的 RDD。

（2）MapReduce 只有两个函数（map 和 reduce），而 DAG 有多个层次，形成树结构。

（3）DAG 有助于实现容错，可以恢复丢失的数据。

（4）它可以比 MapReduce 等做更好的全局优化。

9.2.3 Spark DAGScheduler 概述

DAGScheduler 负责分析用户提交的应用，并根据计算任务的依赖关系建立 DAG，且将 DAG 划分为不同的 Stage，每个 Stage 可并发执行一组任务，如图 9-9 展示了 DAG 执行过程，显示出了 DAGScheduler 在整个过程中的作用。

通过上述对 RDD 概念、依赖关系和 Stage 划分的介绍，结合之前介绍的 Spark 运行基本流程，再总结 RDD 在 Spark 架构中的运行过程：

（1）创建 RDD 对象，在 Spark 控制台中输入代码时，Spark 会创建一个 operator graph，来记录各个操作。SparkContext 负责计算 RDD 之间的依赖关系，构建 DAG。

（2）当一个 RDD 的 Action 动作被调用时，Spark 就会把这个 operator graph 提交到 DAGScheduler 上。DAGScheduler 会把 operator graph 分为各个 stage。一个 stage 包含基于输入数据分区的任务。DAGScheduler 会把各个操作连接在一起。这些 stage 将传递给 TaskScheduler。

（3）TaskScheduler 通过 Custer Manager 启动任务。stage 任务的依赖关系，TaskScheduler 是不知道的。

（4）最后在从机器上的 Worker 执行任务。

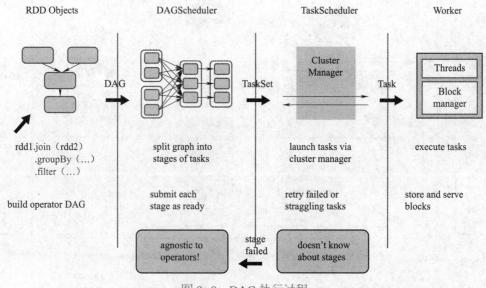

图 9-9　DAG 执行过程

DAG 的可视化可以通过访问 Web 页面查看，如上面实例中的 DAG 图展示，如图 9-10 所示。

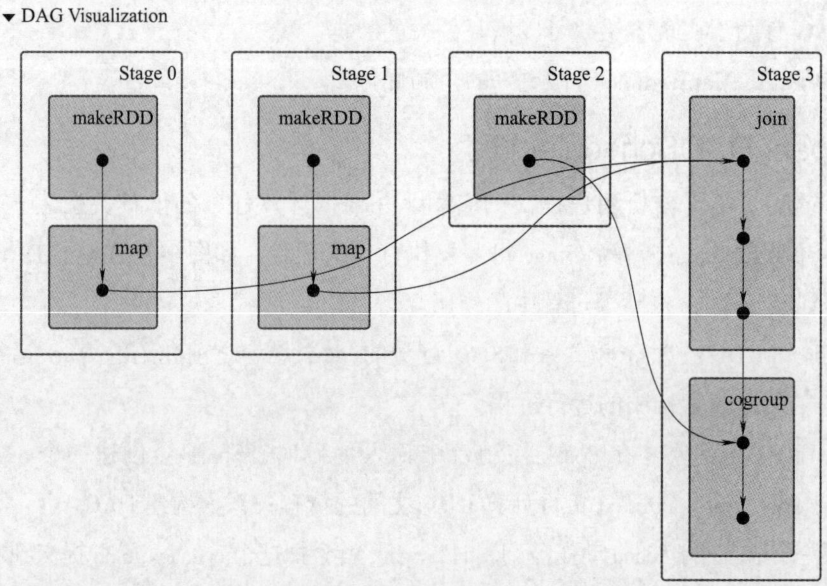

图 9-10　通过访问 Web 页面查看 DAG 图

🗁 9.3 Spark stage 概述

阶段(stage)是执行器的物理单元,是物理执行计划中的一个步骤。阶段是一组并行任务,每个分区一个任务。所以说一个执行计划里面是有多个stage构建而成。阶段是一组并行任务,就是每一个阶段它都是一组并行任务。其实就是每个阶段里rdd需要进行处理时,有多少个分区就会有多少个任务,就是每一个分区、一个任务。

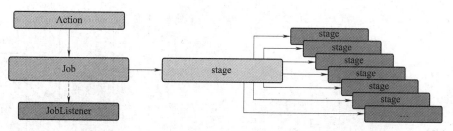

图 9-11　Spark 作业是将计算任务分成多个阶段执行

Spark 作业将计算任务分成多个阶段执行,一个 action 操作就是一个 rdd 经过 action 操作之后转化成了一个作业,那么一个作业又经过 stage 之后,将它拆分成多个 stage,其实每一个 stage 下面也有多个小的任务。作业还会在执行的过程中进行监听。

一个 Job 会被拆分为多组任务,每组任务被称为一个 Stage,就像 Map Stage、Reduce Stage。stage 的划分,简单说是以 shuffle 和 result 这两种类型来划分。

在 Spark 中有两类任务,一类是 ShuffleMapTask,一类是 ResultTask。第一类任务的输出是 shuffle 所需数据,第二类任务的输出是 result,stage 的划分也以此为依据,shuffle 之前的所有变换是一个 stage,shuffle 之后的操作是另一个 stage。

Spark stage 的划分依据是 shuffle,但 shuffle 怎么划分呢? 需要了解 RDD 在 Lineage 依赖,主要分为:窄依赖与宽依赖,两种依赖也可以用来解决数据容错的高效性,如图 9-12 所示。

窄依赖 (narrow dependencies) 是指父 RDD 的每一个分区最多被一个子 RDD 的分区所用,也就是说一个父 RDD 的一个分区不可能对应一个子 RDD 的多个分区。

宽依赖 (wide dependencies) 是指子 RDD 的分区依赖于父 RDD 的多个分区或所有分区,也就是说存在一个父 RDD 的一个分区对应一个子 RDD 的多个分区。

宽依赖意味着 shuffle 操作,所以 Spark 划分 stage 的整体思路是:在 DAG 中进行反向解析,遇到宽依赖就断开,划分为一个 stage;遇到窄依赖就将这个 RDD 加入该 stage 中。将窄依赖尽量划分在同一个 stage 中,可以实现流水线计算。

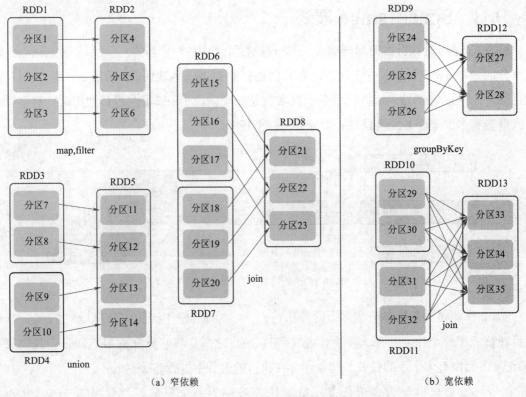

图 9-12　窄依赖和宽依赖实例

9.4　Spark 基础编程实践

9.4.1　数据读写

1. 本地文件系统的数据读 / 写

（1）从文件中读取数据创建 RDD。

从本地文件系统读取数据，Spark 提供了 textFile() 方法，该方法可以读取一个本地文件数据或一个目录下所有的文件数据，如 /usr/local/mjusk/data/ 目录下有 word.txt 文件，读取该数据执行命令如下：

```scala
scala> val rdd = sc.textFile("file:///usr/local/mjusk/data/word.txt")
```

因为 Spark 采用了惰性机制，在执行转换操作的时候，不会马上显示结果，如果要查看数据，可以使用行动操作，如取前两条数据可执行命令：

```scala
scala> rdd.take(2)
```

由于 Spark 采用了惰性机制，即使输入了错误的语句，spark-shell 也不会马上报错，假设文件 testData.txt 不存在，执行下面命令也不会马上报错：

```
scala> val rdd = sc.textFile("file:///usr/local/mjusk/data/testData.txt")
```

（2）把 RDD 写入到文本文件中。

Spark 提供了 saveAsTextFile() 方法将 RDD 中的数据保存到文件中。需要注意的是，该方法中参数不是文件名称，而是一个目录名称。因为，Spark 通常是在分布式环境下执行的，RDD 会存在多个分区，由多任务对这些分区进行并行计算，每个分区的计算结果都会保存到单独的文件中。例如，如果 RDD 有三个分区，saveAsTextFile() 方法就会产生 part-00001、part-00002 和 part-00003，以及一个 _SUCCESS 文件。

```
scala> val rdd= sc. textFile("file:///usr/local/mjusk/data/word.txt")
scala> rdd.saveAsTextFile("file:///usr/local/mjusk/data/writeback")
```

如果想再次把数据加载在 RDD 中，只要使用 writeback 这个目录即可，如下：

```
scala> val textFile = sc.textFile("file:///usr/local/mjusk/data/writeback")
```

2. 分布式文件系统 HDFS 的数据读 / 写

从分布式文件系统 HDFS 中读取数据，也是采用 textFile() 方法，可以为 textFile() 方法提供一个 HDFS 文件或目录地址，如果是一个文件地址，它会加载该文件，如果是一个目录地址，它会加载该目录下的所有文件的数据。下面是读取 HDFS 系统文件示例：

```
scala> val rdd = sc.textFile("hdfs://localhost:9000/user/hadoop/word.txt")
scala> rdd.first()
```

textFile() 方法提供的文件地址格式可以有多种，如下三条语句都是等价的：

```
scala> val rdd = sc.textFile("hdfs://localhost:9000/user/hadoop/word.txt")
scala> val rdd = sc.textFile("/user/hadoop/word.txt")
scala> val rdd = sc.textFile("word.txt")
```

同样，可以使用 saveAsTextFile() 方法把 RDD 中的数据保存到 HDFS 文件中，命令如下：

```
scala> rdd.saveAsTextFile("writeback")
```

3.JSON 文件的读取

JSON(JavaScript Object Notation) 是一种轻量级的数据交换格式。其简洁清晰的层次结构使得 JSON 成为理想的数据交换语言，不仅易于阅读和编写，同时也易于机器解析和生成，并能够有效提升网络传输效率。Spark 提供了一个 JSON 样例数据文件，存放在 "/usr/local/mjusk/spark-3.2.4/examples/src/main/resources/people.json" 中（路径中 "/usr/local/mjusk/spark-3.2.4/" 是 Spark 的安装目录）。people.json 文件内容如下：

```
{"name":"Michael"}
{"name":"Andy", "age":30}
{"name":"Justin", "age":19}
```

下面把本地文件系统中的 people.json 文件加载到 RDD 中，执行命令如下：

```
scala> val jsonRDD = sc.
textFile("file:///usr/local/mjusk/spark-3.2.4/examples/src/main/resources/people.json")
scala> jsonRDD.foreach(println)
{"name":"Michael"}
{"name":"Andy", "age":30}
{"name":"Justin", "age":19}
```

4. 读 / 写 HBase 数据

HBase 是一个稀疏、多维度、排序的映射表，这张表的索引是行键、列族、列限定符和时间戳。它是一个高可靠、高性能、面向列、可伸缩的分布式数据库，主要用来存储非结构化和半结构化的松散数据。Spark 支持对 HBase 数据库中的数据进行读 / 写。

（1）创建一个 HBase 表

首先，完成 HBase 的安装，因为 HBase 是伪分布式模式，需要调用 HDFS，所以，首先在终端中输入下面命令启动 Hadoop 的 HDFS：

```
$ cd /usr/local/mjusk/hadoop-3.2.4
$ ./sbin/start-dfs.sh
```

然后，启动 HBase，命令如下：

```
$ cd /usr/local/mjusk/hbase
$ ./bin/start-hbase.sh    // 启动 HBase
$ ./bin/hbase shell       // 启动 HBase Shell
```

下面创建一个 student 表，如果里面已经有一个名称为 student 的表，请使用如下命令删除：

```
hbase> disable 'student'
hbase> drop 'student'
```

现在要在这个表中录入如表 9-7 所示数据，再把表 9-7 中的数据保存到 HBase 中时，可以把 ID 作为行键（row key），把 info 作为列族，把 name、gender 和 age 作为列。

表 9-7　student 表数据

ID	info		
	name	gender	age
1	zhangsan	F	20
2	lisi	M	21
3	wangwu	F	18

首先，在 HBase Shell 中执行如下命令创建 student 表：

```
// 首先创建表中第一条记录
hbase> put  'student', '1', 'info:name', 'zhangsan'
hbase> put  'student', '1', 'info:gender', 'F'
hbase> put  'student', '1', 'info:age', '20'
// 然后创建表中第二条记录
hbase> put  'student', '2', 'info:name', 'lisi'
hbase> put  'student', '2', 'info:gender', 'M'
hbase> put  'student', '2', 'info:age', '21'
// 最后创建表中第三条记录
hbase> put  'student', '3', 'info:name', 'lisi'
hbase> put  'student', '3', 'info:gender', 'F'
hbase> put  'student', '3', 'info:age', '18'
hbase> create  'student', 'info'
```

（2）配置 Spark

把 HBase 的 lib 目录下的一些 jar 文件复制到 Spark 中，这些都是编程时需要引入的 jar 包，需要复制的 jar 文件包括：所有 hbase 开头的 jar 文件、guava-14.0.1.jar、htrace-core4-4.1.0-incubating.jar 和 protobuf-java-2.5.0.jar。执行如下命令：

```
$ cd /usr/local/mjusk/spark-3.2.4/jars
$ mkdir hbase
$ cd hbase
$ cp /usr/local/mjusk/hbase/lib/hbase*.jar ./
$ cp /usr/local/mjusk/hbase/lib/guava-14.0.1.jar ./
$ cp /usr/local/mjusk/hbase/lib/htrace-core4-4.1.0-incubating.jar ./
$ cp /usr/local/mjusk/hbase/lib/protobuf-java-2.5.0.jar ./
```

（3）编写程序读取 HBase 数据

如果要让 Spark 读取 HBase，就需要使用 SparkContext 提供的 newAPIHadoopRDD 这个 API 将表的内容以 RDD 的形式加载到 Spark 中。

新建一个 SparkHBase.scala 代码文件，内容如下：

```
import org.apache.hadoop.conf.Configuration
import org.apache.hadoop.hbase._
import org.apache.hadoop.hbase.client._
import org.apache.hadoop.hbase.mapreduce.TableInputFormat
import org.apache.hadoop.hbase.util.Bytes
import org.apache.spark.SparkContext
import org.apache.spark.SparkContext._
import org.apache.spark.SparkConf
```

```
object SparkOperateHBase {
def main(args: Array[String]) {
    val conf = HBaseConfiguration.create()
    val sc = new SparkContext(new SparkConf())
    // 设置查询的表名
    conf.set(TableInputFormat.INPUT_TABLE, "student")
    val stuRDD = sc.newAPIHadoopRDD(conf, classOf[TableInputFormat],
            classOf[org.apache.hadoop.hbase.io.ImmutableBytesWritable],
            classOf[org.apache.hadoop.hbase.client.Result])
    val count = stuRDD.count()
    println("Students RDD Count:" + count)
    stuRDD.cache()
    // 遍历输出
    stuRDD.foreach({ case (_,result) =>
        val key = Bytes.toString(result.getRow)
        val name = Bytes.toString(result.getValue("info".getBytes,"name".getBytes))
        val gender = Bytes.toString(result.getValue("info".getBytes,"gender".getBytes))
        val age = Bytes.toString(result.getValue("info".getBytes,"age".getBytes))
        println("Row key:"+key+" Name:"+name+" Gender:"+gender+" Age:"+age)
    })
}
}
```

在上面代码中，val stuRDD = sc.newAPIHadoopRDD() 语句执行后，Spark 会从 HBase 数据库读取数据，保存到 stuRDD 中，stuRDD 中每个元素都是（ImmutableBytesWritable，Result）类型的键值对。我们所需要的数据被封装在 Result 中，因此，使用 foreach() 遍历 RDD 的每个元素，通过 case(_,result)，忽略了 key，只获取 value（即 result）。

可以使用 sbt 工具对 SparkHBase.scala 代码进行编译打包。配置文件 simple.sbt 中录入下面内容：

```
name := "Simple Project"
version := "1.0"
scalaVersion := "2.13.5"
libraryDependencies += "org.apache.spark" %% "spark-core" % "3.2.4"
libraryDependencies += "org.apache.hbase" % "hbase-client" % "1.1.5"
libraryDependencies += "org.apache.hbase" % "hbase-common" % "1.1.5"
libraryDependencies += "org.apache.hbase" % "hbase-server" % "1.1.5"
```

采用 sbt 打包，通过 spark-submit 运行程序：

```
$ /usr/local/mjusk/spark-3.2.4/bin/spark-submit   \
>--driver-class-path /usr/local/mjusk/spark-3.2.4/jars/hbase/*:/usr/local/mjusk/hbase/conf   \
```

```
>--class "SparkOperateHBase"  \
>/usr/local/spark/mjusk/mycode/hbase/target/scala-2.13/simple-project_2.13-1.0.jar
```

需要注意的是，上面命令中，必须使用"--driver-class-path"参数指定依赖 jar 包的路径，而且必须把"/usr/local/hbase/conf"也加到路径中。

执行后得到如下结果：

```
Students RDD Count:3
Row key:1 Name:zhangsan Gender:F Age:20
Row key:2 Name:lisi Gender:M Age:21
Row key:3 Name:wangwu Gender:F Age:18
```

（4）编写程序向 HBase 写入数据

下面编写应用程序把表中的两个学生信息插入到 HBase 的 student 表中，内容如表 9-8 所示。

表 9-8　向 student 表增添的新数据

ID	info		
	name	gender	age
4	zhaoliu	M	23
5	sunqi	M	24

新建 SparkWriteHBase.scala 文件，并输入下面代码：

```scala
import org.apache.hadoop.hbase.HBaseConfiguration
import org.apache.hadoop.hbase.mapreduce.TableOutputFormat
import org.apache.spark._
import org.apache.hadoop.mapreduce.Job
import org.apache.hadoop.hbase.io.ImmutableBytesWritable
import org.apache.hadoop.hbase.client.Result
import org.apache.hadoop.hbase.client.Put
import org.apache.hadoop.hbase.util.Bytes
object SparkWriteHBase {
  def main(args: Array[String]): Unit = {
    val sparkConf = new SparkConf().setAppName("SparkWriteHBase").setMaster("local")
    val sc = new SparkContext(sparkConf)
    val tablename = "student"
    sc.hadoopConfiguration.set(TableOutputFormat.OUTPUT_TABLE, tablename)
    val job = new Job(sc.hadoopConfiguration)
    job.setOutputKeyClass(classOf[ImmutableBytesWritable])
    job.setOutputValueClass(classOf[Result])
    job.setOutputFormatClass(classOf[TableOutputFormat[ImmutableBytesWritable]])
    // 构建两行记录
    val indataRDD = sc.makeRDD(Array("4,zhaoliu,M,23","5,sunqi,M,24"))
```

```
        val rdd = indataRDD.map(_.split(',')).map{arr=>{
          // 行健的值
          val put = new Put(Bytes.toBytes(arr(0)))
          //info:name 列的值
          put.add(Bytes.toBytes("info"),Bytes.toBytes("name"),Bytes.toBytes(arr(1)))
          //info:gender 列的值
          put.add(Bytes.toBytes("info"),Bytes.toBytes("gender"),Bytes.toBytes(arr(2)))
          //info:age 列的值
          put.add(Bytes.toBytes("info"),Bytes.toBytes("age"),Bytes.toBytes(arr(3).toInt))
          (new ImmutableBytesWritable, put)
        }}
        rdd.saveAsNewAPIHadoopDataset(job.getConfiguration())
      }
    }

    $ /usr/local/mjusk/spark-3.2.4/bin/spark-submit    \
    >--driver-class-path /usr/local/mjusk/spark-3.2.4/jars/hbase/*:/usr/local/mjusk/
    hbase/conf   \
    >--class "SparkWriteHBase"   \
    >/usr/local/spark/mjusk/mycode/hbase/target/scala-2.13/simple-project_2.13-
    1.0.jar
```

切换到 HBase Shell 中，执行如下命令查看 student 表：

```
hbase> scan 'student'
```

就可以看到新增加的两条记录。

9.4.2　Spark RDD 基本操作

前面介绍 RDD 有两种类型的操作：transformations 和 actions。转换会在一个已存在的 RDD 上创建一个新的 RDD，而行动操作将在 RDD 上运行的计算后返回到驱动程序。

Spark 中所有的转换操作都是惰性的，因此它不会立刻计算出结果。相反，它们只记得应用于一些基本数据集的转换过程。只有当需要返回结果给驱动程序时，即遇到行动操作，转换操作才开始真正计算。这种设计使 Spark 的运行更高效。

1. 转换操作实践

下面我们来学习下常见的 transformation 操作。

（1）map、flatMap 和 mapPartitions

map 是一个通过让每个数据集元素都执行一个函数，并返回新 RDD 结果的转换操作，操作示例如图 9-13 所示。

```
val data = Array("Hadoop", "Hbase", "Hive", "Spark")
val listRDD = sc.parallelize(data)
```

```
val nameBigData = listRDD.map(name => name + " 技术")
nameBigData.foreach(println(_))
```

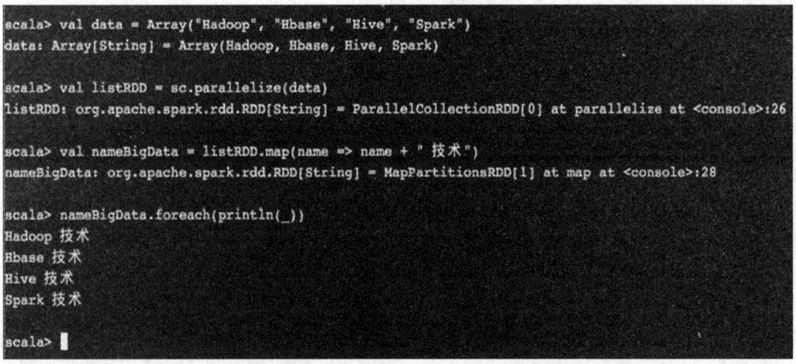

```
scala> val data = Array("Hadoop", "Hbase", "Hive", "Spark")
data: Array[String] = Array(Hadoop, Hbase, Hive, Spark)

scala> val listRDD = sc.parallelize(data)
listRDD: org.apache.spark.rdd.RDD[String] = ParallelCollectionRDD[0] at parallelize at <console>:26

scala> val nameBigData = listRDD.map(name => name + " 技术")
nameBigData: org.apache.spark.rdd.RDD[String] = MapPartitionsRDD[1] at map at <console>:28

scala> nameBigData.foreach(println(_))
Hadoop 技术
Hbase 技术
Hive 技术
Spark 技术

scala>
```

图 9-13　map 操作示例

有时候我们希望对某个元素生成多个元素，实现该功能的操作叫作 flatMap()。faltMap 的函数应用于每一个元素，对于每一个元素返回的是多个元素组成的迭代器，如图 9-14 所示。

```
val data = Array("Hadoop Hbase", "Pig MapReduce", "Hive", "Spark Core Sql Mllib")
val listRDD = sc.parallelize(data)
val nameBigData = listRDD.flatMap(name => name.split("\\s"))
nameBigData.foreach(println(_))
```

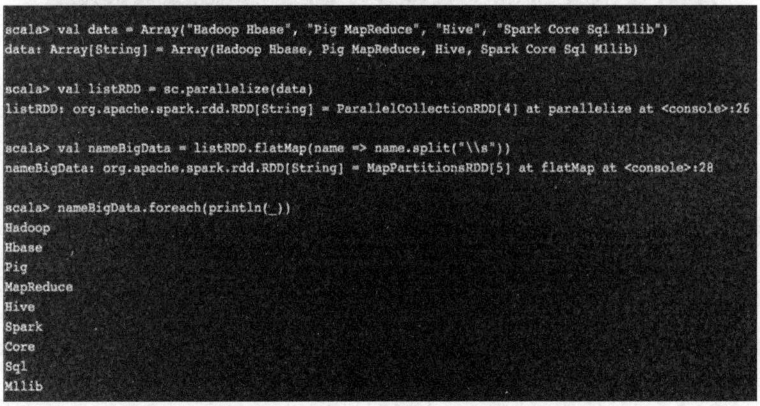

```
scala> val data = Array("Hadoop Hbase", "Pig MapReduce", "Hive", "Spark Core Sql Mllib")
data: Array[String] = Array(Hadoop Hbase, Pig MapReduce, Hive, Spark Core Sql Mllib)

scala> val listRDD = sc.parallelize(data)
listRDD: org.apache.spark.rdd.RDD[String] = ParallelCollectionRDD[4] at parallelize at <console>:26

scala> val nameBigData = listRDD.flatMap(name => name.split("\\s"))
nameBigData: org.apache.spark.rdd.RDD[String] = MapPartitionsRDD[5] at flatMap at <console>:28

scala> nameBigData.foreach(println(_))
Hadoop
Hbase
Pig
MapReduce
Hive
Spark
Core
Sql
Mllib
```

图 9-14　flatMap 操作示例

mapPartitions，与 map 方法类似，map 是对 rdd 中的每一个元素进行操作，而 mapPartitions 则是对 rdd 中的每个分区的迭代器进行操作。如果在 map 过程中需要频繁创建额外的对象(例如将 rdd 中的数据通过 jdbc 写入数据库，map 需要为每个元素创建一个链接而 mapPartition 为每个 partition 创建一个链接)，则 mapPartitions 效率比 map 高的多，mapPartition 操作示例如图 9-15 所示。

```
val dataRdd = sc.parallelize(1 to 9, 3)
def myfunc[T](iter: Iterator[T]) : Iterator[(T, T)] = {
    var res = List[(T, T)]()
    var pre = iter.next
    while (iter.hasNext)
    {
        val cur = iter.next;
        res .::= (pre, cur)
        pre = cur;
    }
    res.iterator
}
dataRdd.mapPartitions(myfunc).collect
```

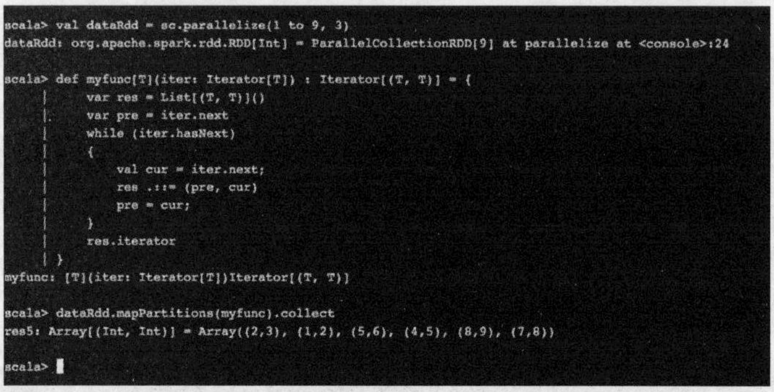

图 9-15　mapPartitions 操作示例

（2）filter、distinct 和 cartesian

filter，返回一个新的 RDD，它由源 RDD 中每个应用指定函数且返回值为 true 的元素来生成。构建 1 到 10 的列表，将其转换为 RDD，通过 filter 过滤出其中的偶数，filter 操作示例如图 9-16 所示。

```
val list = List(1,2,3,4,5,6,7,8,9,10)
val listRDD = sc.parallelize(list)
listRDD.filter(num => num % 2 ==0).foreach(println(_))
```

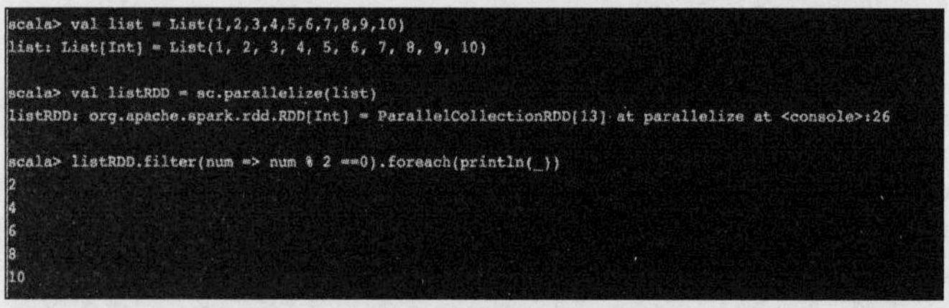

图 9-16　filter 操作示例

distinct，返回一个新的 RDD，源 RDD 中去重后的元素，distinct 操作示例如图 9-17 所示。

```
val list = List(1,1,2,2,3,3,4,5)
sc.parallelize(list).distinct().foreach(println(_))
```

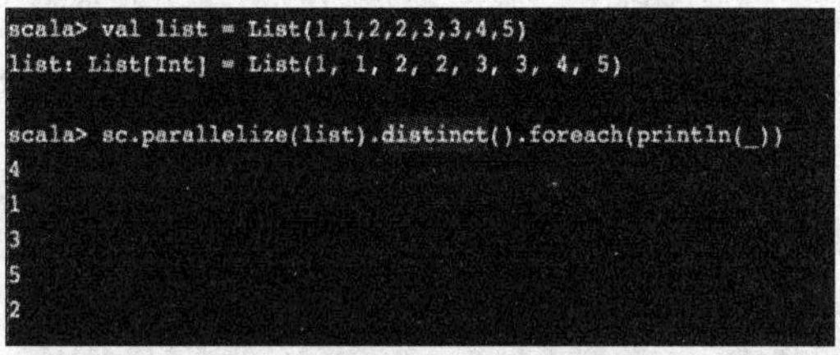

图 9-17　distinct 操作示例

cartesian 是用于求两个 RDD 的笛卡儿积，cartesian 操作示例如图 9-18 所示。

```
val list1 = List("A","B")
val list2 = List(1,2,3)
val list1RDD = sc.parallelize(list1)
val list2RDD = sc.parallelize(list2)
list1RDD.cartesian(list2RDD).foreach(t => println(t._1 + "->" + t._2))
```

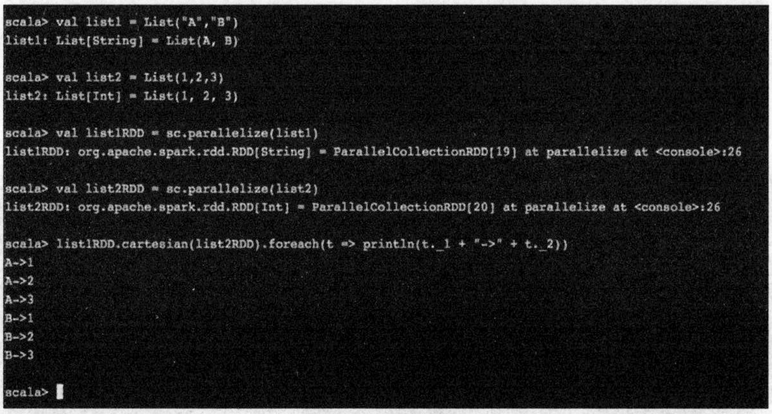

图 9-18　cartesian 操作示例

（3）mapValues 和 sample

mapValues 对键值对类的 RDD 的每个 value 都应用一个函数，但是 key 不会发生变化，mapValues 操作示例如图 9-19 所示。

```
val list = List("hadoop","spark","hive","spark")
val rdd = sc.parallelize(list)
val pairRdd = rdd.map(x => (x,1))
pairRdd.mapValues(_+1).collect.foreach(println)// 对每个 value 进行 +1
```

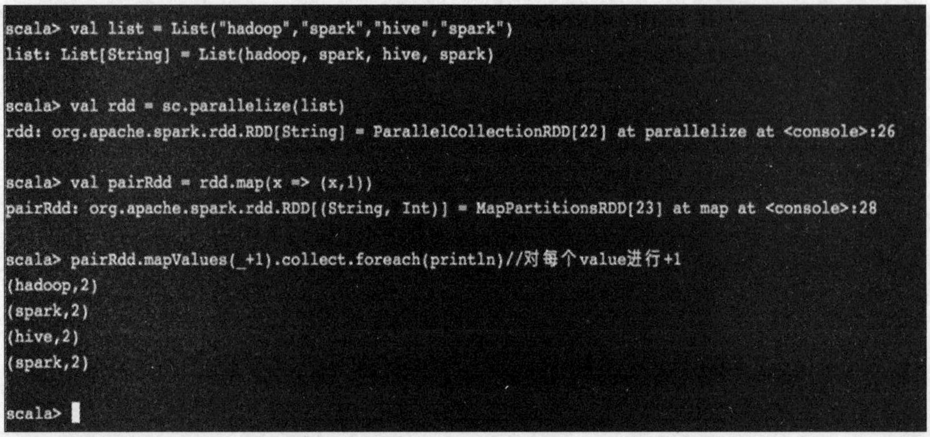

```
scala> val list = List("hadoop","spark","hive","spark")
list: List[String] = List(hadoop, spark, hive, spark)

scala> val rdd = sc.parallelize(list)
rdd: org.apache.spark.rdd.RDD[String] = ParallelCollectionRDD[22] at parallelize at <console>:26

scala> val pairRdd = rdd.map(x => (x,1))
pairRdd: org.apache.spark.rdd.RDD[(String, Int)] = MapPartitionsRDD[23] at map at <console>:28

scala> pairRdd.mapValues(_+1).collect.foreach(println)//对每个value进行 +1
(hadoop,2)
(spark,2)
(hive,2)
(spark,2)

scala>
```

图 9-19   mapValues 操作示例

sample(withReplacement, fraction, seed) 用于采集样本数据，sample 操作示例如图 9-20 所示，参数的作用如下：

- withReplacement：设置是否放回。
- fraction：采样的百分比。
- seed：使用指定的随机数生成器的种子。

```
val list = 1 to 100
val listRDD = sc.parallelize(list)
listRDD.sample(false, 0.1, 0).foreach(num => print(num + " "))
```

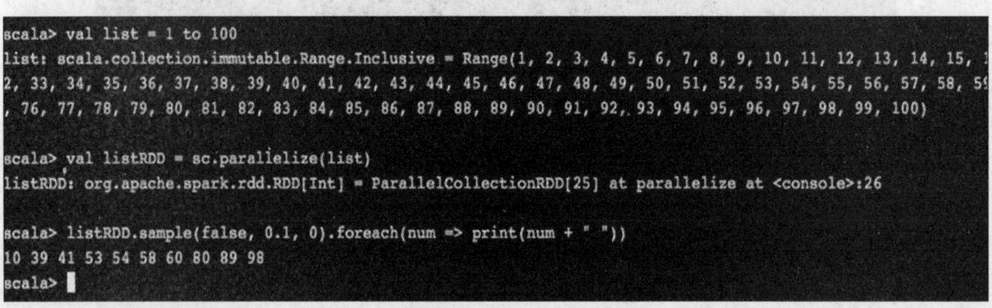

```
scala> val list = 1 to 100
list: scala.collection.immutable.Range.Inclusive = Range(1, 2, 3, 4, 5, 6, 7, 8, 9, 10, 11, 12, 13, 14, 15, ...
2, 33, 34, 35, 36, 37, 38, 39, 40, 41, 42, 43, 44, 45, 46, 47, 48, 49, 50, 51, 52, 53, 54, 55, 56, 57, 58, 59
, 76, 77, 78, 79, 80, 81, 82, 83, 84, 85, 86, 87, 88, 89, 90, 91, 92, 93, 94, 95, 96, 97, 98, 99, 100)

scala> val listRDD = sc.parallelize(list)
listRDD: org.apache.spark.rdd.RDD[Int] = ParallelCollectionRDD[25] at parallelize at <console>:26

scala> listRDD.sample(false, 0.1, 0).foreach(num => print(num + " "))
10 39 41 53 54 58 60 80 89 98
scala>
```

图 9-20   sample 操作示例

设置无放回采样，取 10% 的数据，种子设为 0。

（4）groupBy、partitionBy 和 repartition

groupBy(function)，function 返回 key，传入的 RDD 的各个元素根据这个 key 进行分组。

将 1 到 9 的数字按照奇偶数进行分组，操作示例如图 9-21 所示。

```
val data = sc.parallelize(1 to 9, 3)
data.groupBy(x => { if (x % 2 == 0) "even" else "odd" }).collect// 分成两组
```

图 9-21　groupBy 操作示例

partitionBy(partitioner: Partitioner)，是对数据进行重新分区，返回一个新的 RDD，分区数量和方式由 partitioner 参数指定。注意：partitionBy 只能用于键值对类型 RDD。声明一个键值对 RDD，重新设置下分区，查看分区数量，partitionBy 操作示例如图 9-22 所示。

```
var rdd1 = sc.makeRDD(Array((1, "A"), (2, "B"), (3, "C"), (4, "D")), 2)
rdd1.partitions.size
var rdd2 = rdd1.partitionBy(new org.apache.spark.HashPartitioner(3))
rdd2.partitions.size
```

图 9-22　partitionBy 操作示例

repartition(numPartitions: Int)，是对数据进行重新分区，默认是使用 HashPartitioner。返回一个新的 RDD，分区数量为 numPartitions。声明一个 RDD 内容将 1 到 9 的数字，将其分区数量设为 4，并查看分区数量，repartition 操作示例如图 9-23 所示。

```
val rdd1 = sc.parallelize(1 to 9, 3)
rdd1.partitions.size
var rdd2 = rdd1.repartition(4)
rdd2.partitions.size
```

图 9-23　repartition 操作示例

（5）combineByKey 和 reduceByKey

combineByKey 函数是基于键进行聚合的函数（大多数基于键聚合的函数都是用它实现的），只能用于键值对类型的 RDD。

combineByKey 函数有三种：

```
def combineByKey[C](
createCombiner: (V) => C,
mergeValue: (C, V) => C,
mergeCombiners: (C, C) => C): RDD[(K, C)]
def combineByKey[C](
createCombiner: (V) => C,
mergeValue: (C, V) => C,
mergeCombiners: (C, C) => C,
numPartitions: Int): RDD[(K, C)]
def combineByKey[C](
createCombiner: (V) => C,
mergeValue: (C, V) => C,
mergeCombiners: (C, C) => C,
partitioner: Partitioner,
mapSideCombine: Boolean = true,
serializer: Serializer = null): RDD[(K, C)]
```

其中的参数解释：

• createCombiner：组合器函数，用于将 V 类型转换成 C 类型，输入参数为 RDD[K,V] 中的 V，输出为 C。

• mergeValue：合并值函数，将一个 C 类型和一个 V 类型值合并成一个 C 类型，输入参数为 (C,V)，输出为 C。

• mergeCombiners：合并组合器函数，用于将两个 C 类型值合并成一个 C 类型，输入参数为 (C,C)，输出为 C。

• numPartitions：结果 RDD 分区数，默认保持原有的分区数。

• partitioner：分区函数，默认为 HashPartitioner。

• mapSideCombine：是否需要在 Map 端进行 combine 操作，类似于 MapReduce 中的 combine，默认为 true。

现在有多个学生的多科目的成绩，想知道每个学生自己的平均分，代码如下，combineByKey 操作示例如图 9-24 所示。

```
val initialScores = Array(("Fred", 88.0), ("Fred", 95.0), ("Fred", 91.0),
("Wilma", 93.0), ("Wilma", 95.0), ("Wilma", 98.0))
```

```
val d1 = sc.parallelize(initialScores)
type MVType = (Int, Double) // 定义一个元组类型 ( 科目计数器，分数 )
d1.combineByKey(
  score => (1, score),
  (c1: MVType, newScore) => (c1._1 + 1, c1._2 + newScore),
  (c1: MVType, c2: MVType) => (c1._1 + c2._1, c1._2 + c2._2)
).map { case (name, (num, socre)) => (name, socre / num) }.collect
```

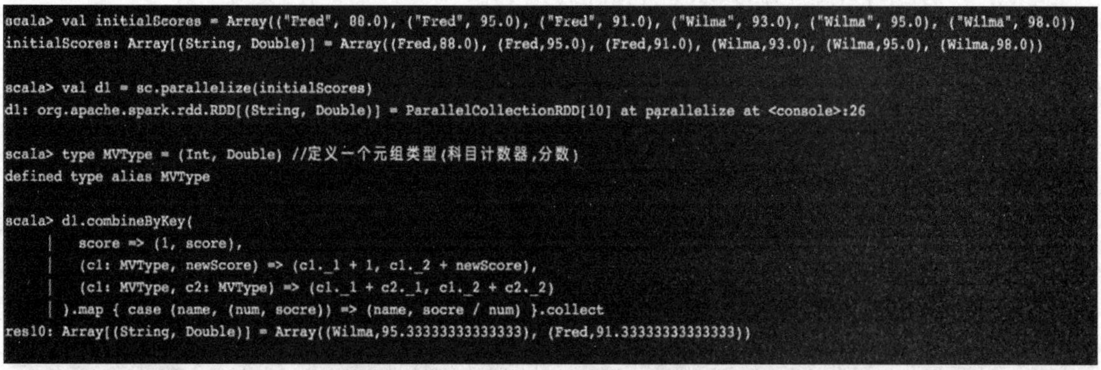

图 9-24　combineByKey 操作示例

reduceByKey 是基于 combineByKey 实现的。所以它也是基于键进行聚合的，只能在键值对 RDD 上使用的函数。现在统计相同字母出现的总次数，代码如下，操作示例如图 9-25 所示。

```
val x = sc.parallelize(Array(("a", 1), ("b", 1), ("a", 1), ("a", 1), ("b", 1),
("b", 1), ("b", 1), ("b", 1)), 3)
// 对于有相同的键的元祖进行累加
val y = x.reduceByKey((pre, after) => (pre + after))
y.collect
```

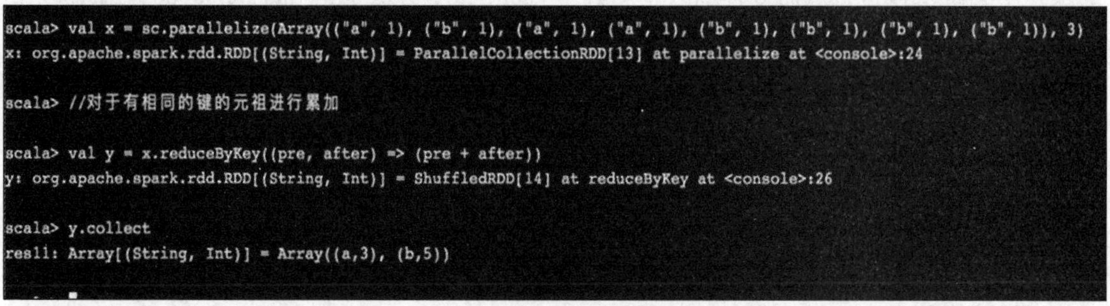

图 9-25　reduceByKey 操作示例

（6）join、leftOuterJoin、rightOuterJoin 和 union

union 用于组合两个 rdd 的元素，join 用于内连接，而 leftOuterJoin 和 rightOuterJoin 用于类似于 SQL 的左、右连接。这些函数只能用于 key-value 形式的 RDD。下面构建两个键值对类型 RDD，并对其调用四个函数，代码如下，操作示例如图 9-26 所示。

```
val rdd1 = sc.parallelize(Array(("Hadoop", 2), ("Hadoop", 5), ("Spark", 4),
("Hadoop", 12)), 3)
val rdd2 = sc.parallelize(Array(("Hadoop", 2), ("Hive", 5), ("Pig", 4),
("Hadoop", 12)), 3)
rdd1.join(rdd2).collect()
rdd1.leftOuterJoin(rdd2).collect()
rdd1.rightOuterJoin(rdd2).collect()
rdd1.union(rdd2).collect()
```

```
scala> val rdd1 = sc.parallelize(Array(("Hadoop", 2), ("Hadoop", 5), ("Spark", 4), ("Hadoop", 12)), 3)
rdd1: org.apache.spark.rdd.RDD[(String, Int)] = ParallelCollectionRDD[25] at parallelize at <console>:24

scala> val rdd2 = sc.parallelize(Array(("Hadoop", 2), ("Hive", 5), ("Pig", 4),("Hadoop", 12)), 3)
rdd2: org.apache.spark.rdd.RDD[(String, Int)] = ParallelCollectionRDD[26] at parallelize at <console>:24

scala> rdd1.join(rdd2).collect()
res16: Array[(String, (Int, Int))] = Array((Hadoop,(2,2)), (Hadoop,(2,12)), (Hadoop,(5,2)), (Hadoop,(5,12)), (Hadoop,(12,2)), (Hadoop,(12,12)))

scala> rdd1.leftOuterJoin(rdd2).collect()
res17: Array[(String, (Int, Option[Int]))] = Array((Spark,(4,None)), (Hadoop,(2,Some(2))), (Hadoop,(2,Some(12))), (Hadoop,(5,Some(2))), (Hadoop,(5,Some(12))), (Hadoop,(12,Some(2))), (Hadoop,(12,Some(12))))

scala> rdd1.rightOuterJoin(rdd2).collect()
res18: Array[(String, (Option[Int], Int))] = Array((Hive,(None,5)), (Pig,(None,4)), (Hadoop,(Some(2),2)), (Hadoop,(Some(2),12)), (Hadoop,(Some(5),2)), (Hadoop,(Some(5),12)), (Hadoop,(Some(12),2)), (Hadoop,(Some(12),12)))

scala> rdd1.union(rdd2).collect()
```

图 9-26 join、leftOuterJoin、rightOuterJoin 和 union 操作示例

（7）RDD 的持久化 cache 和 persist

在 Spark 中有时候我们很多地方都会用到同一个 RDD，按照常规的做法的话，那么每个地方遇到 Action 操作的时候都会对同一个算子计算多次，这样会造成效率低下的问题。

为了提高效率可以使用持久化方法，将 RDD 持久到内存或者磁盘中，它可以使函数之前的操作不必重复执行，从而效提高效率。其中 cache 这个方法也是 transformation 操作，当第一次遇到 action 算子的时才会进行持久化，而 cache 内部调用了 persist 方法，persist 方法又调用了 persist(StorageLevel.MEMORY_ONLY) 方法，所以执行 cache 其实就是执行了 persist 且持久化级别为 MEMORY_ONLY。

执行代码之前先访问主服务器 4040 端口查看 Spark 的集群情况，如图 9-27 所示。

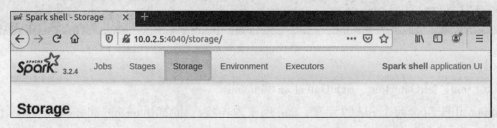

图 9-27 Spark 集群主服务器 4040 端口

可以发现存储下面是空的。下面声明两个 RDD 分别使用 cache 和 persist 方法来检查效果。

```
val rdd1 = sc.parallelize(Array(1, 2, 3))
val rdd2 = sc.parallelize(Array(4, 5, 6))
rdd1.cache()
```

再次访问主服务器 4040 端口查看 Spark 的集群情况，如图 9-28 所示。

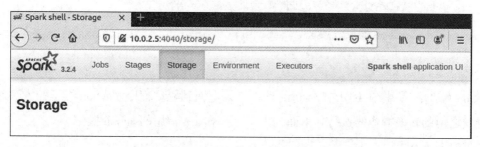

图 9-28 Spark 集群无持久化操作集群情况

可以发现毫无变化。因为 cache 是一个 transformation 操作，下面执行 collect 来触发执行，再次访问如图 9-29 所示。

```
rdd1.collect
```

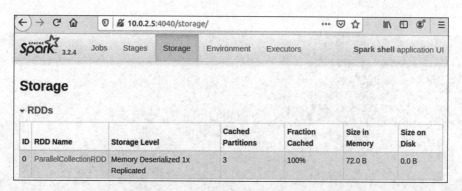

图 9-29 Spark 集群持久化操作后集群情况

可以发现产生一条记录，内存产生了占用，而磁盘为 0。再试一试 persist 方法：

```
rdd2.persist(org.apache.spark.storage.StorageLevel.MEMORY_AND_DISK)
rdd2.collect
val rdd3 = sc.parallelize(Array(4, 5, 6))
rdd3.persist(org.apache.spark.storage.StorageLevel.DISK_ONLY)
rdd3.collect
```

再次访问，如图 9-30 所示，可以发现 DISK_ONLY 会产生磁盘存储。

Storage

▾ RDDs

ID	RDD Name	Storage Level	Cached Partitions	Fraction Cached	Size in Memory	Size on Disk
0	ParallelCollectionRDD	Memory Deserialized 1x Replicated	3	100%	72.0 B	0.0 B
1	ParallelCollectionRDD	Disk Memory Deserialized 1x Replicated	3	100%	72.0 B	0.0 B
2	ParallelCollectionRDD	Disk Serialized 1x Replicated	3	100%	0.0 B	6.0 B

图 9-30　Spark 集群 persist 持久化操作后集群情况

2. 行动操作实践

action（动作）：将在 RDD 上运行的计算结果返回到驱动程序。action 类型的方法一旦执行会触发之前的转换操作的执行。下面列出了一些 Spark 常用的 action 操作。

（1）foreach 函数。

foreach(func)，遍历数据集中每个元素，对每个元素运行函数 func。参考代码如下，foreach 操作示例如图 9-31 所示。

```
val data = Array("Hadoop", "Hbase", "Hive", "Spark")
val listRDD = sc.parallelize(data)
listRDD.foreach(name => println(name + " 技术"))
```

```
scala> val data = Array("Hadoop", "Hbase", "Hive", "Spark")
data: Array[String] = Array(Hadoop, Hbase, Hive, Spark)

scala> val listRDD = sc.parallelize(data)
listRDD: org.apache.spark.rdd.RDD[String] = ParallelCollectionRDD[6] at parallelize at <console>:26

scala> listRDD.foreach(name => println(name + " 技术"))
Hadoop 技术
Hbase 技术
Hive 技术
Spark 技术

scala>
```

图 9-31　foreach 操作示例

（2）collect 方法。

collect 方法以一个数组的形式返回数据集的所有元素，数据量建议不要太大。参考代码如下，collect 操作示例如图 9-32 所示。

```
val data = Array("Hadoop", "Hbase", "Hive", "Spark")
val listRDD = sc.parallelize(data)
listRDD.collect()
```

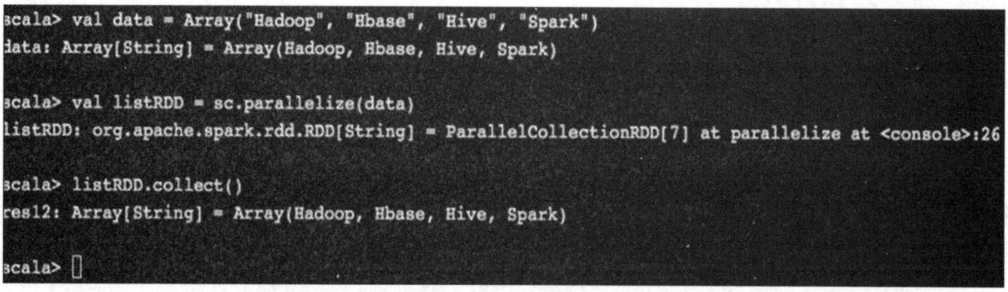

图 9-32　collect 操作示例

（3）count 方法。

count() 方法返回数据集中元素的个数，参考代码如下，count 操作示例如图 9-33 所示。

```
val data = Array("Hadoop", "Hbase", "Hive", "Spark")
val listRDD = sc.parallelize(data)
listRDD.count()
```

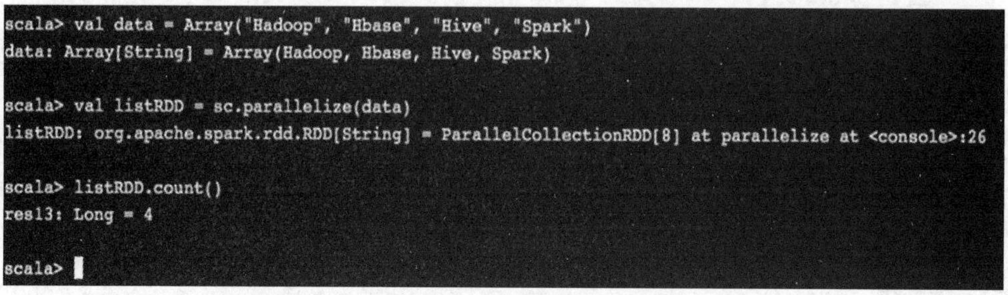

图 9-33　count 操作示例

（4）top 函数。

top 函数用于从 RDD 中，按照默认（降序）或者指定的排序规则，返回前 num 个元素。参考代码如下，top 操作示例如图 9-34 所示。

```
val data = Array("Hadoop", "Hbase", "Hive", "Spark")
val listRDD = sc.parallelize(data)
listRDD.top(2)
```

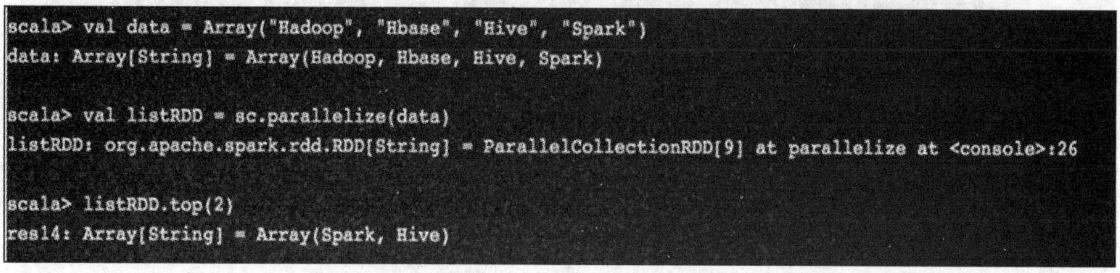

图 9-34　top 操作示例

（5）take 方法。

take(n) 方法将数据集中的前 n 个元素作为一个数组返回。参考代码如下，take 操作示例如图 9-35 所示。

```
val data = Array("Hadoop", "Hbase", "Hive", "Spark")
val listRDD = sc.parallelize(data)
listRDD.take(3)
```

```
scala> val data = Array("Hadoop", "Hbase", "Hive", "Spark")
data: Array[String] = Array(Hadoop, Hbase, Hive, Spark)

scala> val listRDD = sc.parallelize(data)
listRDD: org.apache.spark.rdd.RDD[String] = ParallelCollectionRDD[11] at parallelize at <console>:26

scala> listRDD.take(3)
res15: Array[String] = Array(Hadoop, Hbase, Hive)
```

图 9-35　take 操作示例

（6）saveAsTextFile 方法。

saveAsTextFile(path) 方法将 RDD 中的元素以文本文件（或文本文件集合）的形式写入本地文件系统、HDFS 或其他 Hadoop 支持的文件系统中的给定目录中。Spark 将对每个元素调用 toString 方法，将数据元素转换为文本文件中的一行记录。这里声明一个 RDD 将其保存到本地目录，参考代码如下：

```
val data = Array("Hadoop", "Hbase", "Hive", "Spark")
val listRDD = sc.parallelize(data)
listRDD.saveAsTextFile("file:/usr/local/mjusk/data")
```

执行完成，可以验证，但需要退出 Spark Shell 命令行，如图 9-36 为 /usr/local/mjusk/data 目录下内容。

```
total 20
drwxr-xr-x 2 ub1 ub1 4096 5月  13 00:20 ./
drwx------ 4 ub1 ub1 4096 5月  13 00:29 ../
-rw-r--r-- 1 ub1 ub1    6 5月  13 00:20 part-00001
-rw-r--r-- 1 ub1 ub1   12 5月  13 00:20 .part-00001.crc
-rw-r--r-- 1 ub1 ub1    0 5月  13 00:20 _SUCCESS
-rw-r--r-- 1 ub1 ub1    8 5月  13 00:20 ._SUCCESS.crc
```

图 9-36　saveAsTextFile 验证示例

可以发现会在指定目录生成输出文件 part-00000。我们可以再将其读取出来，参考代码如下，textFile 使用示例如图 9-37 所示。

```
val data = sc.textFile("file:/usr/local/mjusk/data/part-00000")
```

```
data.foreach(println(_))
```

图 9-37　textFile 使用示例

（7）saveAsObjectFile 方法。

saveAsObjectFile(path) 方法使用 Java 序列化（serialization）以简单的格式（simple format）将数据集的元素写入本地文件系统、HDFS 或其他 Hadoop 支持的文件系统中的给定目录中，然后使用 SparkContext.objectFile() 进行加载。代码如下：

```
val data = Array("Hadoop", "Hbase", "Hive", "Spark")
val listRDD = sc.parallelize(data)
listRDD.saveAsObjectFile("file:/usr/local/mjusk/data")
```

小　结

本章介绍了 RDD 编程基础知识，主要对 RDD 各种操作 API 的使用和执行机制进行了较为全面的描述。从 RDD 的创建开始，可以从多种数据源得到 RDD，如本地文件、HDFS、HBase 数据库等。创建 RDD 后就可以对 RDD 执行各种转换操作和行动操作，本章最后一节通过详细的实例介绍了常用操作的使用方法。

另外，通过持久化操作可以把 RDD 保存在缓存或磁盘中，避免了一些重复计算；通过对 RDD 进行分区，不仅可以增加程序的并行度，还可以降低一些应用的网络通信开销。

本章中还对 Spark DAG 机制和 Spark stage 进行了详细的介绍，可以让读者更好地去理解 RDD 的执行过程。

习　题

1. 为什么 RDD 采用惰性执行机制？

2. Spark 是怎样实现划分 stage 的？

3. Spark 为什么要对 RDD 进行分区？ RDD 分区能带来哪些好处？

4. 简述 RDD 在 Spark 架构中的运行过程。

5. Spark DAG 的机制相比 MapReduce 具有哪些优势？

6. RDD 的容错机制有哪些？

7. Spark 计算过程中为什么要持久化操作？

思政小讲堂

压力是前进的动力源泉

思政元素：培养学生正确认识压力和挫折，学会应对压力和挫折来增强自己的意志品质；使他们正确看待压力，实现将压力真正转换为奋斗的动力。也让大学生认识到要对自己的人生负责，对自己的行为负责。

在现实的生活中，我们经常会受到来自四面八方的压力，父母的压力、学习的压力、工作的压力等。其实当我们接收到这些压力后，应该将其看成是一种动力，一种激励和促使我们更加努力更加发奋的动力。压力会让我们不敢停下前进的脚步，压力使我们时时奋进，使我们实现一个目标时不敢懈怠，使我们获得成就时能够再接再厉。不要再害怕压力，因为"压力就是动力"。

有这样一个小故事：一个人看到蝴蝶幼虫在茧中拼命挣扎太过辛苦，出于好心，就用剪刀将茧剪开，让幼虫轻易地从里面爬出来。但是，这只幼蝶根本飞不起来而且很快就死了。原来，幼蝶在茧中挣扎是它生命中不可缺少的一部分，是为了让身体更强壮、翅膀更有力。如果不经历必要的破茧过程，它就无法适应茧外的环境。这正是告诉我们，一个人不经历必要的磨难，没有压力，他的人生就不会完整，因为他没有能力抵挡以后的风风雨雨。

"我心有猛虎，在细嗅蔷薇。"在《少年派的奇幻漂流》中，少年派从把老虎视为威胁，到与老虎发展出了一种共生关系，最终相互依靠，共达彼岸。说到底，压力就是我们生活的一部分。我们没有必要，也没有办法逃离。而我们愿意承担压力，是因为我们在不断接受挑战中获得成长，在努力中实现自己的潜能和价值；我们愿意承担压力，是因为总有那些我们爱和爱我们的人，让我们为之奋斗；我们愿意承担压力，是因为压力的背后，正是生活的意义。马斯洛说："一个人面临危机的时候，如果你把握住这个机会，你就成长。如果你放弃了这个机会，你就退化。""危"和"机"是辩证统一的，"危"中蕴含着"机"。"屡败屡战"和"屡战屡败"的区别就在于不放弃、不妥协地积极应对挫折的精神。

不知道大家有没有听过这样一句话"如果你想翻墙，请先把帽子扔过去。"其实在很多时候，不给自己回头的理由，不给自己留后路是一件好事，只有学会用压力来逼迫自己，才能珍惜自己的人生，才能创造出更大的价值。压力能够帮助我们更好地成长，我们要正确看待压力，不要过度反应，就可以实现压力真正的作用。

第⑩章

Spark 生态系统

学习目标

- 了解 Spark SQL 及其应用场景。
- 了解 Spark Streaming 及 Structured Streaming。
- 了解 Spark MLlib 及其应用场景。
- 了解 Spark GraphX 及其应用场景。

Spark 的设计遵循"一个软件栈满足不同应用场景"的概念，逐渐形成了一套完整可以处理大数据各种场景的生态系统，既能提供分布式内存计算框架，也可支持SQL查询、实时流计算、机器学习、图计算等。

本章首先介绍了数据查询工具 Spark SQL，然后介绍了流处理工具 Spark Streaming、Structured Streaming 以及机器学习工具 Spark MLlib；最后介绍了图计算工具 Spark GraphX。

10.1 Spark SQL 介绍

结构化查询语言简称 SQL，是一种特殊目的的编程语言，是一种数据库查询和程序设计语言，用于存取数据以及查询，更新和管理关系数据库系统；同时也是数据库脚本文件袋扩展名。

Spark SQL 是用于结构化数据处理的 Spark 模块，它运行在 Spark Core 之上。通过声明 DataFrame 和 Datasets API 在关系和程序处理之间提供更紧密的集成，这些可以让用户能够通过 Spark 运行 SQL 查询的方法。Spark SQL 与 Spark 函数式编程整合，用于结构化数据处理的 Spark 模块，Spark SQL 融合 RDD 和关系表，通过声明式 DataFtrame API，在关系处理和程序处理之间提供更紧密的集成，因此提供了更高的优化。

10.1.1　Spark SQL 接口

Spark SQL 提供了 DataSet、DataFrame、SQLContext、HiveContext 等接口。

1.DataSet

Spark DataSet 分布式数据集合，底层基于 RDD，也是惰性执行，具备 RDD 优势，可使用强大的 lambda 函数能力，具备 Spark SQL 优化执行引擎的优点。

2.DataFrame

DataFrame 是 DataSet 具有命名的列组合，在 Scala API 中，DataFrame 只是一个 Row 类型的 Dataset[Row]。DataFrame 等效于 SparkSQL 中的关系表，DataFrame 与关系数据库中的表类似，但具备更丰富的优化。它是一种适用于结构和半结构化数据抽象和领域专业的语言（DSL）。

DataFrame 可以多种来源构建，例如：结构化数据文件，Hive 中的表、外部数据库或现有 RDD。它的命名列和行列式的分布式数据集合。要访问数据帧，需要 SQLContext 或者 HiveContext。

3.SQLContext

SQLContext 是在 Apache Spark 中处理结构化数据（行和列）的入口。它允许创建 DataFrame 对象以及执行 SQL 查询。

4.HiveContext

HiveContext 能够使用 Hive 表，继承自 SQLContext。HiveContext 久经沙场，并提供比 SQLContext 更丰富的功能。

5.JDBC Datasource

在 Spark 中，可以使用 JDBC API 从关系数据库中读取数据，它优先于 RDD，因为数据源将结果作为 DataFrame 返回，可以直接在 Spark SQL 处理。

6.Catalyst Optimizer

Catalyst 是查询计算优化器，它提供了转换树的通用框架，用于执行分析 / 评估，优化，规划和运行代码生成。Catalyst 支持基于成本的优化和基于规则的优化，使查询运行速度比 RDD 版本快得多。

10.1.2　SparkSession 简介

在 Spark 1.x 版本，启动入口是 SparkContext，在 Spark 2.0，引入了 SparkSession，作为一个新的切入点并且包含了 SQLContext 和 HiveContext 的功能。为了向后兼容，SQLContext 和 HiveContext 被保存下来。SparkSession 处于 org.apache.spark.sql 包下，所以 SparkSession 一开始设计出来主要为 Spark SQL 服务。SparkContext 读取产生 RDD 数据集，SparkSession 读取产生 DataFrame 数据集。

SparkSession 可以通过建造者模式创建。如果 SparkContext 存在，那么 SparkSession 将会重用它；如果 SparkContext 不存在，则创建它。在 build 上设置的参数将会自动地传递到 Spark 和 Hadoop 中。

要创建 SparkSession，只需使用 SparkSession.builder()：

```
import org.apache.spark.sql.SparkSession
val spark = SparkSession
        .builder()
        .master("local")
        .appName("my-spark-app")
        .config("spark.some.config.option", "some-value")
        .getOrCreate()
```

builder 方法返回建造对象，用于准备构建 SparkSession，master 方法用于主服务器，这点和 SparkContext 中的 SparkConf 一致，appName 方法用于指定任务名称，这点和 SparkContext 中的 SparkConf 一致，config 方法用于指定任务的配置参数，spark.some.config.option 和 some-value 表示参数名和值，getOrCreate 方法用于真正返回 SparkSession 对象。

在 Spark REPL 中，SparkSession 实例会被自动创建，名字是 spark，如图 10-1 所示。

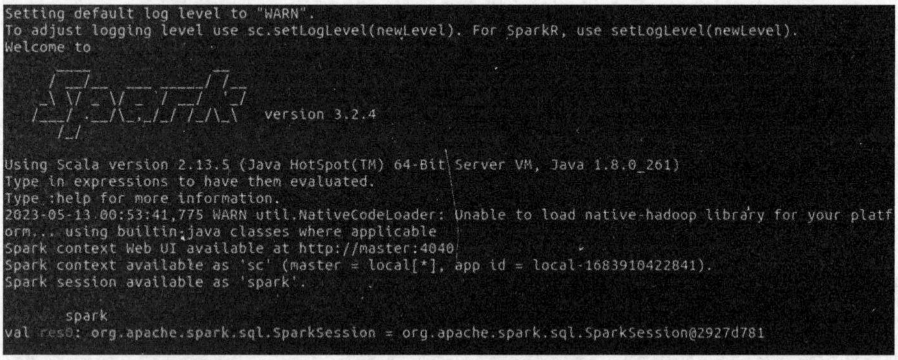

图 10-1　Spark 启动界面

10.1.3　DataFrame 创建与操作

使用 SparkSession，应用程序可以从 RDD、Hive 表或 Spark 数据源创建 DataFrame。以下内容基于 JSON 文件的内容创建 DataFrame，people.json 文件在 Spark 中默认存在，如图 10-2 所示。

```
scala> val df = spark.read.json
            ("file:/usr/local/mjusk/spark-3.2.4/examples/src/main/
resources/people.json")
scala> df.show()
```

```
val df = spark.read.json("file:/usr/local/mjusk/spark-3.2.4/examples/src/main/resources
/people.json")
val df: org.apache.spark.sql.DataFrame = [age: bigint, name: string]

        df.show()
+----+-------+
| age|   name|
+----+-------+
|null|Michael|
|  30|   Andy|
|  19| Justin|
+----+-------+
```

图 10-2　从 json 文件创建 DataFrame 示例

DataFrames 作为结构化数据集，支持 Scala、Java、Python 和 R 等语言中的操作。

在 Spark 2.0 中，DataFrames 是 Row 类型的 Dataset。类似于关系型数据库的表，Row 就是每行数据。这里有使用数据集进行结构化数据处理的一些基本示例：

1. 打印 DataFrame 结构信息

df.printSchema() 以树形结构显示数据集的结构信息，即 schema，打印 DataFrame 结构信息示例如图 10-3 所示。

2. 查询 "name" 列的内容

```
scala> df.select("name"):show()
```

DataFrame 查询列示例如图 10-4 所示。

```
df.printSchema()
root
 |-- age: long (nullable = true)
 |-- name: string (nullable = true)
```

图 10-3　打印 DataFrame 结构信息示例

```
df.select("name").show()
+-------+
|   name|
+-------+
|Michael|
|   Andy|
| Justin|
+-------+
```

图 10-4　DataFrame 查询列示例

3. 查询所有用户，将所有人年龄加 1

```
scala> df.select($"name", $"age" + 1).show()
```

DataFrame 查询示例如图 10-5 所示。

4. 查询年龄大于 21 的所有人

```
scala> df.filter($"age" > 21).show()
```

DataFrame 过滤示例如图 10-6 所示。

```
df.select($"name", $"age" + 1).show()
+-------+---------+
|   name|(age + 1)|
+-------+---------+
|Michael|     null|
|   Andy|       31|
| Justin|       20|
+-------+---------+
```

图 10-5　DataFrame 查询示例

```
df.filter($"age" > 21).show()
+---+----+
|age|name|
+---+----+
| 30|Andy|
+---+----+
```

图 10-6　DataFrame 过滤示例

5. 根据年龄分组，统计各个年龄下的人数

```
scala> df.groupBy("age").count().show()
```

DataFrame 统计示例如图 10-7 所示。

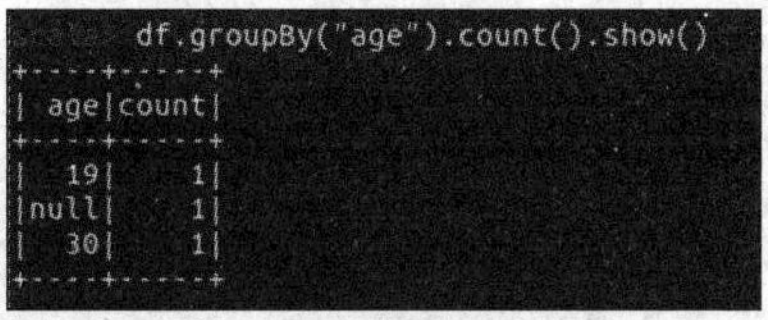

图 10-7　DataFrame 统计示例

10.1.4　Spark SQL 临时视图与全局视图

1. 以编程方式运行 SQL 查询

SparkSession 的 SQL 函数可以使应用程序以编程方式运行 SQL 查询并返回结果的 DataFrame。首先将 DataFrame 注册为一个 SQL 临时视图，然后使用 SELECT 语句查询所有数据：

```
scala> df.createOrReplaceTempView("people")
scala> val sqlDF = spark.sql("SELECT * FROM people")
scala> sqlDF.show()
```

其中，createOrReplaceTempView 用于创建临时视图，Spark SQL 临时视图如图 10-8 所示。

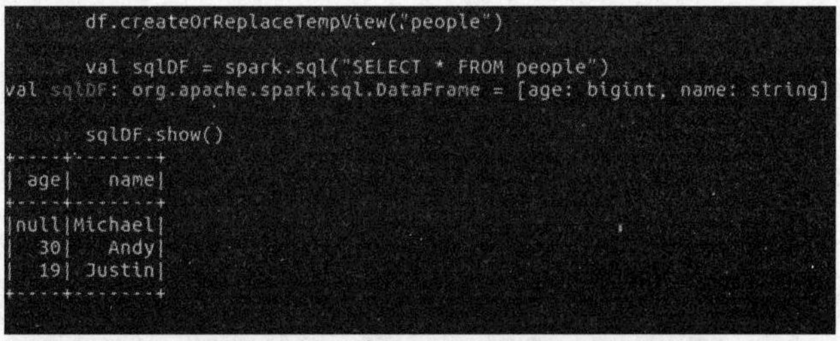

图 10-8　Spark SQL 临时视图示例

2. 全局临时视图

Spark SQL 中的临时视图是会话范围的，如果创建它的会话终止，它将消失。如果希望拥有一个在所有会话之间共享的临时视图并保持活动状态，直到 Spark 应用程序终止，可以创建全局临时视图。全局临时视图与系统保留的数据库 global_temp 绑定，必须使用固定名称来引用它。

```
scala>df.createGlobalTempView("people")
scala>spark.sql("SELECT * FROM global_temp.people").show()
scala>spark.newSession().sql("SELECT * FROM global_temp.people").show()
```

createGlobalTempView 方法用于创建临时视图 people，之后在当前会话中查看全局视图中的 people 中的所有数据，最后使用 newSession() 方法创建一个新会话，在新会话中查看之前创建的 people 视图中的所有数据，Spark SQL 全局临时视图示例如图 10-9 所示。

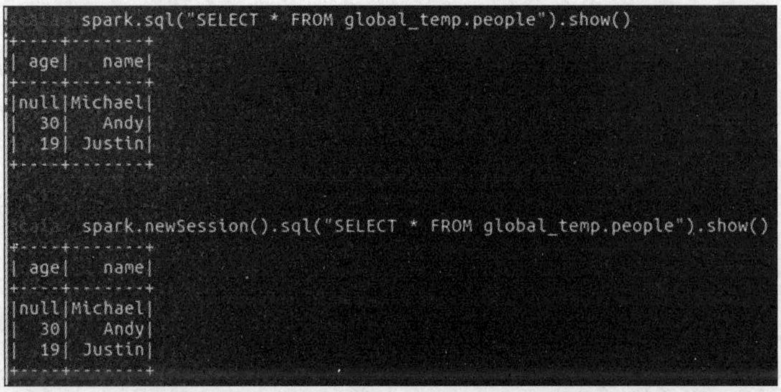

图 10-9　Spark SQL 全局临时视图示例

10.1.5　Spark SQL 创建 Dataset

Dataset 与 RDD 类似，但不使用 Java 或 Kryo 序列化，而使用专用的编码器来序列化对象以便通过网络进行处理或传输。虽然编码器和标准序列化都负责将对象转换为字节，但编码器是动态生成的代码，并使用一种格式，允许 Spark 执行许多操作，如过滤、排序和散列，而无须将字节反序列化为对象。

（1）创建一个 Case Class Person，有两个属性 name 和 age，使用 Seq 将构建的 Person 对象转化成 Dataset，参考代码如下，示例如图 10-10 所示。

```scala
scala> case class Person(name: String, age: Long)
scala> val caseClassDS = Seq(Person("Andy", 32)).toDS()
scala> caseClassDS.show()
```

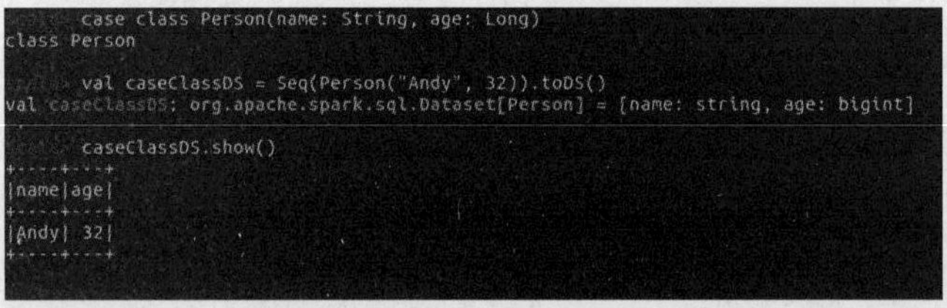

图 10-10　通过 Case 类创建 Dataset 示例

（2）使用 Seq 将构建的 Person 对象转化成 Dataset，参考代码如下，示例如图 10-11 所示。

```scala
scala> val primitiveDS = Seq(1, 2, 3).toDS()
scala> primitiveDS.map(_ + 1).collect()
```

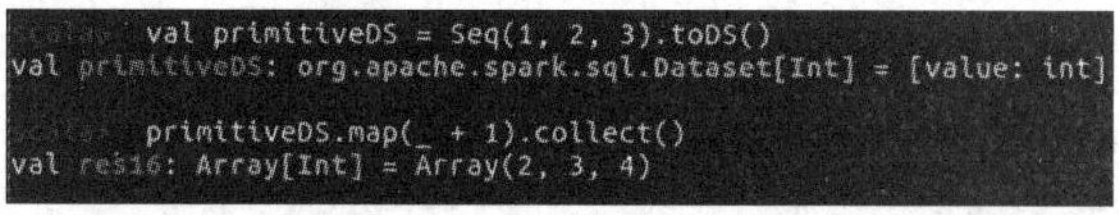

图 10-11　通过 Seq 创建 Dataset 示例

将 1、2、3 三个元素转成有三条记录的 Dataset，对 Dataset 调用 map 函数，将每个元素 +1，collect 函数将 Dataset 转换成数组。

（3）读取 people.json，将数据集应用于 Person 类，参考代码如下，示例如图 10-12 所示。

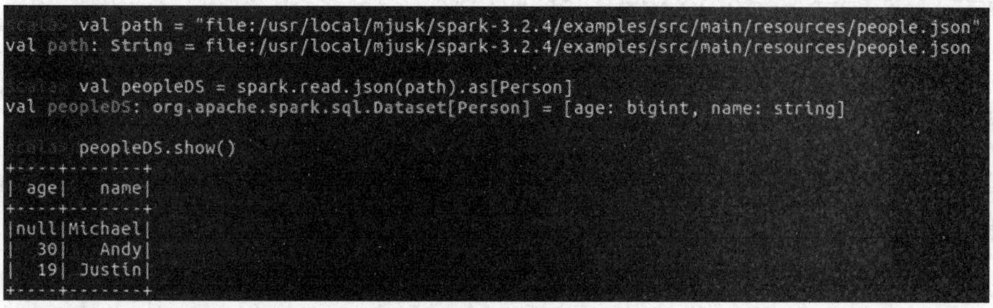

```
scala> val path = "file:/usr/local/mjusk/spark-3.2.4/examples/src/main/
resources/people.json"
scala> val peopleDS = spark.read.json(path).as[Person]
scala> peopleDS.show()
```

图 10-12　读取 json 文件创建 Dataset 示例

10.1.6　将 RDD 转化为 DataFrame

Spark SQL 支持两种不同的方法对现有的 RDD 转换成 DataFrame。第一种方法是使用反射来推断包含特定类型对象的 RDD 模式。这种基于反射的方法可以使代码更加简洁，并且在编写 Spark 应用程序时已经了解了模式。第二种方法是通过编程接口来创建它的数据集，允许我们构造表结构信息，融合应用现在的 RDD，尽管这种方式代码量更多，但它可以直到允许才知道列及其类型是构造数据集。

1. 使用反射推断模式构建 DataFrame

Spark SQL 支持自动将包含 case class 的 RDD 转换为 DataFrame。Case class 定义表的结构信息，即 schema。使用反射读取 case 类的参数名称，并成为列的名称。case 类也可以嵌套或包含复杂类型，如 Seqs 或 Arrays。下面的示例中 RDD 可以转换为 DataFrame，然后注册为表。表可以在后续 SQL 语句中使用。

```
import spark.implicits._
case class Person(name: String, age: Long)
val peopleDF = spark.sparkContext
```

```
  .textFile("examples/src/main/resources/people.txt")
  .map(_.split(","))
  .map(attributes => Person(attributes(0), attributes(1).trim.toInt))
  .toDF()
peopleDF.createOrReplaceTempView("people")
val teenagersDF = spark.sql("SELECT name, age FROM people WHERE age BETWEEN
13 AND 19")
teenagersDF.map(teenager => "Name: " + teenager(0)).show()
teenagersDF.map(teenager => "Name: " + teenager.getAs[String]("name")).show()
```

spark.sparkContext 可以从 SparkSession 中获取 SparkContext 对象，然后加载自带的 people.
txt 文件生成 RDD，调用 map 函数，将文本每行内容以逗号分隔，再通过 map 将其内容转化
成 Person 对象，之后 toDF 将 RDD 转换成 DataFrame，之后创建临时表，查询年龄 13 到 19
岁的用户，使用 map 函数仅提取姓名。

2. 以编程方式指定 Schema 构建 DataFrame

如果无法提前定义 case 类，DataFrame 则可以通过三个步骤以编程方式创建：

（1）基于原始 RDD 创建 Row 类型的 RDD。

（2）使用 StructType 创建表结构信息，用于匹配上一步的 Row 类型 RDD。

（3）使用 SparkSession 的 createDataFrame 方法，基于表结构信息和 Row 类型 RDD 生成
DataFrame。

```
import org.apache.spark.sql.types._
import org.apache.spark.sql.Row
val peopleRDD = spark.sparkContext.textFile
        ("file:/usr/local/mjusk/spark-3.2.4/examples/src/main/resources/
people.txt")
val schemaString = "name age"
val fields = schemaString.split(" ").map(fieldName => StructField(fieldName,
StringType, nullable = true))
val schema = StructType(fields)
val rowRDD = peopleRDD.map(_.split(",")).map(attributes => Row(attributes(0),
attributes(1).trim))
val peopleDF = spark.createDataFrame(rowRDD, schema)
peopleDF.createOrReplaceTempView("people")
val results = spark.sql("SELECT name FROM people")
results.map(attributes => "Name: " + attributes(0)).show()
```

```
results.map(attributes => "Name: " + attributes(0)).show()
+-------------+
|        value|
+-------------+
|Name: Michael|
|   Name: Andy|
| Name: Justin|
```

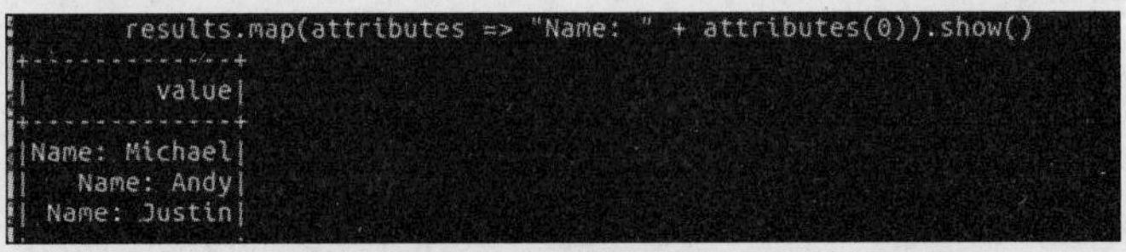

图 10-13 以编程方式构建 DataFrame 示例

10.1.7　Spark SQL 数据源

Spark SQL 支持通过 DataFrame 接口对各种数据源进行操作。DataFrame 可以使用关系转换进行操作，也可以用于创建临时视图。将 DataFrame 注册为临时视图允许对其数据运行 SQL 查询。下面介绍使用 Spark 数据源加载和保存数据的一般方法，然后介绍可用于内置数据源的特定选项。

1. 通用加载 / 保存数据函数

SparkSession 的 read 方法返回 DataFrameReader 对象，其提供了 load 方法可用于加载数据返回 DataFrame。DataFrame 提供了 write 方法，其返回 DataFrameWriter 对象，该对象提供了 save 方法用于保存 DataFrame。Parquet 是列式存储的一种文件类型，这里加载自带的 users.parquet 生成 DataFrame，然后提取 "name" "favorite_color" 列，生成新的 DataFrame，然后保存到 parquet 文件中去。

```scala
scala> val usersDF = spark.read.load("file:/usr/local/mjusk/spark-3.2.4/examples/src/main/resources/users.parquet")
scala> usersDF.select("name", "favorite_color").write.save("df_out")
```

2. 手动指定选项

同时还可以手动指定将要使用的数据源以及要传递给数据源的任何其他选项。数据源通过其全名指定（即 org.apache.spark.sql.parquet），但内置的来源，你也可以使用自己的短名称（json，parquet，jdbc，orc，libsvm，csv，text）。从任何数据源类型加载的 DataFrame 都可以使用此语法转换为其他类型。

```scala
scala> val peopleDF =
     |
spark.read.format("json").load("file:/usr/local/mjusk/spark-3.2.4/examples/src/main/resources/people.json")
scala> peopleDF.select("name", "age").write.format("parquet").save("p_out")
```

3. 直接基于文件执行 SQL

还可以直接使用 SQL 操作直接加载文件生成 DataFrame 并查询，来替代 read 方法的使用。直接使用 SparkSession 的 SQL 方法，即可加载并查询数据源。SELECT 语句 FROM 后使用的是数据源类型.数据源路径。

```scala
scala> val sqlDF =
     | spark.sql("SELECT * FROM parquet.'examples/src/main/resources/users.parquet'")
```

4. 保存模式

保存操作可以选择使用 SaveMode，指定如何处理现有数据（如果存在），SaveMode 的几种类型参考表 10-1。重要的是要意识到这些保存模式不使用任何锁定并且不是原子的。此外，执行追加操作，DataFrame 将追加到现有数据。

```
import org.apache.spark.sql.SaveMode
peopleDF.select("name",
"age").write.mode(SaveMode.Append).format("parquet").save("p_out")
```

表 10-1　SaveMode 的几种类型

设　置	实际值	含　义
SaveMode.ErrorIfExists (default)	"error" or "errorifexists" (default)	将一个 DataFrame 保存到数据源时，如果数据已经存在，则预期将引发异常
SaveMode.Append	"append"	当将一个 DataFrame 保存到数据源时，如果数据 / 表已经存在，则希望将 DataFrame 的内容追加到现有数据中
SaveMode.Overwrite	"overwrite"	覆盖模式意味着，当将一个 DataFrame 保存到一个数据源时，如果数据 / 表已经存在，则预期现有数据将被 DataFrame 的内容覆盖
SaveMode.Ignore	"ignore"	忽略模式意味着，当将一个 DataFrame 保存到一个数据源时，如果数据已经存在，那么 save 操作将不会保存 DataFrame 的内容，也不会更改现有的数据。这与 SQL 中不存在的 CREATE 表类似

5. 保存永久表

DataFrames 也可以使用 saveAsTable 以永久表保存到 Hive Metastore 中。请注意，使用此功能不是必须部署 Hive。Spark 将为您创建默认的本地 Hive Metastore（使用 Derby）。与 createOrReplaceTempView 命令不同，saveAsTable 将实现 DataFrame 的内容真正保存并创建指向 Hive Metastore 中数据的指针。只要保持与同一 Metastore 的连接，即使 Spark 程序重新启动后，持久表仍然存在。可以通过调用 SparkSession 的 table 方法和表名来创建持久表的 DataFrame。

默认情况下，saveAsTable 将创建"托管表"，这意味着数据的位置将由 Metastore 控制。删除表时，托管表也会自动删除其数据。这里将用户数据保存为 t_user 表：

```
scala> peopleDF.write.saveAsTable("t_user")
```

执行后，可以执行 sql：show tables 来查看表的列表（也可以使用 select 查询数据，此时关闭 spark-shell 也不会丢失），如图 10-14 所示。

```
scala> spark.sql("show tables").show()
```

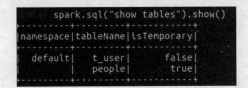

图 10-14　保存永久表示例

10.1.8　Spark SQL REPL

如果用户对 SQL 语言很熟，但不擅长其他编程语言，如 Scala、Java、Python 或者 R。那么可以使用 Spark 专门针对 SQL 语言提供的 REPL，这样可以直接使用 SQL 以表的方式操作数据。启动入口为 spark-sql，在 Shell 界面输入该命令后，就会进入 Spark SQL 编程界面，如图 10-15 所示。其本质和 DataFrame 编程一样，每条 SQL 语句等同于经过 SparkSession.sql 方法执行。

```
ub1@master:/usr/local/mjusk/spark-3.2.4$ /usr/local/mjusk/spark-3.2.4/bin/spark-sql
Setting default log level to "WARN".
To adjust logging level use sc.setLogLevel(newLevel). For SparkR, use setLogLevel(newLevel).
2023-05-13 01:22:59,501 WARN util.NativeCodeLoader: Unable to load native-hadoop library for y
our platform... using builtin-java classes where applicable
2023-05-13 01:23:04,347 WARN conf.HiveConf: HiveConf of name hive.stats.jdbc.timeout does not
exist
2023-05-13 01:23:04,351 WARN conf.HiveConf: HiveConf of name hive.stats.retries.wait does not
exist
2023-05-13 01:23:08,185 WARN metastore.ObjectStore: Version information not found in metastore
. hive.metastore.schema.verification is not enabled so recording the schema version 2.3.0
2023-05-13 01:23:08,185 WARN metastore.ObjectStore: setMetaStoreSchemaVersion called but recor
ding version is disabled: version = 2.3.0, comment = Set by MetaStore ub1@10.0.2.5
Spark master: local[*], Application Id: local-1683912181930
spark-sql>
```

图 10-15　Spark SQL REPL 界面

📦 10.2　Spark Streaming

Spark 流计算工具包括 Spark Streaming 和 Structured Streaming，本节主要介绍 Spark Streaming。Spark Streaming 是构建在 Spark 上的实时计算框架，它拓展了 Spark 处理大规模流式数据的能力。Spark Streaming 可结合批处理和交互式查询，因此，可以适用于一些对历史数据和实时数据进行结合分析的场景。

10.2.1　Spark Streaming 概述

Spark Streaming 是 Spark 核心 API 的一个扩展，可以实现高吞吐量的、具备容错机制的实时流数据的处理。如图 10-16 所示，Spark Streaming 支持多种数据源获取数据，可接收 Kafka、Flume、HDFS 等各种来源的实时输入数据，进行处理后，处理结果保存在 HDFS、DataBase 等各种地方。实际上，完全可以将 Spark 的机器学习和图计算的算法应用于 Spark Streaming 的数据流当中。

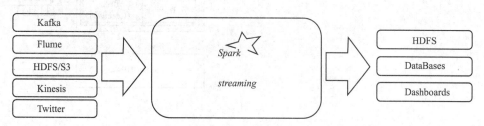

图 10-16　Spark Streaming 支持的输入、输出数据源

Spark Streaming 将接收到的实时流数据，按照一定时间间隔，对数据进行拆分，交给 Spark Engine 引擎处理，最终得到一批批的结果，执行流程如图 10-17 所示。所以实际上，Spark Streaming 是按一个个小批量来处理数据流的。每一批数据，在 Spark 内核对应一个 RDD 实例。

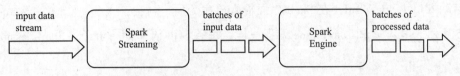

图 10-17　Spark Streaming 执行流程

针对这种连续数据流，Spark Streaming 提供了高度抽象的离散化数据流（Discretized Stream，DStream）。DStream 既可以从输入数据源创建得来，如 Kafka、Flume 或者 Kinesis，也可以从其他 DStream 经一些算子操作得到。其实在内部，一个 DStream 就是包含了一系列 RDDs。

10.2.2　Spark Streaming 工作机制

如图 10-18 所示，在 Spark Streaming 中，会有一个组件 Receiver，作为一个长期运行的任务跑在一个 Executor 上。每个 Receiver 都会负责一个 Input DStream（比如从文件中读取数据的文件流，比如套接字流，或者从 Kafka 中读取的一个输入流等等）。Receiver 接收完不马上做计算，先存储到它的内部缓存区。因为 Spark Streaming 是按照时间不断的分片，所以需要等待，一旦定时器到时间了，缓冲区就会把数据转换成数据块（缓冲区的作用：按照用户定义的时间间隔切割），然后把数据块放到一个队列里面去，然后 Block Manager 从队列中把数据块拿出来，把数据块转换成一个 Spark 能处理的数据块。程序处理后的结果，可以交给可视化组件进行可视化展示，也可以写到 HDFS、HBase 中。

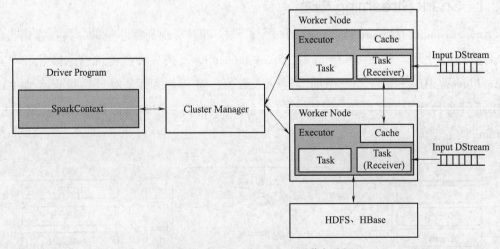

图 10-18　Spark Streaming 工作机制

10.2.3　DStream 概述

离散数据流（DStream）是 Spark Streaming 最基本的抽象。它代表了一种连续的数据流，要么从某种数据源提取数据，要么从其他数据流映射转换而来。DStream 内部是由一系列连续的 RDD 组成的，每个 RDD 都是不可变、分布式的数据集。每个 RDD 都包含了特定时间间隔内的一批数据，如图 10-19 所示。

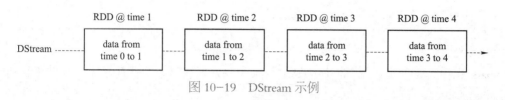

图 10-19　DStream 示例

任何作用于 DStream 的操作，其实都会被转化为对其内部 RDD 的操作。例如，如图 10-20 所示例子中，将 lines 这个 DStream 转成 words DStream 对象，其实作用于 lines 上的 flatMap 操作，会施加于 lines 中的每个 RDD 上，并生成新的对应的 RDD，而这些新生成的 RDD 对象就组成了 words 这个 DStream 对象。

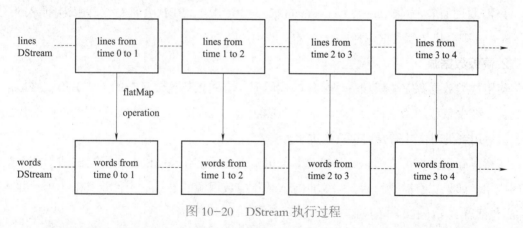

图 10-20　DStream 执行过程

底层的 RDD 转换仍然是由 Spark 引擎来计算。DStream 的算子将这些细节隐藏了起来，并为开发者提供了更为方便的高级 API。

10.2.4　Spark Streaming 数据输入源

Spark Streaming 主要提供两种内建的流式数据源：

➤ 基础数据源（basic sources）：在 StreamingContext API 中可直接使用的源，如文件系统、套接字连接等。

➤ 高级数据源（advanced sources）：需要依赖额外工具类的源，如 Kafka、Flume、Kinesis、Twitter 等数据源。这些数据源都需要增加额外的依赖。

1. 基础数据源

基础数据源包括文件数据流、基于自定义 Actor 的数据流、RDD 队列流等。

（1）文件数据流，可以从任何兼容 HDFS API（包括：HDFS、S3、NFS 等）的文件系统创建，创建方式如下：

```
streamingContext.fileStream[KeyClass, ValueClass, InputFormatClass](dataDirectory)
```

对于简单的文本文件，更简单的方式是调用：

```
streamingContext.textFileStream(dataDirectory)
```

Spark Streaming 将监视该 dataDirectory 目录，并处理该目录下任何新建的文件（目前还不支持嵌套目录）。

（2）基于自定义 Actor 的数据流，DStream 可以由 Akka actor 创建得到，只需调用 streamingContext. actorStream(actorProps, actor-name)。actorStream 暂时不支持 Python API。

（3）RDD 队列数据流，在调试 Spark Streaming 应用程序的时候，可以使用 streamingContext 对象的 queueStream() 方法创建基于 RDD 队列的 DStream。如果 queueOfRDDs 是一个 RDD 队列，只需调用 streamingContext.queueStream(queueOfRDDs)。RDD 会被一个个依次推入队列，而 DStream 则会依次以数据流形式处理这些 RDD 的数据。

2. 高级数据源

使用这类数据源需要依赖一些额外的代码库，有些依赖比较复杂的（如 Kafka、Flume）。因此为了减少依赖项版本冲突问题，各个数据源 DStream 的相关功能被分割到不同的代码包中，只有用到的时候才需要连接打包进来。

注意，高级数据源在 spark-shell 中不可用，因此不能用 spark-shell 来测试基于高级数据源的应用。如果真有需要的话，需要自行下载相应数据源的 Maven 工件及其依赖项，并将这些 jar 包部署到 spark-shell 的 classpath 中。

10.2.5 DStream 支持的转换操作

和 RDD 类似，DStream 也支持从输入 DStream 经过各种 transformation 算子映射成新的 DStream。DStream 支持很多 RDD 上常见的 transformation 算子，一些常用的见表 10-2。

表 10-2　DStream 支持的转换操作

转换操作	说　明
map(func)	返回一个新的 DStream，并将源 DStream 中每个元素通过 func 映射为新的元素
flatMap(func)	和 map 类似，不过每个输入元素不再映射为一个输出，而是映射为 0 到多个输出

续上表

转换操作	说　　明
filter(func)	返回一个新的 DStream，并包含源 DStream 中被 func 选中（func 返回 true）的元素
repartition(numPartitions)	更改 DStream 的并行度（增加或减少分区数）
union(otherDStream)	返回新的 DStream，包含源 DStream 和 otherDStream 元素的并集
count()	返回一个包含单元素 RDDs 的 DStream，其中每个元素是源 DStream 中各个 RDD 中的元素个数
reduce(func)	返回一个包含单元素 RDDs 的 DStream，其中每个元素是通过源 RDD 中各个 RDD 的元素经 func（func 输入两个参数并返回一个同类型结果数据）聚合得到的结果。func 必须满足结合律，以便支持并行计算
countByValue()	如果源 DStream 包含的元素类型为 K，那么该算子返回新的 DStream 包含元素为 (K, Long) 键值对，其中 K 为源 DStream 各个元素，而 Long 为该元素出现的次数
reduceByKey(func, [numTasks])	如果源 DStream 包含的元素为 (K,V) 键值对，则该算子返回一个新的也包含 (K,V) 键值对的 DStream，其中 V 是由 func 聚合得到的。注意：默认情况下，该算子使用 Spark 的默认并发任务数（本地模式为2，集群模式下由 spark.default.parallelism 决定）。可以通过可选参数 numTasks 来指定并发任务个数
join(otherStream, [numTasks])	如果源 DStream 包含元素为 (K,V)，同时 otherDStream 包含元素为 (K,W) 键值对，则该算子返回一个新的 DStream，其中源 DStream 和 otherDStream 中每个 K 都对应一个 (K,(V,W)) 键值对元素
cogroup(otherStream, [numTasks])	如果源 DStream 包含元素为 (K,V)，同时 otherDStream 包含元素为 (K,W) 键值对，则该算子返回一个新的 DStream，其中每个元素类型为包含 (K, Seq[V], Seq[W]) 的 tuple
transform(func)	返回一个新的 DStream，其包含的 RDD 为源 RDD 经过 func 操作后得到的结果。利用该算子可以对 DStream 施加任意的操作
updateStateByKey(func)	返回一个包含新"状态"的 DStream。源 DStream 中每个 key 及其对应的 values 会作为 func 的输入，而 func 可以用于对每个 key 的"状态"数据作任意的更新操作

10.2.6　DStream 窗口操作

Spark Streaming 提供了一组基于时间窗口的操作（即窗口操作，Window Operation），通过滑动窗口技术对大规模数据的增量更新进行统计分析，定时进行一定时间段内的数据处理，如图 10-21 所示。

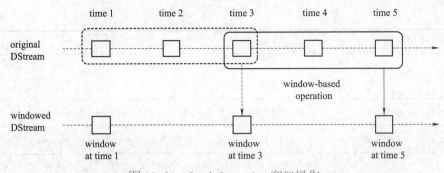

图 10-21　Spark Streaming 窗口操作

　　每次窗口滑动时，源 DStream 中落入窗口的 RDDs 就会被合并成新的 windowed DStream。在图 10-21 示例中，这个操作会施加于 3 个 RDD 单元，而滑动距离是 2 个 RDD 单元。由此可以得出任何窗口相关操作都需要指定两个参数：window length（即窗口长度，窗口覆盖的时间长度）和 sliding interval（即滑动距离，窗口启动的时间间隔）。图 10-21 示例中，window length=3，sliding interval=2。表 10-3 列出了常用的窗口操作。所有这些操作都有前面提到的那两个参数——窗口长度和滑动距离。

表 10-3　DStream 支持的窗口操作

窗口操作	说　明
window(windowLength, slideInterval)	将源 DStream 窗口化，并返回转化后的 DStream
countByWindow(windowLength,slideInterval)	返回数据流在一个滑动窗口内的元素个数
reduceByWindow(func, windowLength,slideInterval)	基于数据流在一个滑动窗口内的元素，用 func 做聚合，返回一个单元素数据流。func 必须满足结合律，以便支持并行计算
reduceByKeyAndWindow(func,windowLength, slideInterval, [numTasks])	基于 (K,V) 键值对 DStream，将一个滑动窗口内的数据进行聚合，返回一个新的包含 (K,V) 键值对的 DStream，其中每个 value 都是各个 key 经过 func 聚合后的结果。注意：如果不指定 numTasks，其值将使用 Spark 的默认并行任务数（本地模式下为 2，集群模式下由 spark.default.parallelism 决定）。当然，也可以通过 numTasks 来指定任务个数
reduceByKeyAndWindow(func, invFunc, windowLength,slideInterval, [numTasks])	和前面的 reduceByKeyAndWindow() 类似，只是这个版本会用之前滑动窗口计算结果，递增地计算每个窗口的归约结果。当新的数据进入窗口时，这些 values 会被输入 func 做归约计算，而这些数据离开窗口时，对应的这些 values 又会被输入 invFunc 做"反归约"计算。举个简单的例子，就是把新进入窗口数据中各个单词个数"增加"到各个单词统计结果上，同时把离开窗口数据中各个单词的统计个数从相应的统计结果中"减掉"。不过，自己定义好"反归约"函数，即：该算子不仅有归约函数，还得有一个对应的"反归约"函数

续上表

窗口操作	说　　明
countByValueAndWindow(windowLength, slideInterval, [numTasks])	基于包含 (K,V) 键值对的 DStream，返回新的包含 (K, Long) 键值对的 DStream。其中的 Long value 都是滑动窗口内 key 出现次数的计数。和前面的 reduceByKeyAndWindow() 类似，该操作也有一个可选参数 numTasks 来指定并行任务数

10.2.7　DStream 输出操作

输出操作可以将 DStream 的数据推送到外部系统，如数据库或者文件系统。因为输出操作会将最终完成转换的数据输出到外部系统，因此只有输出操作调用时，才会真正触发 DStream 转换操作的真正计算（这一点类似于 RDD 的行动操作）。目前所支持的输出算子如表 10–4 所示。

表 10–4　DStream 输出操作

输出操作	说　　明
print()	在驱动器节点上打印 DStream 每个批次中的头十个元素。Python API 对应的 Python API 为 pprint()
saveAsTextFiles(prefix,[suffix])	将 DStream 的内容保存到文本文件。每个批次一个文件，各文件命名规则为 "prefix-TIME_IN_MS[.suffix]"
saveAsObjectFiles(prefix,[suffix])	将 DStream 内容以序列化 Java 对象的形式保存到顺序文件中。每个批次一个文件，各文件命名规则为 "prefix-TIME_IN_MS[.suffix]"，Python API 暂不支持 Python
saveAsHadoopFiles(prefix,[suffix])	将 DStream 内容保存到 Hadoop 文件中。每个批次一个文件，各文件命名规则为 "prefix-TIME_IN_MS[.suffix]"，Python API 暂不支持 Python
foreachRDD(func)	这是最通用的输出操作，该操作接收一个函数 func，func 将作用于 DStream 的每个 RDD 上。func 应该实现将每个 RDD 的数据推到外部系统中，比如：保存到文件或者写到数据库中。注意，func 函数是在 Streaming 应用的驱动器进程中执行的，所以如果其中包含 RDD 的行动操作，就会触发对 DStream 中 RDDs 的实际计算过程

📦 10.3　Structured Streaming

Structured Streaming 是建立在 Spark SQL 引擎上的可扩展和容错流处理引擎。可以用对静态数据表示批处理计算的相同方式来表示流计算。Spark SQL 引擎将负责增量和持续地运行它，并在流数据不断到达时更新最终结果。用户可以在 Scala、Java、Python 或 R 中使用 Dataset/

DataFrame API 来表达流聚合、事件时间窗口、流到批处理连接等。计算在同一个优化后的 Spark SQL 引擎上执行。最后，系统通过检查点和预写日志确保端到端的仅仅一次容错保证。简而言之，结构化流提供了快速、可扩展、容错、端到端的仅一次流处理，而无须用户对流进行推理。

Structured Streaming 处理的数据跟 Spark Streaming 一样，也是源源不断的数据流，区别在于，Spark Streaming 采用的数据抽象是 DStream（本质上就是一系列 RDD），而 Structured Streaming 采用的数据抽象是 DataFrame。

Structured Streaming 可以使用 Spark SQL 的 DataFrame/Dataset 来处理数据流。虽然 Spark SQL 也是采用 DataFrame 作为数据抽象，但是，Spark SQL 只能处理静态的数据，而 Structured Streaming 可以处理结构化的数据流。这样，Structured Streaming 就将 Spark SQL 和 Spark Streaming 二者的特性结合了起来。

10.3.1 Structured Streaming 概述

Structured Streaming 的关键思想是将实时数据流视为一张不断追加的表。这就产生了一个与批处理模型非常相似的新的流处理模型。可以把流计算表达为一个静态表上的标准批处理式查询，Spark 将它作为一个无界输入表上的增量查询运行，如图 10-22 所示。

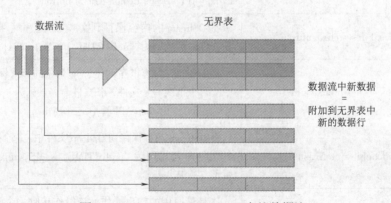

图 10-22　Structured Streaming 中的数据流

在无界表上对输入的查询将生成结果表，系统每隔一定的周期（如每 1 秒）会触发对无界表的计算并更新结果表。每当结果表更新时，我们都希望将更改后的结果行写入外部接收器，如图 10-23 所示。

结果输出被定义为写入外部存储的内容，并可以定义在不同的模式。

（1）完成模式（complete mode）：整个更新的结果表将被写入外部存储，由存储连接器决定如何处理整个表的写入。

（2）追加模式（append mode）：只有最后一个触发器之后追加到结果表中的新行才会被写入外部存储，这仅适用于结果表中现有行不希望更改的查询。

（3）更新模式（update mode）：只有上次触发后在结果表中更新的行才会被写入外部存储（Spark 2.1.1 以来可用）。注意，这与 Complete Mode 不同，因为该模式只输出自上次触发器以来更改的行。如果查询不包含聚合，它将等同于追加模式。

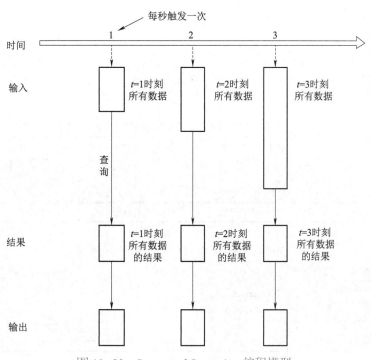

图 10-23　Structured Streaming 编程模型

注意，结构化流并没有物化整个表，它从流数据源读取最新的可用数据，对其进行增量处理以更新结果，然后丢弃源数据。它只保留更新结果所需的最小中间状态数据。这个模型与许多其他流处理引擎有很大的不同。许多流系统要求用户自己维护正在运行的聚合，因此必须考虑容错性和数据一致性（至少一次、最多一次或恰好一次）。在这个模型中，当有新数据时，Spark 负责更新结果表，从而减轻了用户的推理。

10.3.2　Structured Streaming 处理模型

默认情况下，Structured Streaming 流查询使用微批处理引擎进行处理，该引擎将数据流作为一系列小批处理作业进行处理，如图 10-24 所示，从而实现低至 100 ms 的端到端延迟和恰好一次的容错保证。

然而，从 Spark 2.3 开始，我们引入了一种新的低延迟处理模式，称为连续处理（continuous processing），它可以在至少一次保证的情况下实现低至 1 ms 的端到端延迟。在不更改查询中的 Dataset/DataFrame 操作的情况下，能够根据应用程序的需求选择模式。在持续处理模式下，Spark 不再根据触发器来周期性启动任务，而是启动一系列的连续读取、处理和写入结果的长时间运行的任务，如图 10-25 所示。

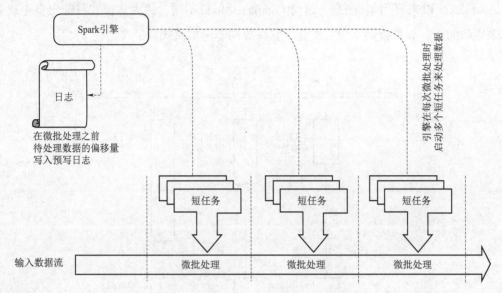

图 10-24　Structured Streaming 批处理模型

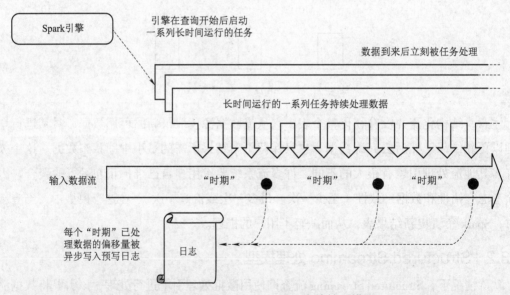

图 10-25　Structured Streaming 连续处理模型

10.4　Spark MLlib

机器学习是一门人工智能的科学，该领域的主要研究对象是人工智能，特别是如何在经验学习中改善具体算法的性能。机器学习是一种能够赋予机器去学习的能力以此让它完成直接编程无法完成的功能的方法。Spark 提供的机器学习可以使我们针对海量的数据进行机器学习相关的各种运算。

传统的机器学习算法受制于单机，只能对少量数据或抽样数据使用，基于大数据服务的机器学习算法，可以处理大量数据甚至全量数据。

Spark 机器学习库从 1.2 版本后分为两个包 spark.mllib 和 spark.ml，都可以实现机器学习的基本功能。官方推荐使用新的，即 spark.ml，它的设计更好，更灵活，功能更丰富。MLlib 提供了基于 RDD 的原始算法 API，ML 则提供了基于 DataFrame 高层次的 API，DataFrame 优化更好。ML 提供 Pipeline，使得机器学习的整个过程已经流程的方式执行，更加规范化。

10.4.1　MLlib 概述

MLlib 实现了常用的机器学习算法的分布式处理，并且它提供了以下功能：

（1）机器学习的算法，包括一些最常用的机器学习算法，其实在 spark 机器学习库里面都有，比如分类下面也有，如随机森林、决策树、逻辑回归等，还有回归，如最简单的线性回归，以及聚类和协同过滤类的这种算法。

（2）特征工程，特征工程包括特征提取、特征变换、降维和选择等。特征工程在机器学习的过程中是必须要有的。

（3）工作流，工作流指在机器学习中组织和安排各个环节的流程性机制，它可以帮助我们建立一套系统化的方法，以有效地完成整个机器学习任务。工作流通常涉及多个步骤或任务之间的协调和组合。它可以涉及从数据预处理、特征工程、模型选择和训练，到模型评估和推理的整个过程。通过将这些步骤组织成一个工作流，我们可以有效地管理整个机器学习项目，提高开发效率，保证结果的一致性。

（4）持久化，持久化是将算法和模型保存在本地磁盘或其他存储介质中的过程。通过持久化，我们可以将机器学习算法和生成的模型保存在特定的格式中，并在需要时进行加载和使用。这样可以方便地重复使用已训练好的模型，或与其他工具进行集成和协同处理。

（5）通用程序，通用程序是指用于处理常见任务的程序库或工具集。在机器学习中，通用程序包括线性代数、统计学和数据处理等常用工具和技术。线性代数用于处理向量、矩阵和张量等数学对象，统计学用于分析数据的分布和属性之间的关系。掌握这些通用程序对于深入理解和应用机器学习算法至关重要。

10.4.2　基本数据类型

1.本地向量

本地向量的基类是 Vector，提供了 DenseVector 及 SparseVector，即 MLlib 支持两种类型的局部向量：稠密和稀疏。本地向量元素个数受整数范围限制，其索引从 0 开始，值类型为 Double，并且存储在单台机器上。以下介绍使用工厂方法通过 Vectors 去创建本地向量，代码如下：

```
// 创建一个稠密向量
val dv: Vector = Vectors.dense(1.0, 0.0, 3.0)
// 创建一个稀疏向量（通过两个数组，第一个表示索引，第二个表示值）
val sv1: Vector = Vectors.sparse(3,Array(0,2),Array(1,3))
// 创建一个稀疏向量（通过一个序列实现）
val sv2: Vector = Vectors.sparse(3, Seq((0, 1.0), (2, 3.0)))
```

2. 标记点

标记点（LabeledPoint）是一个本地向量，无论密集或稀疏均会与一个个标记相关。对于稀疏的标记点，一般格式为：label index1:value1 index2:value2 ...。在 MLlib 中，标记点被使用在监督式学习算法中。我们使用一个 double 类型存储一个标记（label），因此将可以在回归（regression）及分类（classification）中使用标记点。在二元分类中，标记应该是 0 或 1，而在多类分类中，标记应从 0 开始的索引：0，1，2，... ，并且支持将 LIBSVM 格式文件中加载为基于标记点的 RDD 集合。示例代码如下：

```
val pos = LabeledPoint(1.0,Vectors.dense(1.0,0.03,0))
val neg = LabeledPoint(0.0,Vectors.sparse(3,Array(0,2),Array(1.0,3.0)))
println(pos)
println(neg)
val examples:RDD[LabeledPoint] = MLUtils.loadLibSWFile(sc,"src/main/ source/
sample_libsvm_data.txt")examples.foreach(println(_))
```

3. 本地矩阵 Matrix

本地矩阵存储在单台机器上，它有整数类型行列索引，以及浮点类型的值。MLlib 支持密集矩阵，其输入值是被存储在一个指定了行列的浮点阵列中。本地矩阵的基类为 Matrix，并且提供了实现类：DenseMatrix 和 SparseMatrix。可以使用 Matrices 中的工厂方法去创建本地矩阵，代码如下：

```
// 创建一个密集矩阵 ((1.0,2.0),(3.0,4.0),(5.0,6.0))
val dm: Matrix = Matrices.dense(3,2,Array(1.0,3.0,5.0,2.0,4.0,6.0))
// 创建稀疏矩阵 ((9.0,0.0),(0.08.0)(6.0,7.0))
val sm:Matrix = Matrices.sparse(3,2,Array(0,2,4),Array(0,2,1,2),Array(9,6,8,7))
println(dm)
println(sm)
```

4. 分布式矩阵

一个分布式矩阵（Distributed Matrix）有长整型类型的行列索引以及浮点类型的值，被分散存储在一个或多个 RDD 中。

目前为止，已经实现四种类型的分布矩阵：行矩阵（RowMatrix）、行索引矩阵（IndexedRowMatrix）、坐标矩阵（CoordinateMatrix）、块矩阵（BlockMatrix）。

RowMatrix 是一个面向行的分布式矩阵，其行索引没有具体的含义。例如：一系列特征向量的一个集合。通过一个 RDD 来代表所有的行，每一行就是一个本地向量。所以其列数就被整型数据大小所限制，但实际应该要小得多。RowMatrix 可以由 RDD [Vector] 实例被创建，还可以计算列的摘要统计量。示例代码如下：

```
val rdd = sc.textFile("/usr/local/mjusk/data/data.txt")
val rows = rdd.map(_.split("," ).map(_.toDouble)).map(Vectors.dense(_))
//每行转成行向量
/ /Create a RowMatrix from an RDD [Vector]
println("rows" + rows)
val mat: RowMatrix = new RowMatrix( rows)
// 获得矩阵大小
val m = mat.numRows( )
val n = mat.numCols()
println(""mat m=""+m+ " n=" + n)
/ / QR decomposition
val qrResult = mat.tallSkinnyQR(true)
println(""qrResult=" + qrResult)
```

行索引矩阵与行矩阵相似，但其行索引具有特定含义，本质上是一个含有索引的行数据集合。每一行由 long 类型索引和一个本地向量组成。行索引矩阵可以由一个 RDD[IndexedRow] 实例创建，其中 IndexedRow 是一个被封装过的（Long,Vcetor）。行索引矩阵可以通过删除行索引被转换成行矩阵。示例代码如下：

```
val iRdd = rows.map(vd => new IndexedRow(vd.size, vd))
// 从 RDD[IndexedRow] 创建 IndexedRowMatrix。
val indexRm = new IndexedRowMatrix( iRdd)
// 索引行矩阵行遍历：
indexRm.rows.foreach(println(_))
```

坐标矩阵是一个分布式矩阵，其实体集合是一个 RDD。每一个实体是一个 (i:Long, j:Long, value:Double) 坐标，其中 i 代表行索引，j 代表列索引，value 代表实体的值。只有当矩阵的行和列都很巨大，并且矩阵很稀疏时才使用坐标矩阵。一个坐标矩阵可从一个 RDD[MatrixEntry] 实例创建，这里的 MatrixEntry 是 (Long, Long, Double) 的封装类。通过调用 toIndexedRowMatrix 函数可以将一个坐标矩阵转变为一个行索引矩阵（但其行是稀疏的）。示例代码如下：

```
val rdd_1 = rdd.map(_.split(", " ).map(_.toDouble))
| .map( value => ( value(0).toLong, value(1).toLong,value(2)))
```

```
| .map(va => new MatrixEntry(va._1, va._2, va._3))
// 从 RDD [MatrixEntry] 创建坐标矩阵
val coorRm = new CoordinateMatrix( rdd_1)
println( coorRm.entries.foreach(println))
```

块矩阵是将原始矩阵分割出较小的子矩阵，其中子矩阵是 ((Int, Int), Matrix) 的元组，(Int, Int) 是块的索引，Matrix 是子矩阵。

调用 toBlockMatrix 函数，可以基于行索引矩阵或坐标矩阵创建块矩阵。toBlockMatrix 默认创建大小为 1 024 × 1 024 的块。用户可以通过 toBlockMatrix(rowsPerBlock,colsPerBlock) 提供值来更改块大小。示例代码如下：

```
val matA: BlockMatrix = coorRm.toBlockMatrix( ).cache( )
```

10.4.3　Spark 机器学习基本统计

1. 概要统计（summary statistics）

Spark 提供对 RDD[Vector] 中的向量的统计，采用 Statistics 里的 colStats 方法。该方法返回一个 MultivariateStatisticalSummary 的实例，包含列的最大值、最小值、均值、方差和非零的数量以及总数量。示例代码如下：

```
val observations = sc.parallelize(
|Seq(
| Vectors.dense(1.0,10.0,100.0),
| Vectors.dense(2.0,20.0,200.0),
| Vectors.dense(3.0,30.0,300.0)))
val summary:MultivariateStatisticalSummary = Statistics.colStats(observations)
// 每一列的均值
println( summary.mean)
// 所有向量的方差
println( summary. variance)
// 每列中的非零数
println( summary. numNonzeros)
```

2. 相关性

计算两组数据之间的相关性（correlations）的数据是统计学中常见的操作。Spark 支持计算相关性的方法目前有皮尔森和斯皮尔曼相关性。Statistics 类提供了计算相关性的方法，根据输入类型，两个 RDD[Double] 或 RDD[Vector],输出分别为 Double 或相关矩阵。示例代码如下：

```
val seriesX: RDD[Double] = sc.parallelize(Array(1, 2, 3, 3, 5))
// 必须具有相同数量的分区和基数作为一个 series
val seriesY: RDD [Double] = sc.parallelize(Array(11,22,33,33,555))
// 计算相关性
```

```
val correlation: Double = Statistics.corr(seriesX,seriesY,"pearson")
println( s"correlation is: $correlation"")
// 注意每个向量为行而不是列
val data1: RDD [Vector] = sc.parallelize(
| Seq(
|   Vectors.dense(1.0,10.0,100.0),
|   Vectors.dense(2.0,20.0,200.0),
|   Vectors.dense(5.0,33.0,366.0)))
// 计算相关性的矩阵
val correlMatrix: Matrix = Statistics.corr(data1, "pearson")
println(correlMatrix.toString)
```

3. 分层采样

Spark 中有 sampleByKey 和 sampleByKeyExact 对键值对的 RDD 执行分层采样（stratified sampling）方法。sampleByKeyExact 函数要比 sampleByKey 中使用的每层简单随机抽样花费更多的资源，但将提供 99.99% 置信度的确切抽样大小。示例代码如下：

```
val data2 = sc.parallelize(Seq((1,'a'),(1,'b'),(2,'c'),(2,'d'),(2,'e'),(3,'f')))
// 指明每个 Key 的权重
val fractions = Map(1 ->0.1,2 ->0.6,3 ->0.3)
// 从获取一个近似比例的样本
val approxSample = data2.sampleByKey(withReplacement = false,fractions = fractions)
approxSample.foreach(println(_))
// 从获取一个准确比例的样本
val exactSample = data2.sampleByKeyExact(withReplacement = false,fractions = fractions)
exactSample.foreach(println(_))
```

4. 假设检验

Spark 目前支持拟合优度和独立性的 Pearson 的卡方检验。输入数据类型决定是否进行拟合度或独立性检验。拟合度检验需要输入类型为 Vector，而独立性检验需要 Matrix 作为输入。示例代码如下：

```
// 一个由事件频率组成的向量
val vec: Vector = Vectors.dense(0.1,0.15,0.2,0.3,0.25)
// 计算拟合度，如果没有提供第二个测试向量。作为参数，针对均匀分布运行测试
val goodnessOfFitTestResult = Statistics.chiSqTest(vec)
// 测试包括 p 值、自由度、检验统计量、使用方法、零假设
println(s"$goodnessofFitTestResult\n")
// 创建一个偶然事故发生的矩阵 ((1.0,2.0),(3.0,4.0),(5.0,6.0))
val mat: Matrix = Matrices.dense(3,2,Array(1.0,3.0,5.0,2.0,4.0,6.0))
// 对矩阵执行皮尔森独立性检验
```

```
val independenceTestResult = Statistics.chiSqTest(mat)
// 检验的结果包括 p 值、自由度
println( s"$independenceTestResult\n")
//( feature, label) 特征和标签对
val obs: RDD [LabeledPoint] =sc.parallelize(
|  Seq(
|  LabeledPoint(1.0,Vectors.dense(1.0,0.0,3.0)),
|  LabeledPoint(1.0,Vectors.dense(1.0,2.0, 0.0) ),
|  LabeledPoint(-1.0, Vectors.dense(-1.0, 0.0,-0.5)))
// 偶然事故发生的表由原始的（特征，标签）对构成，进行独立性检验，返回一个包含针对标签的
每个特征的 ChiSc
val featureTestResults: Array[ChiSqTestResult] = Statistics.chiSqTest(obs)
featureTestResults.zipwithIndex.foreach { case (k, v) =>
|  println("Column " +(v + 1).toString +":")
|  println(k)
|
}
```

10.4.4　Spark 机器学习 Pipeline

Spark 将机器学习算法的 API 标准化，以便将多种算法更容易组合成工作流。ML 把整个机器学习的过程抽象成 Pipeline，一个 Pipeline 是由多个 stage 组成，每个 stage 是转换器或者评估器。

1. 数据模型

ML API 将从 Spark SQL 查出来的数据模型（DataFrame）作为 ML 的数据集，数据集支持许多数据类型。如数据模型可以用不同的列存储文本、特征向量、标签、预测结果等机器学习数据类型。它较之 RDD，包含了 schema 信息，更类似传统数据库中的二维表格。它被 ML Pipeline 用来存储源数据。

2. 转换器

转换器（transformer）是特征变换和机器学习模型的抽象。转换器必须实现 transform 方法，这个方法将一个数据模型转换成另一个数据模型，通常是增加一个或者多个列。比如：一个特征转换器输入一个数据模型，读取一个列（比如文本类型），将其映射成一个新列（比如特征向量），然后输出一个新的数据模型并包含这个映射的列；一个机器学习模型是输入一个数据模型，读取包含特征向量的列，预测每个特征向量的标签，并输出一个新的数据模型，并附加预测标签作为一列。

3. 评估器

评估器（estimator）是学习算法或者其他算法的抽象，用来训练数据。评估器实现 fit 方法，这个方法接收一个数据模型作为输入，并产生一个模型，即一个转换器。比如逻辑回归算法，调用 fit 方法训练出一个逻辑回归模型，这是一个模型，因此也是一个转换器。

4. Pipeline 组件的 Parameter

Parameter 被用来设置转换器或者评估器的参数。现在，所有转换器和评估器可共享用于指定参数的公共 API。ParamMap 是一组（参数，值）对。

MLlib 提供一个工作流，就是一个 Pipeline，Pipeline 包含了一系列有特定顺序的流程步骤（转换器和评估器）。

10.4.5　Pipeline 示例

Pipeline 在机器学习中，很常见的一种现象就是运行一系列的算法从数据中学习。例如一个简单的文本预测模型，识别目标文本中有无 spark 单词，对于含有该单词的文本指定其标签为 1，否则指定为 0。完成该实验，主要包括以下几步：

（1）把每个文档的文本分割成单词；

（2）将这些单词转换成一个数值型特征向量；

（3）使用特征向量和标签学习一个预测模型；

（4）测试预测模型。

下面以常见的机器学习分类算法——逻辑回归，并借助 Pipeline 构建出一个工作流，展示如何应用。首先，建立 Pipeline 训练过程，训练预测模型，如图 10-26 所示。

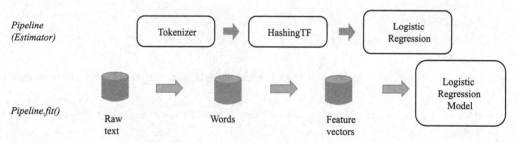

图 10-26　Pipeline 的训练流程

1. 首先构建一个 SparkSession

Spark 2.0 以后的版本都建议使用 SparkSession 作为入口，spark-shell 启动时即可获得 SparkSession 对象，也可以自己手动构建。代码如下：

```
val spark = SparkSession
|   .builder.master( "local").appName( "PipelineExample" ).getOrCreate()
```

2. 生成带标签的训练数据

准备一个带标签的 DataFrame，即从 List 类型的三元组 (id, text,label) 生成带标签的训练数据。代码如下：

```
val training = spark.createDataFrame(Seq(
```

```
|   (0L, "a b c d e spark", 1.0),
|   (1L,"b d", 0.0),
|   (2L,"spark f g h", 1.0),
|   (3L, "hadoop mapreduce" , 0.0),
|   (4L, "spark i j k",1.0),
|   (5L,"l m n",0.0)
) ).toDF(""id","text", "label")
```

3. 定义 Pipeline

构造 Pipeline 各个阶段需要的转换器和评价器，包括分词 Tokenizer，词频 HashingTF，逻辑回归 LogisticRegression。定义 Pipeline，并将这些转换器和评价器组装到 Pipeline 中。代码如下：

```
val tokenizer = new Tokenizer().setInputCol("text"").setOutputCol( ""words"" )
val hashingTF = new HashingTF().setNumFeatures( 1000)
|   .setInputCol(tokenizer-getOutputCol).setOutputCol( "features")
val lr = new LogisticRegression( ).setMaxIter( 10).setRegParam(0.001)
val pipeline = new Pipeline().setStages(Array(tokenizer,hashingTF, lr))
```

4. 训练 pipeline

Pipeline 本质上是一个评估器，执行 fit 方法之后返回一个 PipelineModel，也就是一个转换器。评估器和转换器都可以保存到磁盘，供以后加载使用。代码如下：

```
// 使用 fit 训练模型
val model = pipeline.fit(training)
// 保存模型
model.write.overwrite().save("/usr/local/mjusk/model/spark-logistic-regression-model")
// 保存 Pipeline
pipeline.write.overwrite( ).save("/usr/local/mjusk/model/unfit-lr-model")
// 从磁盘加载模型
val sameModel =
|   PipelineModel.load("/usr/local/mjusk/model/spark-logistic-regression-model")
```

5. 测试

然后建立 Pipeline 预测过程，测试数据，构建过程如图 10-27 所示。

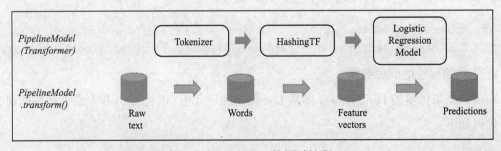

图 10-27　Pipeline 的测试流程

首先创建测试数据集。调用训练好的模型 model 的 transform 方法，对文本进行预测。打印预测结果。代码如下：

```
val test = spark.createDataFrame(Seq(
|  (6L,"spark hadoop spark",1.0),
|  (7L, "apache hadoop", 0.0),
|  (8L,"apache1 hadoop1", 0.0),
|  (9L,"apache2 hadoop2",0.0),
|  ( 10L, "apache3 spark" , 1.0)) ).toDF(""id" , "text", "label")
/ / 测试数据
val testDF = model.transform(test)
testDF.select("id", "text", "probability", "prediction").collect()
|  .foreach { case Row(id: Long,text: String,prob: Vector,prediction: Double) =>
|  println(s"($id, $text)--> prob=$prob,prediction=$prediction")}
```

6. 评估

使用多分类评价器，计算预测的准确性，获取混淆矩阵，关闭 SparkSession。代码如下：

```
val evaluator = new MulticlassClassificationEvaluator()
|  .setLabelCol("label")
|  .setPredictionCol("prediction")
|  .setMetricName(""accuracy"" )
val accuracy = evaluator.evaluate(testDF)
println( "Test Error = " +(1.0 - accuracy))
// 获取混淆矩阵
val predictionAndLabels = testDF.select("label","prediction").rdd.map {
|  case Row( rawPrediction: Double,label: Double) => (rawPrediction,label)}
val metrics = new MulticlassMetrics(predictionAndLabels)
println("Confusion matrix : ")
println(metrics.confusionMatrix)
spark.stop()
```

10.5　Spark GraphX 介绍

　　GraphX 是 Spark 图和分布式图计算的新组件。GraphX 通过引入属性图：顶点和边均有属性的有向多重图，来扩充 Spark 的 RDD，为了支持这种图计算，GraphX 开发了一组基础功能操作。GraphX 仍在不断扩充图算法，用来简化图计算的分析任务。本节主要介绍 GraphX 的核心抽象模型——属性图，并通过实例介绍如何构造一个图。

10.5.1　属性图

　　属性图是 GraphX 的核心抽象模型，是一个有向多重图，带有每一个顶点和边的用户自定义对象。由于相同顶点之间存在多种关系，属性图支持平行边，这简化了属性图的建模场景。

每个顶点用唯一的 64 位长的标识符作为键。GraphX 没有为顶点标识符排序，每条边都有对应的源和目的顶点标识符。

属性图以顶点类型和边类型作为参数，这些类型分别是与顶点和边相关的对象。

注意：GraphX 优化了顶点类型和边类型。当用原始数据类型表示（像 int、double 等）顶点或边时，GraphX 使用特殊数组来存储，降低内存的消耗。

在某些情况下，同样的图中，可能存在不同的类型的顶点，这些可以通过继承来完成。例如：将用户和产品建模成一个二分图，可以用如下的方式：

```
class VertexProperty()
case class UserProperty(val name: String) extends VertexProperty
case class ProductProperty(val name: String, val price: Double) extends
VertexProperty
// The graph might then have the type:
var graph: Graph[VertexProperty, String] = null
```

和所有 RDD 一样，属性图是不可改变的、分布式的、容错的。改变图的值或结构只能通过新建一个新的图来实现。原始图中不受影响的部分（如不受影响的结构、属性、索引）都可以在新图中重用，这可以减少存储的成本。还可以利用顶点分区的方法对图进行分区。和所有 RDD 一样，图的每个分区发生故障会在不同的机器上重新被创建。

逻辑上，属性图对应一对集合（RDDs），这个集合包含每一个顶点和边属性。因此，属性图的类中包含顶点和边的成员变量。

10.5.2　属性图实例

构建一个包含不同作者的属性图，顶点属性包含用户名和职业，边使用字符串描述作者与作者之间的关系，如图 10-28 所示。

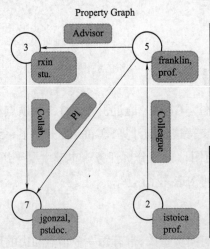

Property Graph

Vertex Table

ld	Property (V)
3	(rxin,student)
7	(jgonzal,postdoc)
5	(franklin,professor)
2	(istoica,professor)

Edge Table

Srcld	Dstld	Property (E)
3	7	Collaborator
5	3	Advisor
2	5	Colleague
5	7	PI

图 10-28　属性图实例

1. 创建点 RDD

```
val users: RDD[(VertexId, (String, String))] =
  sc.parallelize(Array((3L, ("rxin", "student")), (7L, ("jgonzal", "postdoc")),
(5L, ("franklin", "prof")), (2L, ("istoica", "prof"))))
```

2. 创建边 RDD

```
val relationships: RDD[Edge[String]] =
  sc.parallelize(Array(Edge(3L, 7L, "collab"),    Edge(5L, 3L, "advisor"),
Edge(2L, 5L, "colleague"), Edge(5L, 7L, "pi")))
// 定义一个默认用户，用于设置只有用户关系没有用户的情况（只有边，没有点）
val defaultUser = ("John Doe", "Missing")
```

3. 构建图对象

```
val graph = Graph(users, relationships, defaultUser)
```

4. 展示图的属性

```
println(" 找到图中属性是 student 的顶点 ")
graph.vertices.filter { case (id, (name, occupation)) => occupation==
"student"}.collect.foreach {
    case (id, (name, occupation)) => println(s"$name is $occupation")
  }
println(" 找到图中边属性是 advisor 的边 ")
  graph.edges.filter(e => e.attr == "advisor").collect.foreach(e => println
(s"${e.srcId} to ${e.dstId} att ${e.attr}"))
println(" 找出图中最大的出度、入度、度数：")
  def max(a: (VertexId, Int), b: (VertexId, Int)): (VertexId, Int) = {
    if (a._2 > b._2) a else b
  }
  println("max of outDegrees:" + graph.outDegrees.reduce(max) + " max
of inDegrees:" + graph.inDegrees.reduce(max) + " max of Degrees:" + graph.
degrees.reduce(max))
  }
}
```

从 Edge Table 可以看出，每个边有 srcId 和 dstId 对应原顶点和目的顶点标识符，还有一个边属性。同样 Vertice Table 每个顶点也有各自的属性。

我们可以使用 graph.vertices 和 graph.edges 解构出属性图对应的顶点和边，通过 graph.outDegrees、graph.inDegrees、graph.degress 解构出属性图出度、入度、度数的相关信息。

10.5.3　图操作

在介绍完 Spark GraphX 的属性图模型、简单的属性展示操作后，本节介绍更多有关

Spark GraphX 的常用图操作。在 GraphX 中，核心操作都是被优化过的，组合核心操作的定义在 GraphOps 中。由于 Scala 隐式转换，定义在 GraphOps 的操作可以在 Graph 的成员中获取。例如：我们计算图中每个顶点的入度（该方法定义在 GraphOps）。

1. 属性操作

属性图中包括类似 RDD map 的操作：

```
class Graph[VD, ED] {
  def mapVertices[VD2](map: (VertexId, VD) => VD2): Graph[VD2, ED]
  def mapEdges[ED2](map: Edge[ED] => ED2): Graph[VD, ED2]
  def mapTriplets[ED2](map: EdgeTriplet[VD, ED] => ED2): Graph[VD, ED2]
}
```

mapVertices 遍历所有的顶点，mapEdges 遍历所有的边，mapTriplets 遍历所有的三元组。

注意，属性操作下，图的结构都不受影响。这些操作的一个重要特征是它允许所得图形重用原有图形的结构索引。属性操作常用来进行特殊计算或者排除不需要的属性：

```
println("给图中每个顶点的职业名的末尾加上 'dblab' 字符串")
 graph.mapVertices{ case (id, (name, occupation)) => (id, (name, occupation+
"dblab"))}.vertices.collect.foreach(v => println(s"${v._2._1} is ${v._2._2}"))
 println("--------------------------------------------")
 println("给图中每个元组的 Edge 的属性值设置为源顶点属性值加上目标顶点属性值：")
 graph.mapTriplets(triplet => triplet.srcAttr._2 + triplet.attr + triplet.
dstAttr._2).edges.collect.foreach(println(_))
```

2. 结构操作

目前 Spark GraphX 只支持一些简单的常用结构操作，还在不断完善中。常用的操作如下：

```
class Graph[VD, ED] {
  def reverse: Graph[VD, ED]
  def subgraph(epred: EdgeTriplet[VD,ED] => Boolean,
               vpred: (VertexId, VD) => Boolean): Graph[VD, ED]
  def mask[VD2, ED2](other: Graph[VD2, ED2]): Graph[VD, ED]
  def groupEdges(merge: (ED, ED) => ED): Graph[VD,ED]
}
```

reverse 操作返回一个所有边方向取反的新图，该反转操作并没有修改图中顶点、边的属性，更没有增加边的数量。

subgraph 操作主要利用顶点和边进行判断，返回的新图中包含满足判断要求的顶点、边。该操作常用于一些情景，比如：限制感兴趣的图顶点和边，删除损坏连接。代码如下：

```
graph.triplets.map(
    triplet => triplet.srcAttr._1 + " is the " + triplet.attr + " of " + triplet.dstAttr._1
```

```
).collect.foreach(println(_))
println("------------------------------------------")
println(" 删除不存在的节点，构建子图 ")
val validGraph = graph.subgraph(vpred = (id, attr) => attr._2 != "Missing")
validGraph.vertices.collect.foreach(println(_))
validGraph.triplets.map(
    triplet => triplet.srcAttr._1 + " is the " + triplet.attr + " of " + triplet.dstAttr._1
).collect.foreach(println(_))
println("------------------------------------------")
println(" 构建职业是 professor 的子图，并打印子图的顶点 ")
val subGraph = graph.subgraph(vpred = (id, attr) => attr._2 == "prof")
subGraph.vertices.collect.foreach(v => println(s" $ {v._2._1} is $ {v._2._2}"))
```

mask 操作构造一个子图，这个子图包含输入图中包含的顶点和边。这个操作可以和subgraph 操作相结合，基于另外一个相关图的特征去约束一个图。例如，我们可以使用丢失顶点的图运行连通分支，然后限制有效子图的返回，代码如下：

```
println(" 运行联通分支 ")
val ccGraph = graph.connectedComponents()
val validCCGraph = ccGraph.mask(validGraph)
scala
```

groupEdges 操作合并多重图中的并行边（如顶点对之间重复的边）。在大量的应用程序中，并行的边可以合并（它们的权重合并）为一条边从而降低图的大小。

3. 关联操作

在很多情况下，需要将外部数据添加到图中。例如，我们可能有额外的用户属性，我们想把它融合到一个存在图中或者从一个图提取数据属性到另一个图。这些任务可以使用 join操作来实现。下面我们列出了关键的 join 操作：

```
class Graph[VD, ED] {
    def joinVertices[U](table: RDD[(VertexId, U)])(map: (VertexId, VD, U) => VD)
      : Graph[VD, ED]
    def outerJoinVertices[U, VD2](table: RDD[(VertexId, U)])(map: (VertexId,
VD, Option[U]) => VD2)
      : Graph[VD2, ED]
}
```

joinVertices 操作连接外部 RDD 的顶点，返回一个新的带有顶点特征的图。这些特征是通过在连接顶点的结果上使用用户自定义的 map 函数获得的。没有匹配的顶点保留其原始值。

outerJoinVertices 操作和 joinVertices 操作相似，但用户自定义的 map 函数可以被应用到所有顶点和改变顶点类型。

```
val inDegrees: VertexRDD[Int] = graph.inDegrees
case class User(name: String, occupation: String, inDeg: Int, outDeg: Int)

// 创建一个新图，顶点 VD 的数据类型为 User, 并从 graph 做类型转换
val initialUserGraph: Graph[User, String] = graph.mapVertices { case (id,
(name,   occupation)) => User(name, occupation , 0, 0)}

//initialUserGraph 与 inDegrees、outDegrees(RDD) 进行连接，并修改 initialUserGraph
中 inDeg 值、outDeg 值
val userGraph = initialUserGraph.outerJoinVertices(initialUserGraph.inDegrees) {
    case (id, u, inDegOpt) => User(u.name, u.occupation, inDegOpt.getOrElse(0),
u.outDeg)
    }.outerJoinVertices(initialUserGraph.outDegrees) {
    case (id, u, outDegOpt) => User(u.name, u.occupation, u.inDeg,outDegOpt.
getOrElse(0))
    }

println(" 连接图的属性 :")
userGraph.vertices.collect.foreach(v => println(s"${v._2.name} inDeg: ${v._2.
inDeg}  outDeg: ${v._2.outDeg}"))

println(" 出度和入度相同的人员 :")
userGraph.vertices.filter {
    case (id, u) => u.inDeg == u.outDeg
 }.collect.foreach {
    case (id, property) => println(property.name)
 }
```

4. 连接操作

在许多情况下，有必要将外部数据加入图中。例如，有额外的用户属性需要合并到已有的图中或者从一个图中取出顶点特征加入另外一个图中。这些任务可以用 join 操作完成。

下面列出的是主要的 join 操作：

```
class Graph[VD, ED] {
    def joinVertices[U](table: RDD[(VertexId, U)])(map: (VertexId, VD, U) => VD)
    : Graph[VD, ED]
    def outerJoinVertices[U, VD2](table: RDD[(VertexId, U)])(map: (VertexId, VD,
Option[U]) => VD2)
    : Graph[VD2, ED]
 }
```

joinVertices 操作将输入 RDD 和顶点相结合，返回一个新的带有顶点特征的图。参考代码：

```
// 加载用户数据，并解析为用户 ID 和属性列表的元祖
val users = (sc.textFile("/spark/graphx/data/users.txt").map(line => line.
split(",")).map( parts => (parts.head.toLong, parts.tail) ))
// 解析边数据文件已经存在的 userId -> userId 格式数据
val followerGraph = GraphLoader.edgeListFile(sc, "/spark/graphx/data/followers.txt")

// 增加用户属性
val graph = followerGraph.joinVertices(users) ((uid, deg, Some(attrList)) => attrList)
```

outerJoinVertices 与 joinVertices 类似。因为并不是所有顶点在 RDD 中拥有匹配的值，map 函数需要一个 option 类型。参考代码：

```
// 增加用户属性，保留所有用户
val graph = followerGraph.outerJoinVertices(users) {
  case (uid, deg, Some(attrList)) => attrList
  // 对于没有属性的用户，设置为空
  case (uid, deg, None) => Array.empty[String]
}
```

5. 聚合操作

在很多图分析任务中一个关键步骤就是集合每一个顶点的邻居信息。例如，我们想知道每一个用户的追随者数量或者追随者的平均年龄。一些迭代的图算法（像 PageRank，最短路径和联通组件）就需要反复聚合相邻顶点的属性。

在 GraphX 中最核心的聚合操作就是信息聚合（aggregateMessages），它主要功能是向邻边发消息，合并邻边收到的消息。

```
class Graph[VD, ED] {
  def aggregateMessages[Msg: ClassTag](
      sendMsg: EdgeContext[VD, ED, Msg] => Unit,
      mergeMsg: (Msg, Msg) => Msg,
      tripletFields: TripletFields = TripletFields.All)
    : VertexRDD[Msg]
}
```

接口中含有三个参数：

（1）sendMsg：发消息函数。

（2）mergeMsg：合并消息函数。

（3）tripletFields：发消息的方向。

下面使用 aggregateMessages 来计算比用户年龄更大的追随者的平均年龄，这里我们新建一个模型图代替上一节创建的模型的图，整体代码如下：

```
import org.apache.log4j.{Level,Logger}
import org.apache.spark._
import org.apache.spark.graphx._
import org.apache.spark.graphx.util.GraphGenerators
object SimpleGraphX {
  def main(args: Array[String]) {
    // 屏蔽日志
    Logger.getLogger("org.apache.spark").setLevel(Level.WARN)
    Logger.getLogger("org.eclipse.jetty.server").setLevel(Level.OFF)
    // 设置运行环境
    val conf = new SparkConf().setAppName("SimpleGraphX").setMaster("local")
    val sc = new SparkContext(conf)
    val graph: Graph[Double, Int] =
      GraphGenerators.logNormalGraph(sc, numVertices = 100).mapVertices( (id, _)
=> id.toDouble )
    // Compute the number of older followers and their total age
    val olderFollowers: VertexRDD[(Int, Double)] = graph.aggregateMessages[(Int,
Double)](
      triplet => { // Map Function
        if (triplet.srcAttr > triplet.dstAttr) {
          // Send message to destination vertex containing counter and age
          triplet.sendToDst(1, triplet.srcAttr)
        }
      },
      // Add counter and age
      (a, b) => (a._1 + b._1, a._2 + b._2) // Reduce Function
    )
    val avgAgeOfOlderFollowers: VertexRDD[Double] =
      olderFollowers.mapValues( (id, value) =>
        value match { case (count, totalAge) => totalAge / count } )
    avgAgeOfOlderFollowers.collect.foreach(println(_))
  }
}
```

6. 计算每个顶点的度

在上一节中，就已经用了计算每个顶点的度（每一个顶点边的数量）的实例，这也是一种常见的聚合操作。在有向图的情况下，它经常知道入度、出度和每个顶点的总度。GraphOps 类包含了每一个顶点的一系列的度的计算。例如：在下面将计算最大入度、出度和总度：

```
def max(a: (VertexId, Int), b: (VertexId, Int)): (VertexId, Int) = {
  if (a._2 > b._2) a else b
}
```

```
val maxInDegree: (VertexId, Int)  = graph.inDegrees.reduce(max)
val maxOutDegree: (VertexId, Int) = graph.outDegrees.reduce(max)
val maxDegrees: (VertexId, Int)   = graph.degrees.reduce(max)
```

7. 缓存操作

Spark 中，RDDs 默认不持久存储在内存。当多次使用 RDDs 时，为了避免重复计算，RDDs 必须被显式缓存。GraphX 中的图也是相同的方式，当使用一个图多次时，首先确认调用 Graph.cache()。

对于迭代计算来说，迭代的中间结果将填充到缓存中。虽然最终会被删除，但是保存在内存中的不需要的数据将会减慢垃圾回收。对于迭代计算，建议使用 Pregel API，它可以正确的不持久化中间结果。

小　　结

在实际应用中，大数据包括多种场景：复杂的批量数据处理、基于历史数据的查询、基于实时数据流的数据处理。为了实现一个软件栈处理不同场景的需要，Spark 设计了一套完整的生态系统。Spark Core 可以完成基于内存计算任务，Spark SQL 可以支持 SQL 即时查询服务，Spark Streaming 和 Structured Streaming 可以完成实时流计算，Spark MLlib 提供了机器学习中常用算法，Spark GraphX 提供了图计算功能。

习　　题

1. Spark 可以完成大数据处理中的多种场景，请概述 spark 的生态系统。
2. RDD 和 DataFrame 有什么区别？
3. 从 RDD 转到 DataFrame 有哪些方式？
4. 简述 Spark Streaming 工作原理。
5. MLlib 能实现哪些机器学习功能？
6. 简述 Pipeline 几个部件及主要作用。
7. 为什么要使用 Pileline 构建机器学习模型？
8. 目前 Graphx 有哪些图操作？

思政小讲堂

社会责任感

思政元素：培养大学生光荣的使命感，激励大学生努力求索、积极创新、勇于担当、奋发向上，使其成为对党和人民忠诚可靠、堪当时代重任的栋梁之才。

　　社会责任感就是在一个特定的社会里，每个人在心里和感觉上对其他人的伦理关怀和义务。具体来说就是社会并不是无数个独立个体的集合，而是一个相辅相成不可分割的整体。尽管社会不可能脱离个人而存在，但是纯粹独立的个人却是一种不存在的抽象。没有人可以在没有交流的情况下独自一人生活，因此我们一定要有对他人负责、对企业负责、对社会负责的责任感。作为社会大集体的一员，融入社会、成为社会大机器良性运作的一个螺丝钉，发挥自己的功效，就是履行了自己的社会责任，而不仅仅是为自己的欲望而生活，这样才能使社会变得更加美好。

　　一代人担负一代人的责任，这是国家、民族发展的动力所在，也是历史得以延续的基础，青年是整个社会力量中最积极、最有生气的力量。因此，要培养大学生光荣的使命感，激励大学生发挥活跃的创造力、想象力，使其成为对党和人民忠诚可靠、堪当时代重任的栋梁之才。

第 11 章

流式数据处理引擎 Flink

学习目标
- 了解 Flink 的基本组件和架构。
- 了解 Flink 中的数据流。
- 了解 Flink 的部署及应用。

Apache Flink 是一个框架和分布式处理引擎，用于对无界和有界数据流进行有状态计算。它的主要特性包括：批流一体化、精密的状态管理、事件时间支持等。Flink 设计可以在所有常见的集群环境中运行，并以内存速度和任何规模执行计算。

11.1 Flink 概述

11.1.1 Flink 的发展

在当前的互联网用户、设备、服务等激增的时代下，其产生的数据量已不可同日而语了。各种业务场景都会有大量数据产生，如何对这些数据进行有效地处理是很多企业需要考虑的问题。以往我们所熟知的 Storm、Spark Streaming、Structured Streaming 等框架在某些场景下已经没法完全地满足用户的需求，或者是实现需求所付出的代价太大，无论是代码量还是架构的复杂程度可能都没法满足预期的需求。新场景的出现催生出新的技术，Apache Flink（简称Flink）为实时流的处理提供了新选择。

Flink 从 Stratosphere 项目发展而来，是欧洲几所大学共同进行的研究项目。起初，该项目是基于 Streaming Runtime 的批处理引擎，主要解决批处理数据。2014 年 4 月，Stratosphere 被捐献给 Apache 软件基金会，并迅速成为 Apache 的顶级项目之一。同年 8 月，Apache 发布了第一个 Flink 版本，Flink 0.6.0，在有了较好的流式引擎支持后，流计算的价值也随之被挖掘和重视。2014 年 12 月，Flink 发布了 0.7 版本，正式推出了 DataStream API，这也是目前 Flink 应用的最广泛的 API。2015 年 6 月，发布 Flink 0.9 版本，引入了内置 State 支持，并支持多种 State 类型，如 ValueState、MapState、ListState 等。

经过多年的发展，2019 年 8 月 22 日，Flink 1.9.0 正式发布。该版本是阿里内部版本 Blink 合并入 Flink 后的首次发布。此次发布不仅在结构上有重大变更，在功能特性上也更加强大与完善，代码修改量达 150 万行。在 2022 年发布的 1.16 版本中推出了 Streaming Warehouse，进一步升级了流批一体的概念，真正完成了流批一体的计算和流批一体的存储的融合，从而实现流批一体的实时化分析。

流处理框架有 Storm、Spark Streaming、Structured Streaming、Flink，它们各自有自己的优缺点。Storm 虽然可以做到低延迟，但是无法实现高吞吐，也不能在故障发生时准确地处理计算状态。Spark Streaming 通过采用微批处理方法实现了高吞吐和容错性，但是牺牲了低延迟和实时处理能力。Spark 的另一个流计算组件 Structured Streaming，包括微批处理和持续处理两种处理模型。采用微批处理时，最快响应时间需要 100 ms，无法支持毫秒级别响应。采用持续处理模型时，可以支持毫秒级别响应，但是，只能做到"至少一次"的一致性，无法做到"精确一次"的一致性。Flink 实现了 Google Dataflow 流计算模型，是一种兼具高吞吐、低延迟和高性能的实时流计算框架，并且同时支持批处理和流处理。此外，Flink 支持高度容错的状态管理，防止状态在计算过程中因为系统异常而出现丢失。因此，Flink 就成为了能够满足流处理架构要求的理想的流计算框架。

Flink 相对简单的编程模型加上其高吞吐、低延迟、高性能以及支持 exactly-once 语义的特性，让它近些年来在社区中成为比较活跃的分布式处理框架，相信它在未来的竞争中会更具优势，也将会成为企业内部主流的数据处理框架之一。

11.1.2 Flink 流处理的基本组件

可以由流处理框架构建和执行的应用程序类型是由框架对流及其状态和时间的支持程度来决定的。在下文中，将对上述这些流处理应用的基本组件逐一进行描述，并对 Flink 处理它们的方法进行细致剖析。

1. Flink 中的流

任何类型的数据都是作为事件流产生的。信用卡交易、传感器测量、机器日志、网站或移动应用程序上的用户交互，所有这些数据都以流的形式生成。Apache Flink 是一个能够处理任何类型数据流的强大处理框架，它既可以处理实时和历史记录的数据流，也可以处理有界数据流（bounded streams）和无界数据流（unbounded streams），如图 11-1 所示。

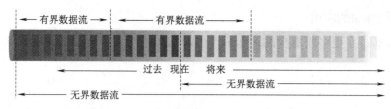

图 11-1　Flink 中的数据流

（1）无界数据流。

顾名思义，无界数据流就是指有始无终的数据，数据一旦开始生成就会持续不断地产生新的数据，即数据没有时间边界。无界数据流需要持续不断地处理。

（2）有界数据流。

相对而言，有界数据流就是指输入的数据有始有终。例如，数据可能是一分钟或者一天的交易数据等。处理这种有界数据流的方式也被称之为批处理。

Apache Flink 擅长处理无界和有界数据集。精确的时间控制和状态化使 Flink 运行时（runtime）能够在无界流上运行任何类型的应用程序。有界流由算法和数据结构内部处理，这些算法和数据结构专门针对固定大小的数据集而设计，从而产生出色的性能。

2. 状态

每个非平凡的流应用程序都是有状态的，也就是说，只有对单个事件应用转换的应用程序不需要状态。任何运行基本业务逻辑的应用程序都需要记住事件或中间结果，以便在稍后的时间点（例如，当接收到下一个事件时或在特定的时间持续时间之后）进行访问并进行后续处理。

应用状态为 Flink 的一等公民，Flink 提供了许多状态管理相关的特性支持，其中包括：

（1）多种状态基础类型。

Flink 为不同的数据结构（如原子值、列表或映射）提供了状态原语。开发人员可以根据函数的访问模式选择最有效的状态原语。

（2）插件化的 State Backend。

State Backend 负责管理应用程序状态，并在需要的时候进行 checkpoint。Flink 支持多种 State Backend，可以将状态存在内存或者 RocksDB。RocksDB 是一种高效的嵌入式、持久化键值存储引擎。Flink 也支持插件式的自定义 State Backend 进行状态存储。

（3）精确一次语义。

Flink 的检查点和恢复算法保证了在发生故障时应用程序状态的一致性。因此，错误会被透明地处理，不会影响应用程序的正确性。

（4）超大数据量状态。

Flink 能够利用其异步以及增量式的 checkpoint 算法，存储数 TB 级别的应用状态。

（5）可弹性伸缩的应用。

Flink 能够通过在更多或更少的工作节点上对状态进行重新分布，支持有状态应用的分布式的横向伸缩。

3. 时间

时间是流应用程序的另一个重要组成部分。因为每个事件都是在特定的时间点产生的，大多数事件流都具有固有的时间语义。此外，许多常见的流计算是基于时间的，例如窗口聚合、会话化、模式检测和基于时间的连接。流处理的一个重要方面是应用程序如何测量时间，即区分事件时间（event-time）和处理时间（processing-time）。

Flink 提供了丰富的时间语义支持：

（1）事件时间模式。

使用事件时间语义处理流的应用程序根据事件的时间戳计算结果。因此，无论处理的是记录事件还是实时事件，事件时间处理都可以获得准确和一致的结果。

（2）Watermark 支持。

Flink 引入了 Watermark 的概念，用以衡量事件时间进展。Watermark 也是一种平衡处理延时和完整性的灵活机制。

（3）迟到数据处理。

当以带有 Watermark 的事件时间模式处理数据流时，在计算完成之后仍会有相关数据到达。这样的事件被称为迟到事件。Flink 提供了多个处理后期事件的选项，例如通过侧输出重新路由它们和更新先前完成的结果。

（4）处理时间模式。

除了事件时间模式，Flink 还支持处理时间语义，该语义在处理机器的挂钟时间触发时执行计算。处理时间模式适用于某些具有严格的低延迟要求的应用程序，这些应用程序可以容忍近似的结果。

11.1.3 Flink 应用

Flink 功能强大，其设计可以用于运行任何规模的有状态流应用程序，支持开发和运行多种不同种类的应用程序。应用程序可能被并行化为数千个任务，这些任务在集群中分布并并发执行。因此，应用程序几乎可以利用无限数量的 CPU、主内存、磁盘和网络 I/O。此外，Flink 很容易维护非常大的应用程序状态，它的异步和增量检查点算法确保对处理延迟的影响最小，同时保证"只有一次"的一致性。

Flink 不仅可以运行在包括 YARN、Mesos、Kubernetes 在内的多种资源管理框架上，还支持在裸机集群上独立部署。在启用高可用选项的情况下，它不存在单点失效问题。事实证明，Flink 已经可以扩展到数千核心，其状态可以达到 TB 级别，且仍能保持高吞吐、低延迟的特性。

世界各地有很多要求严苛的流处理应用都运行在 Flink 之上。

在生产环境中，Flink 应用程序被较多的用户使用在不同的场景中，并可运行任意规模应用，例如，应用程序每天处理数万亿次事件，应用程序维护多个 TB 的状态，应用程序运行在数千个内核上。

接下来我们将介绍 Flink 常见的几类应用：事件驱动型应用、数据分析应用及数据管道应用。

1. 事件驱动型应用

事件驱动型应用是一类具有状态的应用，它从一个或多个事件流提取数据，并根据到来的事件触发计算、状态更新或其他外部动作。典型的事件驱动型应用实例有反欺诈、异常检测、基于规则的报警、业务流程监控、（社交网络）Web 应用等。

事件驱动型应用是在计算存储分离的传统应用基础上发展而来。在传统架构中，应用需要读/写远程事务型数据库。相反，事件驱动型应用是基于状态化流处理来完成。在该设计中，数据和计算不会分离，应用只需访问本地（内存或磁盘）即可获取数据。系统容错性的实现依赖于定期向远程持久化存储写入 checkpoint。图 11-2 描述了传统应用和事件驱动型应用架构的区别。

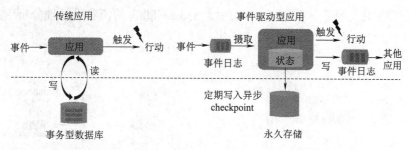

图 11-2　传统应用和事件驱动型应用架构区别

（1）事件驱动型应用优势。

事件驱动型应用无须查询远程数据库，本地数据访问使得它具有更高的吞吐和更低的延迟。而由于定期向远程持久化存储的 checkpoint 工作可以异步、增量式完成，因此对于正常事件处理的影响甚微。事件驱动型应用的优势不仅限于本地数据访问。传统分层架构下，通常多个应用会共享同一个数据库，因而任何对数据库自身的更改（例如：由应用更新或服务扩容导致数据布局发生改变）都需要谨慎协调。反观事件驱动型应用，由于只需考虑自身数据，因此在更改数据表示或服务扩容时所需的协调工作将大大减少。

（2）Flink 中的事件驱动型应用程序。

事件驱动应用程序的限制是由流处理器处理时间和状态的能力决定的。Flink 的许多杰出特性都围绕着这些概念展开，它提供了一组丰富的状态操作原语，允许以精确一次的一致性语义合并海量规模（TB 级别）的状态数据。此外，Flink 对事件时间、高度可定制的窗口逻辑以及 ProcessFunction 提供的细粒度的时间控制，使其方便实现高级业务逻辑。此外，Flink 还提供了一个用于复杂事件处理（complex event processing，CEP）的库，用于检测数据流中的模式。然而，Flink 对于事件驱动应用程序的突出特性是保存点。保存点是一个一致的状态映像，可以用作兼容应用程序的起点。给定一个保存点，应用程序可以更新或调整其规模，或者可以启动应用程序的多个版本进行 A /B 测试。

2. 数据分析应用

数据分析工作从原始数据中提取有价值的信息和指标。传统的分析方式通常是利用批查询，或将事件记录下来并基于此有限数据集构建应用来完成。为了将最新数据合并到分析结果中，必须将其添加到已分析的数据集中，并重新运行查询或应用程序，随后结果被写入存储系统或作为报告发布。典型的数据分析应用实例有电信网络质量监控、移动应用中的产品更新及实验评估分析、消费者技术中的实时数据即席分析、大规模图分析等。

借助复杂的流处理引擎，分析也可以实时执行。流查询或应用程序不是读取有限的数据集，而是摄取实时事件流，并随着事件的消费不断产生和更新结果。结果要么被写入外部数据库，要么作为内部状态维护。仪表板应用程序可以从外部数据库读取最新结果，也可以直接查询应用程序的内部状态。如图 11-3 所示，Apache Flink 的流和批处理分析应用流程。

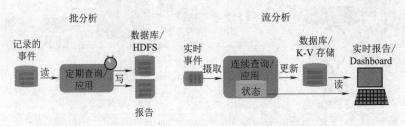

图 11-3　Apache Flink 的流和批处理分析应用流程

（1）流式分析应用的优势。

与批处理分析相比，由于连续流分析消除了定期导入和查询执行，它的优势不仅在于从事件中洞察信息的延迟要低得多，流查询不必处理输入数据中的人为边界，这是由周期性导入和输入的有界性质引起的。

另一个方面是更简单的应用程序体系结构。批处理分析管道由几个独立的组件组成，用于定期调度数据摄取和查询执行。因为一个组件的故障会影响管道的后续步骤，可靠的操作这样的管道并非易事。相比之下，运行在 Flink 等复杂流处理器上的流分析应用程序包含了从数据摄取到连续结果计算的所有步骤。因此可以依赖底层引擎提供的故障恢复机制。

（2）Flink 数据分析类应用支持。

Flink 为连续流和批处理分析提供了非常好的支持。具体来说，它具有兼容 ANSI 标准的

SQL 接口，具有用于批处理和流查询的统一语义。不管 SQL 查询是在记录事件的静态数据集上运行，还是在实时事件流上运行，它们都计算相同的结果。对用户定义函数的丰富支持确保自定义代码在 SQL 查询中执行。如果需要更多的自定义逻辑，Flink 的 DataStream API 和 DataSet API 提供了更多的更低层次的控制。

（3）数据管道应用。

提取—转换—加载（ETL）是在存储系统之间转换和移动数据的常用方法。通常定期触发 ETL 作业，将数据从事务性数据库系统复制到分析数据库或数据仓库。数据管道的作用与 ETL 作业类似。它们转换和丰富数据，并可以将数据从一个存储系统移动到另一个存储系统。但是，它们以连续流模式运行，而不是定期触发。因此，它们能够从持续产生数据的源读取记录，并以较低的延迟将其移动到目的地。例如，数据管道可能监视文件系统目录中的新文件，并将其数据写入事件日志。另一个应用程序可能将事件流物化到数据库，或者增量地构建和优化搜索索引。典型的数据管道应用实例有电子商务中的实时查询索引构建、电子商务中的持续 ETL 等。图 11-4 描述了周期性 ETL 作业和连续数据管道之间的区别。

图 11-4　周期性 ETL 作业和连续数据管道对比

（1）数据管道的优势。

连续数据管道相对于周期性 ETL 作业的明显优势是，减少了将数据移动到目的地的延迟。此外，因为数据管道能够持续地消费和发射数据，因此更加通用，可以用于更多的用例。

（2）Flink 数据管道应用支持。

很多常见的数据转换和增强操作可以利用 Flink 的 SQL 接口（或 Table API）及用户自定义函数解决。如果数据管道有更高级的需求，可以选择更通用的 DataStream API 来实现。Flink 为多种数据存储系统（如 Kafka、Kinesis、Elasticsearch、JDBC 数据库系统等）内置了连接器。同时它还提供了文件系统的连续型数据源及数据汇，可用来监控目录变化和以时间分区的方式写入文件。

11.1.4　Flink 的部署

Flink 是一个分布式系统，需要计算资源来执行应用程序，其集成了所有常见的集群资源管理器，如 Hadoop、YARN 和 Kubernetes，但也可以设置为作为独立集群运行。Flink 的设计可以用于很好地运行前面列出的每个资源管理器，这是通过特定于资源管理器的部署模式实现的，这种模式允许 Flink 以惯用的方式与每个资源管理器交互。

在部署 Flink 应用程序时，Flink 根据应用程序配置的并行性自动识别所需的资源，并从资源管理器请求这些资源。在失败的情况下，Flink 通过请求新的资源来替换失败的容器。提交或控制应用程序的所有通信都通过 REST 调用进行，这简化了 Flink 在许多环境中的集成。

Flink 可以任意规模运行应用程序，有状态 Flink 应用程序针对本地状态访问进行了优化。任务状态总是在内存中维护，如果状态大小超过可用内存，则在访问高效的磁盘数据结构中维护。因此，任务通过访问本地（通常在内存中）状态来执行所有计算，从而产生非常低的处理延迟。Flink 通过定期和异步地将本地状态检查点指向持久存储，确保在发生故障时只保持一次状态一致性。

11.2　Flink 架构

Flink 是一个分布式系统，它的运行通常涉及分布在多台机器上的多个进程，需要有效分配和管理计算资源才能执行流应用程序。Flink 并不依靠自身去实现这些任务，它可以集成所有常见的集群资源管理器，例如 Hadoop YARN、Apache Mesos 和 Kubernetes，也可以设置为独立集群运行，并能以内存速度和任意规模进行计算。

Flink 运行时由两种类型的进程组成：一个 JobManager 和一个或者多个 TaskManager，如图 11-5 所示。Flink 架构也遵循主从架构设计原则，JobManage 为主节点，TaskManage 为从节点。

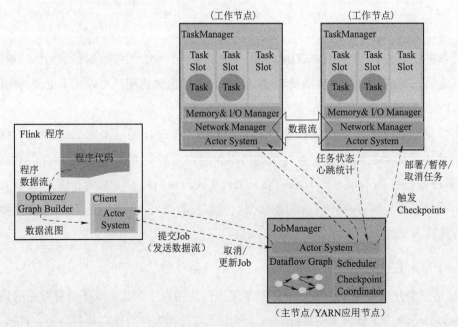

图 11-5　Flink 运行架构

Flink 运行流程为：Client 提交任务给 JobManager，JobManager 分发任务给 TaskManager 去执行，然后 TaskManager 会定期向 JobManager 报告任务的状态和进程。我们会发现，该过程与 Hadoop 比较类似。确实，从架构图去看，JobManager 很像 JobTracker，TaskManager 也很像 TaskTracker。然而有一个最重要的区别就是 TaskManager 之间是流（stream）。其次，Hadoop 中，只有 Map 和 Reduce 之间的 Shuffle，而对 Flink 而言，可能是很多级，并且在 TaskManager 内部和 TaskManager 之间都会有数据传递，而不像 Hadoop，是固定的 Map 到 Reduce。

1. Client

Client 是一个与 Flink 集群通信的外部程序，用于准备数据流（dataflow）并将其发送给 JobManager。之后，客户端可以断开连接（即分离模式），或保持连接来接收进程报告（即附加模式）。

2. JobManager

JobManager 负责协调 Flink 应用程序的分布式执行，包括任务的调度、任务运行完成与失败的处理，协调检查点与恢复等。它决定何时调度下一个任务（或一组任务）、对完成的任务或执行失败做出反应、协调检查点并且协调从失败中恢复等。这些功能由 ResourceManager、Dispatcher 和 JobMaster 三个不同的组件组成。

（1）ResourceManager。

ResourceManager 负责 Flink 集群中的资源提供、回收、分配，它管理任务槽，这是 Flink 集群中资源调度的单位。Flink 为不同的环境和资源提供者（如 YARN、Mesos、Kubernetes 和 Standalone 部署）实现了对应的 ResourceManager。在 Standalone 设置中，ResourceManager 只能分配可用 TaskManager 的槽，而不能自行启动新的 TaskManager。

（2）Dispatcher。

Dispatcher 提供了一个 REST 接口，用来提交 Flink 应用程序执行，并为每个提交的作业启动一个新的 JobMaster。它还运行 Flink WebUI 用来提供作业执行信息。

（3）JobMaster。

JobMaster 负责管理单个 JobGraph 的执行。Flink 集群中可以同时运行多个作业，每个作业都有自己的 JobMaster。

应用始终至少有一个 JobManager。高可用设置中可能有多个 JobManager，其中一个始终是 leader，其他的则是 standby。

3. TaskManager

TaskManager（也称为 worker）负责执行作业流中的任务，并且缓存和交换数据流。一个作业执行时，必须始终至少有一个 TaskManager。在 TaskManager 中资源调度的最小单位是任务槽。TaskManager 中任务槽的数量表示并发处理任务的数量。请注意一个任务槽中可以执行多个算子。

4. 任务和算子链

对于分布式执行，Flink 将不同算子的子任务（subtask）链接成任务。每个任务在一个线程中执行。这是一个非常有用的优化方式，它减少了线程间切换、缓冲的开销，而且在减少延迟的同时增加了整体吞吐量。这种链行为是可以配置的。图 11-6 是一个有五个子任务的示例，有五个线程并行执行。

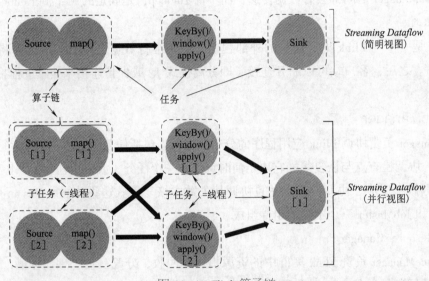

图 11-6　Flink 算子链

5. 任务槽和资源

每个 worker（TaskManager）都是一个 JVM 进程，可以执行一个或多个子任务。任务槽就是为了控制一个 TaskManager 中同时接受多少个任务，并且接受至少一个任务。图 11-7 是一个 2 个 TaskManager 示例，并且每个 TaskManager 有三个任务槽。

每个任务槽代表 TaskManager 中一个设定的资源子集。例如，一个具有三个任务槽的 TaskManager，会将其管理的 1/3 内存分给每个任务槽。分配资源意味着一个子任务不会与其他作业的子任务竞争资源，而是会拥有一定数量的保留资源。需要注意的是，这里不涉及 CPU 隔离，当前任务槽仅分割任务管理的内存。

通过调整任务槽的数量，用户可以自定义子任务是如何互相隔离的。每个 TaskManager 有一个槽，这就意味着每个任务组都在单独的 JVM 中运行（例如，可以在单独的容器中启动）。具有多个槽意味着更多的子任务共享同一 JVM。同一 JVM 中的任务共享 TCP 连接（通过多路复用）和心跳信息。它们还可以共享数据集和数据结构，从而减少了每个任务的开销。

默认情况下，Flink 允许子任务共享槽，即便它们是不同任务的子任务，只要来自同一作业即可。这样一个槽就可以持有整个作业管道。允许槽共享有两个主要优点：

（1）Flink 集群需要的任务槽数恰好与任务中使用的最高并行度相同，无须计算程序总共包含多少个任务（具有不同并行度）。

（2）容易获得更好的资源利用。如果没有槽共享，非密集 source/map() 子任务将阻塞与资源密集型窗口子任务一样多的资源。

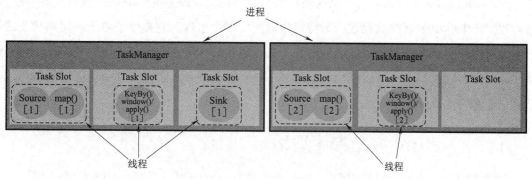

图 11-7　Flink 集群中的任务槽

11.3　Flink 编程模型

根据抽象程度，Flink 为应用程序的开发提供了不同级别的 API，如图 11-8 所示，越往下抽象度越低，编程越复杂，灵活度越高。每一种 API 在简洁性和表达力上有着不同的侧重，并且针对不同的应用场景。

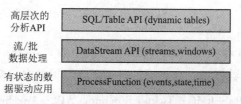

图 11-8　Flink 编程模型

Flink 的关系型 API 旨在简化数据分析、数据流水线和 ETL 应用的定义。Flink 支持两种关系型的 API，即 SQL 和 Table API。这两个 API 都是批处理和流处理统一的 API，这意味着在无边界的实时数据流和有边界的历史记录数据流上，关系型 API 会以相同的语义执行查询，并产生相同的结果。SQL 和 Table API 借助了 Apache Calcite 进行查询解析、校验以及优化。它们可以与 DataStream 和 DataSet API 无缝集成，并支持用户自定义的标量函数、聚合函数以及表值函数。

DataStream API 为许多通用的流处理操作实现转换的常规程序，如过滤、更新状态、定义窗口、聚合。DataStream API 支持 Java 和 Scala 语言，预先定义了例如 map()、reduce()、aggregate() 等函数。用户可以通过扩展实现预定义接口或使用 Java、Scala 的 lambda 表达式实现自定义的函数。数据流最初是从各种来源（如消息队列、套接字流、文件）创建的。然后通过接收器返回，例如接收器可以将数据写入文件，或写入标准输出（如命令行终端）。

ProcessFunction 是 Flink 所提供的最具表达力的接口。ProcessFunction 可以处理一或两条输入数据流中的单个事件或者在一个特定窗口内的多个事件，它提供了对于时间和状态的细粒度控制。开发者可以在其中任意地修改状态，也能够注册定时器用来在未来的某一时刻触发回调函数。因此，用户可以利用 ProcessFunction 实现许多有状态事件驱动应用所需要的基于单个事件的复杂业务逻辑。

11.4 Flink 应用程序结构

与其他的分布式处理引擎类似，Flink 也遵循着一定的程序架构。如图 11-9 所示，一个完整的 Flink 应用程序结构包含数据源（source）、数据转换、数据输出（sink）三个部分。

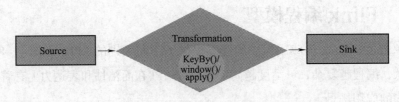

图 11-9 Flink 应用程序结构

1. 数据源
Flink 在流处理和批处理上的数据源大概有四类：基于本地集合的数据源、基于文件的数据源、基于网络套接字的数据源、自定义的数据源。常见的自定义数据源包括 Apache kafka、Amazon Kinesis Streams、RabbitMQ、Twitter Streaming API、Apache NiFi 等，当然用户也可以定义自己的数据源。

2. 数据转换
数据转换的各种操作包括 map、flatMap、filter、keyBy、reduce、aggregation、window、windowAll、union、select 等，可以将原始数据转换成满足要求的数据。

3. 数据输出
数据输出是指 Flink 将转换计算后的数据发送的目的地。常见的数据输出包括写入文件、打印到屏幕、写入 Socket、自定义 Sink 等。常见的自定义 Sink 有 Apache kafka、RabbitMQ、MySQL、ElasticSearch、Apache Cassandra、Hadoop FileSystem 等。

下面以一段简单代码 WordCount 为实例，演示了 Flink 的应用程序结构。

```
val env = ExecutionEnvironment.getExecutionEnvironment
// get input data
val text = env.readTextFile("/path/to/file")
val counts = text.flatMap { _.toLowerCase.split("\\W+") filter { _.nonEmpty } }
        .map { (_, 1) }
        .groupBy(0)
        .sum(1)
counts.writeAsCsv(outputPath, "\n", " ")
```

下面我们分解一下这个程序：

第一步，需要获取一个 ExecutionEnvironment（如果是实时数据流，则需要创建一个 StreamExecutionEnvironment）。这个对象可以设置执行的一些参数以及添加数据源。所以在程序的 main 方法中要通过类似下面的语句获取到这个对象：

```
val env = ExecutionEnvironment.getExecutionEnvironment
```

第二步，需要为这个应用添加数据源。这个程序中是通过读取文本文件的方式获取数据。在实际开发中数据源可能有很多种，例如 kafka、ES 等，Flink 官方也提供了很多的 connector 以减少开发时间。一般都是通过 addSource 方法添加的，这里是从文本读入，所以调用了 readTextFile 方法。当然也可以通过实现接口来自定义 source。

```
val text = env.readTextFile("/path/to/file")
```

第三步，定义一系列的 operator 来对数据进行处理。可以调用 Flink API 中已经提供的算子，也可以通过实现不同的 Function 来实现自己的算子，我们只需要了解一般的程序结构即可。

```
val counts = text.flatMap { _.toLowerCase.split("\\W+") filter { _.nonEmpty } }
        .map { (_, 1) }
        .groupBy(0)
        .sum(1)
```

上面的就是先对输入的数据进行分割，然后转换成（word，count）这样的 Tuple，接着通过第一个字段进行分组，最后 sum 第二个字段进行聚合。

第四步，数据处理完成之后，还要为它指定数据的存储。我们可以从外部系统导入数据，亦可以将处理完的数据导入到外部系统，这个过程称为 Sink。同 Connector 类似，Flink 官方提供了很多的 Sink 供用户使用，用户也可以通过实现接口自定义 Sink。

```
counts.writeAsCsv(outputPath, "\n", " ")
```

11.5 Flink 环境搭建和简单使用

11.5.1 安装 Flink

1. 下载安装文件

从 Flink 官网下载安装文件 flink-1.13.6-bin-scala_2.12.tgz，保存并解压到到 Linux 系统的"/usr/local/mjusk"目录下。

```
cd  /usr/local/mjusk
sudo  tar  -zxvf flink-1.13.6-bin-scala_2.12.tgz  -C /usr/local/mjusk/
sudo  mv  ./flink-1.13.6  ./flink
sudo  chown  -R  usrname:usrname ./flink
```

2. 配置文件

使用如下命令添加环境变量：

```
vim /etc/profile
```

在 profile 环境文件中添加如下内容：

```
export FLNK_HOME=/usr/local/mjusk/flink
export PATH=$FLINK_HOME/bin:$PATH
```

保存并退出 profile 文件，然后执行如下命令让配置文件生效：

```
source /etc/profile
```

使用如下命令启动 Flink：

```
cd /usr/local/mjusk/flink
./bin/start-cluster.sh
```

Flink 启动后就可以使用 jps 命令查看进程。Flink 的 JobManager 同时会在 8081 端口上启动一个 Web 前端，如图 11-9 所示，可以在浏览器中输入"http://localhost:8081"来访问。

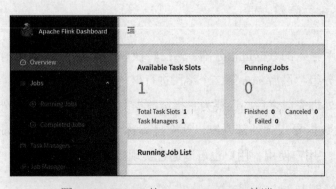

图 11-10　Flink 的 JobManage Web 前端

Flink 安装包中自带了测试样例，这里可以运行 WordCount 样例程序来测试 Flink 的运行效果，具体命令如下：

```
cd /usr/local/mjusk/flink/bin
./flink run /usr/local/mjusk/flink/examples/batch/WordCount.jar
```

执行以后，屏幕上就会出现如下词频统计信息：

```
Starting execution of program
Executing WordCount example with default input data set.
Use --input to specify file input.
Printing result to stdout. Use --output to specify output path.
(a,5)
(action,1)
(after,1)
(against,1)
(all,2)
……
```

最后，可以在主节点上执行如下命令关闭 Flink 集群：

```
cd /usr/local/mjusk/flink/bin
./bin/stop-cluster.sh
```

11.5.2 Scala Shell 的使用

与 Spark 类似，Flink 也有 Scala Shell 接口，可以通过下面命令启动 Scala Shell 环境：

```
cd  /usr/local/mjusk/flink
./bin/start-scala-shell.sh local
```

启动 Scala Shell 后，就会进入 scala> 命令提示符状态。

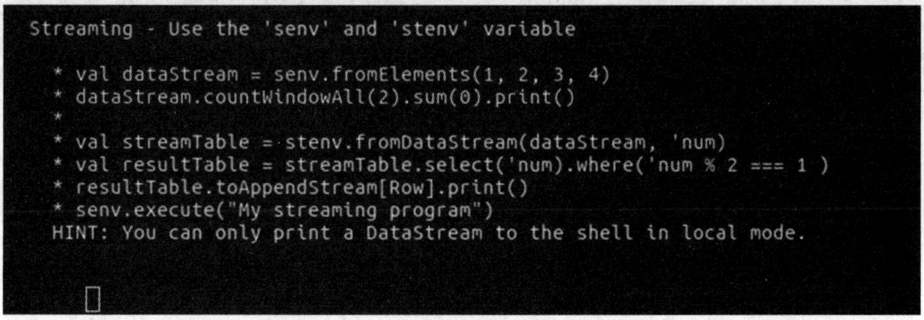

```
Streaming - Use the 'senv' and 'stenv' variable

  * val dataStream = senv.fromElements(1, 2, 3, 4)
  * dataStream.countWindowAll(2).sum(0).print()
  *
  * val streamTable = stenv.fromDataStream(dataStream, 'num)
  * val resultTable = streamTable.select('num).where('num % 2 === 1 )
  * resultTable.toAppendStream[Row].print()
  * senv.execute("My streaming program")
  HINT: You can only print a DataStream to the shell in local mode.
```

图 11-11 Flink Scala Shell 环境

然后就可以在里面输入 scala 代码进行调试：

```
scala> 1+1
res0: Int = 2
```

在不使用 Scala 环境时，可以使用命令 ":quit" 退出 Scala Shell。

11.5.3 使用 IntelliJ IDEA 开发 Flink 应用程序

本节介绍关于如何设置 IntelliJ IDEA IDE 来进行 Flink 核心开发。

1. 下载和安装 IDEA

下载 IntelliJ IDEA，如 ideaIC-2020.2.2.tar.gz，然后通过如下命令安装：

```
sudo tar -zxvf ideaIC-2020.2.2.tar.gz -C /usr/local/mjusk/
/usr/local/bigdata/ideaIC-2020.2.2/bin
```

然后就可以在终端输入 sh idea.sh 启动 IDEA。按照提示，如果需要桌面快捷方式，记得勾选。

2. 安装 Scala 插件

单击 File → Settings 命令打开 Settings 对话框，选择 Plugins 选项在 Marketplace 搜索安装 scala 插件。插件安装完成后重启 IDEA 使其生效，如图 11-12 所示。

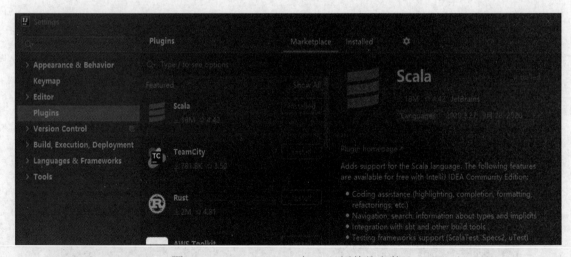

图 11-12　IntelliJ IDEA 中 Scala 插件的安装

3. 使用 IDEA 开发 WordCount 程序

（1）创建新项目。

启动 IntelliJ IDEA，通过菜单 File → New → Project 命令打开一个 "新建项目" 对话框。然后选择 Maven 选项。保留默认选项，然后依次单击 Next 按钮，如图 11-13 所示。

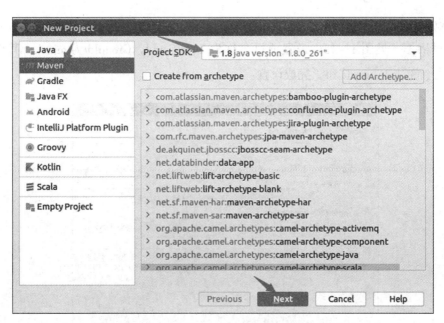

图 11-13　IntelliJ IDEA 中使用 Maven 新建项目

　　如果 Project SDK 未列出 SDK，则需要配置。通过菜单 New Projects Settings → Structure for New Projects 打开如图 11-14 所示界面（或使用快捷键【Ctrl+Shit+Alt+S】），单击左上角的 "+" 号，选择 Add JDK，弹出 Select Home Directory for JDK 对话框，然后选择 JDK 主目录，单击 OK 按钮设置完成。

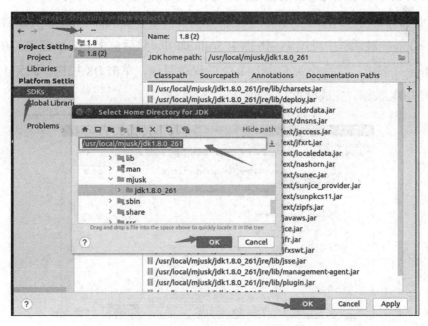

图 11-14　IDEA 项目 SDK 配置

（2）设置项目名称及路径。

通过对话框（见图 11-15）设置项目名称为 WordCount，GroupId 为 mjusk，其他选项保持默认即可，单击 Finish 按钮，完成设置。

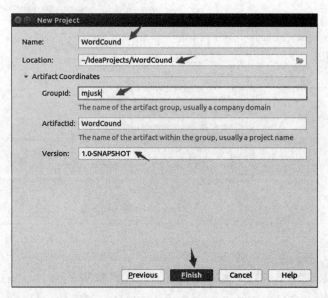

图 11-15　IDEA 项目名称、路径等设置

（3）Scala 设置。

下面需要为项目添加 Scala 框架支持，从而可以新建 Scala 代码文件，在项目名称 WordCount 上右击，在弹出的子菜单中选择 Add Framework Support 命令。在弹出的 Add Frameworks Support 对话框中见图 11-16 选中 Scala 选项，然后单击 Create 按钮，在弹出的界面中单击 Browse 按钮，然后找到 Scala2.11.12 的安装目录，单击 OK 按钮，回到上一级界面以后再次单击 OK 按钮，完成设置。

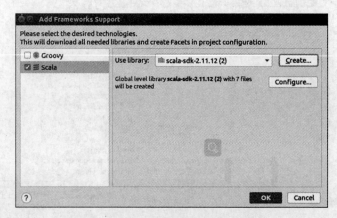

图 11-16　IDEA 项目 Scala 配置

（4）新建类。

在项目目录树的 Scala 子目录上右击，在弹出的菜单中选择 New → Scala Class 命令然后在弹出的界面中，输入类的名称 WordCount，类型选择 Object，然后按回车键，就可以创建一个空的代码文件 WordCount.scala。

代码文件 WordCount.scala 中内容如下：

```scala
package mjusu
import org.apache.flink.api.scala._
object WordCount {
  def main(args: Array[String]): Unit = {
    //第 1 步：建立执行环境
    val env = ExecutionEnvironment.getExecutionEnvironment
    //第 2 步：创建数据源
    val text = env.fromElements(
      "hello, world!",
      "hello, world!",
      "hello, world!")
    //第 3 步：对数据集指定转换操作
    val counts = text.flatMap { _.toLowerCase.split(" ") }
      .map { (_, 1) }
      .groupBy(0)
      .sum(1)
    // 第 4 步：输出结果
    counts.print()
    }
}
```

在 pom.xml 文件中输入依赖：

```xml
<project>
    <groupId>mjusk</groupId>
    <artifactId>wordcount</artifactId>
    <modelVersion>4.0.0</modelVersion>
    <name>WordCount</name>
    <packaging>jar</packaging>
    <version>1.0-SNAPSHOT</version>
    <repositories>
        <repository>
            <id>alimaven</id>
            <name>aliyun maven</name>
            <url>http://maven.aliyun.com/nexus/content/groups/public/</url>
        </repository>
```

```xml
        </repositories>
<dependencies>
    <dependency>
            <groupId>org.apache.flink</groupId>
            <artifactId>flink-scala_2.12</artifactId>
            <version>1.13.6</version>
        </dependency>
        <dependency>
            <groupId>org.apache.flink</groupId>
            <artifactId>flink-streaming-scala_2.12</artifactId>
            <version>1.13.6</version>
        </dependency>
        <dependency>
                <groupId>org.apache.flink</groupId>
                <artifactId>flink-clients_2.12</artifactId>
                <version>1.13.6</version>
            </dependency>
</dependencies>
<build>
        <plugins>
            <plugin>
                <groupId>net.alchim31.maven</groupId>
                <artifactId>scala-maven-plugin</artifactId>
                <version>3.4.6</version>
                <executions>
                    <execution>
                        <goals>
                            <goal>compile</goal>
                        </goals>
                    </execution>
                </executions>
            </plugin>
<plugin>
                <groupId>org.apache.maven.plugins</groupId>
                <artifactId>maven-assembly-plugin</artifactId>
                <version>3.0.0</version>
                <configuration>
                    <descriptorRefs>
                        <descriptorRef>jar-with-dependencies</descriptorRef>
                    </descriptorRefs>
                </configuration>
    <executions>
```

```
            <execution>
                <id>make-assembly</id>
                <phase>package</phase>
                <goals>
                    <goal>single</goal>
                </goals>
            </execution>
        </executions>
    </plugin>
</plugins>
</build>
</project>
```

（5）运行。

在 WordCount.scala 代码窗口内右击，在弹出的菜单中选择 Run 命令，就可以启动程序运行，最后会在界面底部的信息栏内出现词频统计信息。

（6）打包及提交。

程序运行成功以后，可以对程序进行打包，以便部署到 Flink 平台上。具体方法是：在项目开发界面的右边，单击 Maven 按钮，然后在弹出的界面中（见图 11-16），双击 package，就可以完成对应用程序的打包。打包成功以后，可以在项目开发界面左侧的目录树中，在 target 子目录下找到两个文件 WordCount-1.0-SNAPSHOT.jar 和 WordCount-1.0-SNAPSHOT-jar-with-dependencies.jar。

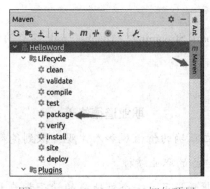

图 11-17　IDEA Maven 打包项目

打包成功以后，就可以提交到 Flink 系统中运行。下面是提交运行程序的具体命令（请确认已经启动 Flink）：

```
cd /usr/local/mjusk/flinkapp
/usr/local/mjusk/flink/bin/flink run --class
cn.edu.xmu.dblab.WordCount ./target/WordCount-1.0-SNAPSHOT.jar
```

小　结

Flink 具有同时支持高吞吐低延迟、支持有状态计算、支持事件时间、支持高可用性配置、提供了不同层级的 API。目前，Flink 支持的典型的应用场景包括事件驱动型应用、数据分析应用和数据流水线应用。虽然市场上主流的流式计算框架有 Apache Storm、Spark Streaming、Apache Flink 等，但能够同时支持低延迟、高吞吐、Exactly-Once（收到的消息仅处理一次）的框架只有 Flink。

Flink 是原生的流处理系统，但也提供了批处理 API，拥有基于流式计算引擎处理批量数据的计算能力，真正实现了批流统一。在 Flink 中，所有的数据都看作流，是一种很好的抽象，因为这更接近于现实世界。经过多年的发展，Flink 已经形成了完备的生态系统，它的技术栈可以满足企业多种应用场景的开发需求，减轻了企业的大数据应用系统的开发和维护负担。在未来，随着企业实时应用场景的不断增多，Flink 在大数据市场上的地位和作用将会更加凸显，Flink 的发展前景值得期待。

习　题

1. Flink 的基本组件有哪些？
2. 简述 Flink 的应用场景。
3. 简述 Flink 的运行架构。
4. 一个完整的 Flink 应用程序包含哪些模块？
5. 简述 Flink 编程模型。
6. 比较 Apache Storm、Spark Streaming、Apache Flink 各自的优缺点。

思政小讲堂

职业道德修养

思政元素：引导学生树立正确的价值观和人生观，做到德智体美劳全面发展，不断加强自身的职业道德修养，培养自己的职业精神。

有一个秋天，北大新学期开始了，一个外地来的学子背着大包小包走进了校园，实在太累了，就把包放在路边。这时正好一位老人走来，年轻学子就拜托老人替自己看一下包，而自己则轻装去办理手续。老人爽快地答应了。近一个小时过去，学子归来，老人还在尽职尽责地看守。谢过老人，两人分别。几日后北大的开学典礼上，这位年轻的学子惊讶地发现，主席台上就座的北大副校长季美林正是那一天替自己看行李的老人。

我不知道这位学子当时是一种怎样的心情，但在我听过这个故事之后却强烈地感觉到：

人品才是最高的学位。

文凭、学位的作用，仅在于证明一个人就读于什么样的学校，读书多长时间，学何种专业，而对于一个人的能力水平、素质来说，文凭、学位并不能完全证明。德才兼备才是真正的人才，社会需要之才！一个人的才能是一个人智商、知识、能力的集中体现。一个人若没有"才能"，就不能胜任一个部门、一个专业的工作，这是众所周知的。然而，人才的人品问题，自古以来就是权衡一个人是否真正是才，是否担当起"才"这个称谓的原则问题。人的才能是可以后天训练的，但哪怕是"才高八斗"的人，倘若轻视人品的自我修养和塑造，就绝对成不了"才"！因为人品和人才之间是相互制约、相互借势的。一个人的人品本身就是一种价值，就是"支撑"才能的基础，如果没有了这种价值和基础，也就不能体现出人才的真正价值。

古人云："德者才之王，才者德之奴。"可见，人品何等重要！

一个单位无论管理制度多么严谨，一旦任用了品德有瑕疵的人，就像组织中的深水炸弹，随时可能引爆。人生可以没有学位，但不可以没有学问，更不可以没有人品。人品是最高的学位，德与才的统一才是真正的智慧、真正的人才。

从上述故事中我们了解到，社会对一个人的评价首先是对其人格道德的评价。作为新一代大学生，应该不断加强自身的职业道德修养，培养自己的职业精神，能够在工作中尽职尽责，并不断提高自己的修为。

参考文献

[1] 蔡斌，陈湘萍 . Hadoop 技术内幕：深入解析 HADOOP COMMON 和 HDFS 架构设计与实现原理 [M]. 北京：机械工业出版社，2013.

[2] 董西成 . Hadoop 技术内幕：深入解析 MapReduce 架构设计与实现原理 [M]. 北京：机械工业出版社，2013.

[3] 董西成 . Hadoop 技术内幕：深入解析 YARN 架构设计与实现原理 [M]. 北京：机械工业出版社，2014.

[4] 顾荣 . 大数据处理技术与系统研究 [D]. 南京：南京大学，2016.

[5] 中科普开 . 大数据技术基础 [M]. 北京：清华大学出版社，2016.

[6] 杨鸣争，陶皖 . 大数据导论 [M]. 北京：中国铁道出版社，2018.

[7] 大讲台大数据研习社 . Hadoop 大数据技术基础及应用 [M]. 北京：机械工业出版社，2019.

[8] 林子雨 . 大数据技术原理与应用 [M]. 3 版 . 北京：人民邮电出版社，2021.

[9] 冯飞 . Flink 内核原理与实现 [M]. 北京：机械工业出版社，2020.